Die Zentrifugalpumpen

mit besonderer Berücksichtigung
der Schaufelschnitte

Von

Dipl.-Ing. Fritz Neumann

Zweite, verbesserte und vermehrte Auflage

Mit 221 Textfiguren und 7 lithogr. Tafeln

Springer-Verlag Berlin Heidelberg
1912

Additional material to this book can be downloaded from http://extras.springer.com

ISBN 978-3-642-90200-0   ISBN 978-3-642-92057-8 (eBook)
DOI 10.1007/ 978-3-642-92057-8

Vorwort zur ersten Auflage.

Wie überall im Maschinenbau, macht sich auch im Pumpenbau das Verlangen nach der rotierenden Maschine bemerkbar, die in der Ausführung als Zentrifugalpumpe in neuerer Zeit eine gewaltige Entwickelung durchgemacht hat. In kaum vor einem Jahrzehnt über diese Pumpen gemachten Veröffentlichungen findet man noch Angaben, daß mit denselben Druckhöhen bis 40 m überwunden werden können und daß für größere Förderhöhen am zweckmäßigsten die Kolbenpumpe zu verwenden sei. Heute gibt es für die Zentrifugalpumpe keine Begrenzung der Förderhöhe mehr und stehen solche Pumpen mit Förderhöhen von 600 m und darüber in anstandslosem Betrieb.

Soll überall die Zentrifugalpumpe erfolgreich den Wettbewerb mit der Kolbenpumpe bestehen, so ist in erster Linie bei solidester Ausführung auf einen höchsten Wirkungsgrad zu achten. Neben anderen Punkten ist aber ein solcher nur bei einer gewissenhaften Durchführung der Schaufelung von Lauf- und Leitrad zu erreichen.

Als Ingenieur für Wasserturbinen hatte ich in meiner Eigenschaft als Assistent am Wasserkraftlaboratorium der Großherzoglich Technischen Hochschule zu Darmstadt Gelegenheit, einige Schaufelräder von Zentrifugalpumpen zu sehen. Was bei der Konstruktion der Schaufelräder der Wasserturbine, der so nahe mit der Zentrifugalpumpe verwandten Maschine, als allgemein übliche Grundregel gilt, habe ich bei der Ausführung dieser Pumpenräder vermißt. Hauptsächlich diese Beobachtung veranlaßte mich, die Theorie der Zentrifugalpumpe unter besonderer Berücksichtigung einer rationellen Schaufelkonstruktion eingehender zu studieren und waren mir hierzu meine Kenntnisse im Wasserturbinenbau sehr von Nutzen. Wenn ich mich bei Entwickelung einzelner Gleichungen und einiger Ausführungen an die Theorie der Wasserkraftmaschinen von meinem hochverehrten Lehrer Herrn Geh. Baurat Prof. A. Pfarr-Darmstadt angelehnt habe, so ist das selbstverständlich. Vermieden habe ich es, mich an vorhandene Literatur über Zentrifugalpumpen zu halten, und habe so den Versuch gemacht, ohne irgendwelche Beeinflussung von anderer Seite die Theorie der Zentrifugalpumpe selbständig zu bearbeiten. Den geehrten Leser bitte ich, dies bei Beurteilung meiner Arbeit zu berücksichtigen.

Durch eingehende Behandlung der Ausbildung der Schaufelkanäle und der Schaufelschnitte habe ich versucht, dem Konstrukteur Anregung zur Durchführung einer rationellen Schaufelkonstruktion zu geben. Da in der Literatur der Zentrifugalpumpe überhaupt noch nichts über Schaufelkonstruktionen zu finden ist, so glaube ich hiermit dem Wunsche vieler entsprochen zu haben.

Den Firmen, die mir für das letzte Kapitel „Ausführungen von Zentrifugalpumpen" bereitwilligst Material zur Verfügung stellten, möchte ich an dieser Stelle nochmals meinen Dank sagen.

Nürnberg, August 1906.

Dipl.-Ing. F. Neumann.

Vorwort zur zweiten Auflage.

Seit der ersten Auflage meines Buches im Jahre 1906 hat die Zentrifugalpumpe eine große Entwicklung durchgemacht. Es sind viele neue Konstruktionen entstanden, die sicherlich für den Leser von großem Interesse sein werden. Ich habe deshalb hauptsächlich den letzten Teil „Ausführung von Zentrifugalpumpen und Zentrifugalpumpenanlagen" wesentlich erweitert, soweit es mir mit dem zur Verfügung stehenden Material möglich war.

Leider ist es mir nicht in dem Maße, wie ich wollte, gelungen, Querschnittzeichnungen verschiedener Typen von Zentrifugalpumpen zu bringen, da die ausführenden Firmen in Anbetracht des immer noch neuen Gebietes Konstruktionszeichnungen sehr geheim halten.

Um so mehr möchte ich an dieser Stelle den Firmen, die mich bei Vervollständigung des Kapitels unterstützten und mir wertvolles Material zur Verfügung stellten, meinen Dank aussprechen.

Der theoretische Teil ist durch Hinzufügen von Kapitel 31 „Q-H-Kurven in Verbindung mit der Nutzeffektparabel", ferner Kapitel 35 „Anlassen und Parallelarbeiten der Zentrifugalpumpe" und Kapitel 36 „Die axiale Entlastung der Laufräder" entsprechend erweitert worden.

Dem von verschiedenen Lesern angeregten Wunsch, mehr aus der Praxis sich ergebende Koeffizienten zur Bestimmung der Laufräder anzuführen, war ich leider nicht in der Lage, zu entsprechen, da die ausführenden Firmen diese zurzeit noch streng geheim halten.

Nürnberg, April 1912.

Dipl.-Ing. F. Neumann.

Inhaltsverzeichnis.

I. Die Theorie der Zentrifugalpumpe.

II. Kraftbedarf und Wirkungsgrad.

III. Die Regulierung der Zentrifugalpumpen.

IV. Die Klassifikation der Zentrifugalpumpe.

V. Die Schaufelschnitte mit Rechnungsbeispielen.

VI. Druckverteilung, Anlassen, Entlastungsvorrichtung.

VII. Ausführungen von Zentrifugalpumpen.

VIII. Verwendungsgebiet der Zentrifugalpumpen mit ausgeführten Anlagen.

I. Die Theorie der Zentrifugalpumpe.

1. Die Zentrifugalpumpe, die Umkehrung der Wasserturbine.

Wie die Wasserturbine die lebendige Kraft des Wassers beim Durchströmen des Turbinenlaufrades in mechanische Arbeit umsetzt, so wird umgekehrt bei der Zentrifugalpumpe durch Einleitung mechanischer Kraft dem Wasser beim Durchströmen des Pumpenlaufrades lebendige Kraft zuerteilt. Die Zentrifugalpumpe ist die Umkehrung der Wasserturbine. Der Rechnungsgang beider Maschinen unterscheidet sich im wesentlichen nur dadurch, daß bei Bestimmung der Rechnungsgrößen einer Wasserturbine mit einer Druckhöhe zu rechnen ist, die kleiner als die im gegebenen Gefälle vorhandene, während die der Berechnung einer Zentrifugalpumpe zugrunde zu legende Druckhöhe stets größer als die wirkliche verlangte zu nehmen ist. Bei der Wasserturbine ist bei Bestimmung der Umfangsgeschwindigkeit des Laufrades die vorhandene Druckhöhe mit einem Koeffizienten zu multiplizieren, der stets kleiner als 1,0, während bei der Berechnung der Zentrifugalpumpe dieser Koeffizient stets größer als 1,0 zu nehmen ist.

Wie die Turbine, so besteht auch die Zentrifugalpumpe im wesentlichen aus vier Hauptteilen (siehe Fig. 1):

1. dem Saug- oder Zulaufrohr S, je nachdem die Pumpe über dem Unterwasserspiegel oder im Unterwasser eingebaut ist;
2. dem Laufrad L_a;
3. dem Leitapparat L_e, welcher aber auch häufig fortgelassen wird;
4. einem den Leitapparat oder das Laufrad umschließenden Gehäuse G.

Das Wasser durchfließt die Pumpe in umgekehrter Richtung als die Turbine; während bei ersterer die einzelnen Teile von 1 nach 4 durchflossen werden, ist bei der Turbine die Fließrichtung umgekehrt.

Wie der Name „Zentrifugalpumpe" schon sagt, wird man es hier mit Zentrifugalkräften zu tun haben.

Das in das Laufrad bei einem Durchmesser D_e eintretende Wasserteilchen (siehe Fig. 2) tritt aus demselben bei einem größeren Durchmesser D_a aus. Mit mechanischer Arbeit wird das Laufrad mit einer Winkelgeschwindigkeit ω in Bewegung gesetzt, die einzelnen Wasserteilchen werden durch Wirkung der Zentrifugalkräfte nach außen geschleudert und hierdurch eine Pressung oder lebendige Kraft annehmen, dargestellt durch die Beziehung

$$\frac{\left(\dfrac{D_a}{2}\right)^2 - \left(\dfrac{D_e}{2}\right)^2}{2\,g}\,\omega^2 = \frac{u_a^2 - u_e^2}{2\,g},$$

wenn mit u_a und u_e die Umfangsgeschwindigkeit im Durchmesser D_a bzw. D_e bezeichnet wird.

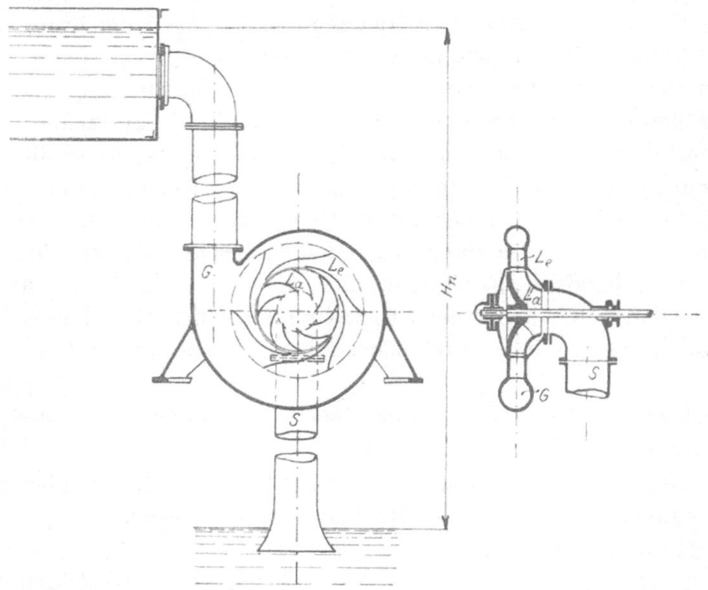

Das Wasserteilchen, das mit einer Geschwindigkeit w_s das Zuleitungsrohr durchfließt und mit einer relativen Geschwindigkeit v_e in das Laufrad im mittleren Durchmesser D_e eintritt, verläßt dasselbe wieder mit einer relativen Geschwindigkeit v_a im äußeren Durchmesser D_a. Um stoßfreien Austritt zu erhalten, muß die aus u_a und v_a resultierende absolute Austrittsgeschwindigkeit w_a Diagonale in einem Parallelogramm sein mit den Seiten u_a und v_a. In diesem Parallelogramm schließen u_a und v_a den Winkel β_a, den sog. Laufradaustrittswinkel, ein. Unter dem Winkel δ_a, den u_a und w_a bilden, muß der Anfang der Leitschaufel geneigt sein, die den Zweck hat, die absolute Austrittsgeschwindigkeit w_a allmählich unter Vermeidung von Stoßverlusten in eine kleinere Geschwindigkeit überzuführen und so möglichst viel von der Geschwindigkeitshöhe $\dfrac{w_a^2}{2\,g}$ in Druck umzusetzen. Dieser Winkel δ_a soll Leitradwinkel genannt werden.

Wie im Austrittsdiagramm, so muß auch im Eintrittsdiagramm für die Bedingung des stoßfreien Eintritts die absolute Eintrittsgeschwindigkeit w_e Diagonale in einem Parallelogramm mit den Seiten u_e

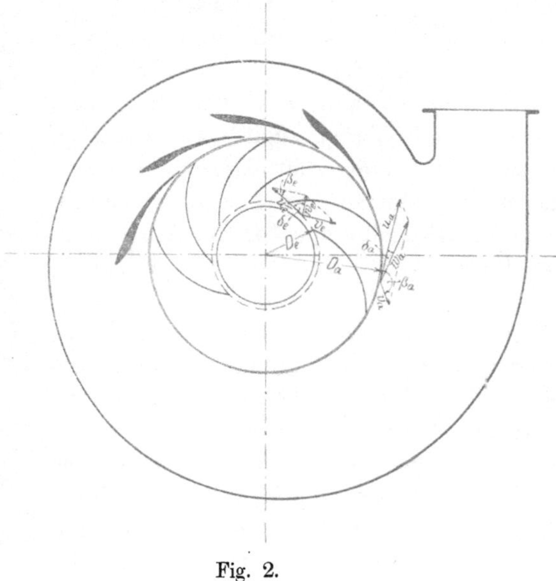

Fig. 2.

und v_e sein. Der Laufradeintrittswinkel werde mit β_e, der Winkel, den u_e und w_e einschließen, mit δ_e bezeichnet. Das Eintritts- und Austrittsdiagramm ist in Fig. 2 eingezeichnet. Dieselben Diagramme finden sich auch bei der Wasserturbine, nur daß hier sämtliche Richtungen umgekehrt sind.

Nach dem Austritt aus dem Leitapparat wird das Wasser meist durch ein den Leitapparat umgebendes Gehäuse dem Druckrohr zugeführt und soll die Geschwindigkeit, mit der das Wasser aus dem Gehäuse austritt, mit w_d bezeichnet werden. Es sei hier gleich bemerkt, daß im folgenden bei Bestimmung des Nutzeffektes der Pumpen nur der Weg des Wassers vom Eintritt in das Zuleitungsrohr bis zum Austritt aus dem Leitradgehäuse in Rechnung gezogen wird.

2. Einteilung der Zentrifugalpumpen.

Nach Maß der Förderhöhe bezeichnet man die Zentrifugalpumpen als Hochdruck- oder Niederdruckpumpen. Die Grenze zwischen beiden Typen wird von den meisten Firmen bei einer Förderhöhe von ungefähr 25 bis 30 m angegeben. Die Berechnung beider Pumpen ist genau die gleiche.

Nach Art der Aufstellung unterscheidet man Zentrifugalpumpen mit horizontaler und vertikaler Welle. Die Wahl der Anordnung ist abhängig von den örtlichen Verhältnissen. Fig. 3 zeigt eine Sulzer-Pumpe mit horizontaler Welle. Pumpen mit vertikaler Welle fanden früher hauptsächlich als Abteufpumpen Verwendung (siehe Fig. 4). Senkpumpe von Sulzer, Winterthur. Jedoch führt man in neuerer Zeit auch die vertikale Anordnung häufig auch bei stationären Pumpen aus, wenn die Raumverhältnisse eine horizontale Anordnung nicht gestatten. Fig. 5 zeigt eine stationäre mehrstufige Zentrifugalpumpe von der Armaturen- und Maschinenfabrik-A.-G. vorm. J. A. Hilpert, Nürnberg.

Je nachdem der Leitapparat von einem Gehäuse umgeben ist oder nicht, spricht man von einer geschlossenen oder offenen Pumpe. Offene Pumpen finden nur bei sehr kleinen Förderhöhen Verwendung, wo es sich auch meist um große Fördermengen handelt. Die Pumpe wird dann mit vertikaler Welle ausgeführt (Fig. 6). Früher wurden sehr oft für diese Anordnung Axialpumpen verwendet, bei denen das Wasser axial

Fig. 4.

Fig. 3.

ein- und auch wieder axial austrat. Jedoch ist man von dem Bau dieser Pumpen in neuerer Zeit vollständig abgekommen.

Bei einer geschlossenen Pumpe ist der Leitapparat mit einem Gehäuse umgeben, das teils in spiralförmiger, teils in runder Form ausgeführt wird (siehe Fig. 7 bzw. 8).

Ferner unterscheidet man Zentrifugalpumpen mit und ohne Leitapparat. Wo es sich um dauernden Betrieb handelt, also ein möglichst niederer Kraftbedarf gefordert wird, sollten stets Pumpen mit Leitapparat verwendet werden, die einen höheren Nutzeffekt geben als solche ohne Leitapparat. Die Mehrkosten einer Pumpe mit Leitapparat bringt der gewonnene Nutzeffekt, also der kleinere Kraftbedarf, in ganz kurzer

Fig. 5.

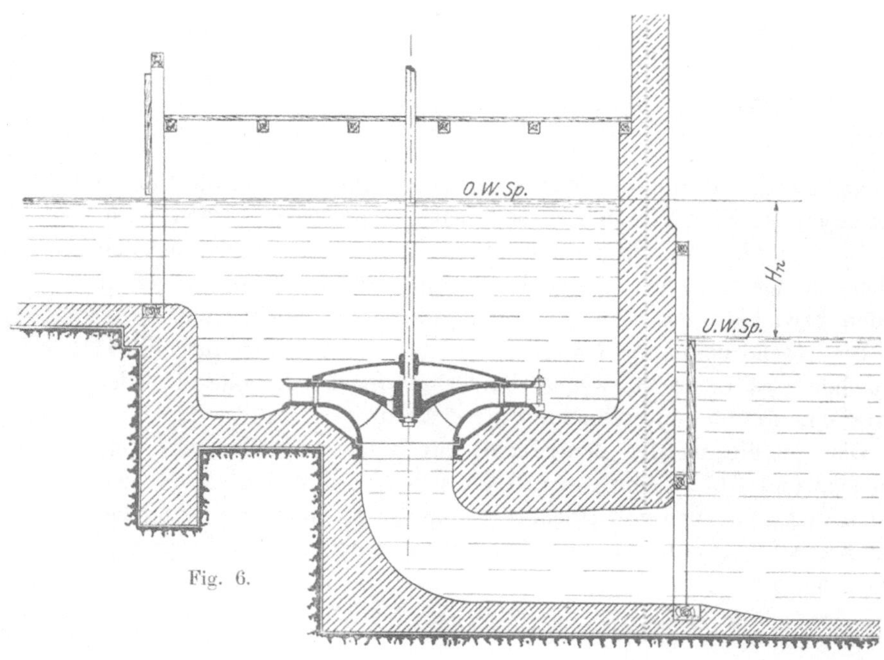

Fig. 6.

Zeit wieder ein. Es werden aus diesem Grunde in folgendem hauptsächlich die Pumpen mit Leitapparat behandelt werden.

Die Zentrifugalpumpe hat ein Zulaufrohr oder ein Saugrohr, je nachdem das Wasser zugeführt wird oder angesaugt werden muß. Fig. 9 zeigt eine Anordnung mit Zulaufrohr. Diese Anordnung findet sich häufig bei Niederdruckpumpen mit sehr kleiner Förderhöhe. Die Pumpe steht hier im Unterwasser, ist also stets betriebsfähig. Ein Nachteil besteht in der schlechten Zugänglichkeit. Beim eventuellen Reinigen muß erst nach Schließen eines in der Zuleitung befindlichen Absperrschiebers das noch in der Pumpe befindliche Wasser ausgepumpt werden.

In den meisten Fällen findet ein Saugrohr Verwendung, also Aufstellung der Pumpe über dem Unterwasserspiegel (siehe Fig. 1). Hier-

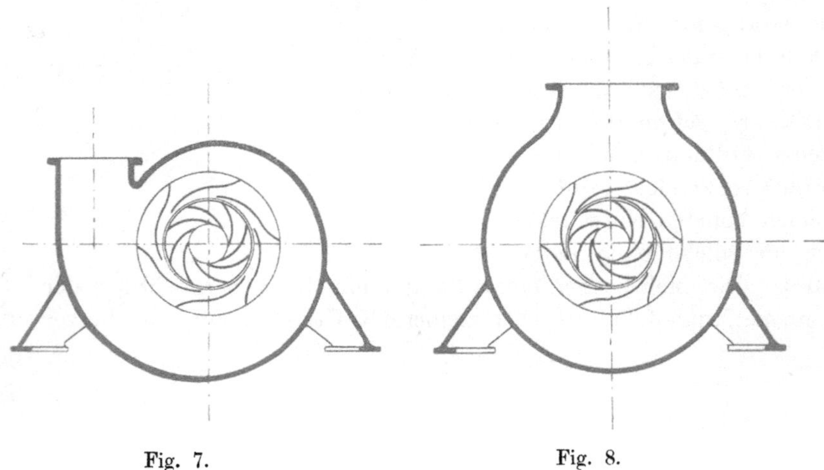

Fig. 7.   Fig. 8.

bei hat man den Vorteil der leichten Zugänglichkeit, indem die Pumpe ohne besondere Nachhilfe in kürzester Zeit trockengelegt werden kann. Ein Nachteil der Anordnung mit Saugrohr ist, daß in den meisten Fällen vor der Inbetriebsetzung die Pumpe erst mit Wasser angefüllt werden bzw. bis zum höchsten Punkt evakuiert werden muß.

Die Hochdruckpumpen werden ein- oder mehrstufig ausgeführt, je nachdem es nötig ist, wegen der Größe der Förderhöhe ein oder mehrere Laufräder hintereinander zu schalten.

Die Ausführung der Zentrifugalpumpen ist nun eine sehr verschiedene und gibt es eine ganze Reihe von Anordnungen sowohl von Niederdruck-, als auch von Hochdruckpumpen, die aber erst später bei dem Kapitel, Ausführung von Zentrifugalpumpen, genauer gezeigt werden sollen.

3. Aufstellung der Hauptgleichung.

Fig. 9 zeigt die schematische Anordnung einer Niederdruck-Zentrifugalpumpe mit vertikaler Welle. Die Pumpe arbeitet so tief im Unterwasser, daß in jedem Punkte im Innern ein Überdruck gegen die Atmosphäre vorhanden ist. Man denke sich nun die Pumpe an verschiedenen Punkten s, e, a, l und d angebohrt und Standröhrchen in die Anbohrungen eingesetzt. Da die Punkte alle in einer horizontalen Ebene liegen sollen, so wird beim Stillstand der Pumpe über jedem der Punkte sich eine Druckhöhe $\mathfrak{h}_a$ einstellen.

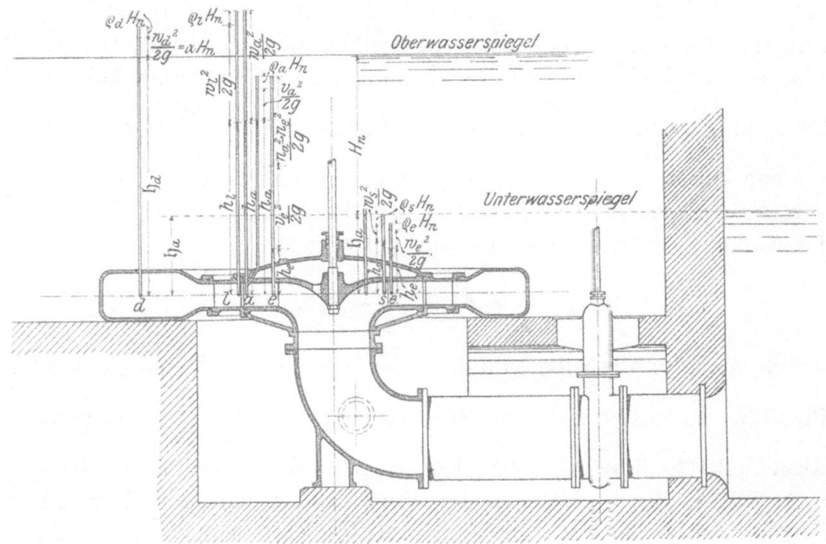

Fig. 9.

Die Pumpe werde nun mit der normalen Tourenzahl in Bewegung gesetzt, und soll untersucht werden, welche Druckhöhen sich jetzt über den Punkten in den Standröhrchen einstellen werden.

Die folgende Aufstellung der sog. Zustandsgleichungen ist ein altes, vom Turbinenbau übernommenes Verfahren zur Ermittlung der Hauptgleichung. Mag diese Art der Ableitung auch etwas umständlich sein, so gibt sie doch zu gleicher Zeit ein klares Bild über Druck- und Geschwindigkeitsverteilung im Innern der Pumpe. Um alle Höhen positiv zu bekommen und dadurch die Fig. 9 recht klar darstellen zu können, ist die Pumpe im Unterwasser arbeitend angenommen. Die nachfolgenden Gleichungen lassen sich natürlich auch ohne weiteres für eine Pumpe, die mit Saughöhe arbeitet, ableiten.

Beim Betrieb der Pumpe wird im Standröhrchen des Punktes s sich eine Druckhöhe h_s einstellen, die kleiner als die über s bei Stillstand der Pumpe stehende Druckhöhe $\mathfrak{h}_a$ ist, und zwar vermindert um die Geschwindigkeitshöhe $\dfrac{w_s^2}{2\,g}$, ferner um eine Reibungshöhe $\varrho_s\,H_n$, die aufgewendet wurde, um das Wasser durch das Zuleitungsrohr bis zum Punkte s zu schaffen. Mit w_s war die Geschwindigkeit im Saugrohr bzw. Zuleitungsrohr bezeichnet worden.

H_n sei die Nettodruckhöhe, also die verlangte Förderhöhe. — Es kann folgende Zustandsgleichung jetzt geschrieben werden

$$\mathfrak{h}_a = h_s + \frac{w_s^2}{2\,g} + \varrho_s\,H_n \ \ldots \ldots \ldots \ 1.$$

Der jetzt in Betracht gezogene Punkt e soll unmittelbar am Eintritt in das Laufrad liegen. Über demselben wird sich eine Druckhöhe h_e einstellen, ferner wird, wenn die absolute Geschwindigkeit w_e in Betracht gezogen wird, eine Geschwindigkeitshöhe $\dfrac{w_e^2}{2\,g}$ vorhanden sein. Beim Übertritt des Wassers von Punkt s nach e ist eine Reibungshöhe $\varrho_e\,H_n$ verbraucht durch Stoßverluste beim Eintritt des Wassers in die Kanäle des Laufrades. Es wird jetzt sein

$$h_s + \frac{w_s^2}{2\,g} = h_e + \frac{w_e^2}{2\,g} + \varrho_e\,H_n \ \ldots \ldots \ 2.$$

Zieht man für denselben Punkt e die relative Geschwindigkeit v_e in Betracht, so ergibt sich eine Geschwindigkeitshöhe $\dfrac{v_e^2}{2\,g}$, während die Druckhöhe h_e dieselbe bleibt. Das Wasser tritt durch das Laufrad zum Punkte a, der unmittelbar vor dem Austritt aus dem Laufrad liegen soll. Durch Wirkung der Zentrifugalkraft ist beim Strömen des Wassers durch das Laufrad der Druck um den Betrag $\dfrac{u_a^2 - u_e^2}{2\,g}$ im Punkte a vermehrt, ferner ist wiederum eine Reibungshöhe $\varrho_a\,H_n$ verloren gegangen durch Reibung des Wassers an den Schaufelwänden und Reibung der einzelnen Wasserteilchen unter sich. Im Punkte a wird sich eine Druckhöhe h_a einstellen, ferner eine Geschwindigkeitshöhe der relativen Austrittsgeschwindigkeit v_a im Betrage von $\dfrac{v_a^2}{2\,g}$. Es läßt sich jetzt folgende Gleichung schreiben

$$h_e + \frac{v_e^2}{2\,g} + \frac{u_a^2 - u_e^2}{2\,g} = h_a + \frac{v_a^2}{2\,g} + \varrho_a\,H_n \ \ldots \ldots \ 3.$$

Im Punkte l, der unmittelbar am Eintritt in den Leitapparat liegen soll, wird eine Druckhöhe h_l vorhanden sein, ferner eine Geschwindigkeitshöhe $\dfrac{w_l^2}{2\,g}$. Von a nach l ist eine Reibungshöhe $\varrho_l\,H_n$

verloren gegangen, infolge des Stoßverlustes beim Eintritt in den Leitapparat. Im Punkte a wird außer der schon bezeichneten Druckhöhe h_a, wenn die absolute Austrittsgeschwindigkeit w_a in Rechnung gezogen wird, eine Geschwindigkeitshöhe von $\dfrac{w_a^2}{2\,g}$ auftreten. Es besteht jetzt die Gleichung

$$h_a + \frac{w_a^2}{2\,g} = h_l + \frac{w_l^2}{2\,g} + \varrho_l\,H_n \ \ldots\ldots\ldots\ 4.$$

Vom Punkte l aus wird die Geschwindigkeit w_l durch den Leitapparat allmählich in eine kleinere Geschwindigkeit übergeführt und so möglichst viel von der Geschwindigkeitshöhe $\dfrac{w_l^2}{2\,g}$ in Druck umgesetzt.

Beim Austritt des Wassers aus dem den Leitapparat umschließenden Gehäuse im Punkte d wird sich eine Druckhöhe $\mathfrak{h}_d$ einstellen, die gleich $h_l + \dfrac{w_l^2}{2\,g}$ ist, vermindert um die Geschwindigkeitshöhe $\dfrac{w_d^2}{2\,g}$, wenn mit w_d die Geschwindigkeit im Gehäuse beim Austritt bezeichnet wird, ferner um eine Reibungshöhe $\varrho_d\,H_n$, die aufgebracht wurde, um das Wasser durch die Leitschaufeln und durch das Gehäuse zu führen. Man erhält die Gleichung

$$h_l + \frac{w_l^2}{2\,g} = \mathfrak{h}_d + \frac{w_d^2}{2\,g} + \varrho_d\,H_n \ \ldots\ldots\ldots\ 5.$$

Der besseren Übersicht wegen sind die Gleichungen 1—5 noch einmal untereinander geschrieben. Durch Addition dieser fünf Gleichungen ergibt sich die erste Form der sog. Hauptgleichung.

$$1. \quad \mathfrak{h}_a = h_s + \frac{w_s^2}{2\,g} + \varrho_s\,H_n\,,$$

$$2. \quad h_s + \frac{w_s^2}{2\,g} = h_e + \frac{w_e^2}{2\,g} + \varrho_e\,H_n\,,$$

$$3. \quad h_e + \frac{v_e^2}{2\,g} + \frac{u_a^2 - u_e^2}{2\,g} = h_a + \frac{v_a^2}{2\,g} + \varrho_a\,H_n\,,$$

$$4. \quad h_a + \frac{w_a^2}{2\,g} = h_l + \frac{w_l^2}{2\,g} + \varrho_l\,H_n\,,$$

$$5. \quad h_e + \frac{w_l^2}{2\,g} = \mathfrak{h}_d + \frac{w_d^2}{2\,g} + \varrho_d\,H_n\,,$$

$$\frac{v_e^2 - w_e^2 - u_e^2 - v_a^2 + w_a^2 + u_a^2}{2\,g} = \mathfrak{h}_d - \mathfrak{h}_a + H_n\cdot(\varrho_s + \varrho_e + \varrho_a + \varrho_l + \varrho_d) + \frac{w_a^2}{2\,g}$$

$$6.$$

Aus der Figur folgt

$$\mathfrak{h}_d - \mathfrak{h}_a = H_n \ \ldots\ldots\ldots\ldots\ 7.$$

H_n ist, wie schon angegeben, die verlangte Förderhöhe beim Austritt aus dem Gehäuse. Es ist hier die Reibungshöhe zur Überwindung der Verluste in der Druckleitung nicht mit eingerechnet, da ja diese Verluste sich in sehr weiten Grenzen bewegen, abhängig sind von Länge und der lichten Weite der Rohrleitung.

w_d war die Geschwindigkeit, mit welcher das Wasser die Pumpe verläßt. Die Geschwindigkeitshöhe $\dfrac{w_d^2}{2\,g}$ stelle nun einen bestimmten Bruchteil des Nettogefälles H_n dar, und soll dieser Bruchteil durch den Koeffizienten α gekennzeichnet werden, so daß

$$\frac{w_d^2}{2\,g} = \alpha\,H_n \quad\ldots\ldots\ldots\ldots\ldots\ldots\quad 8.$$

Dieser Koeffizient α gibt die Größe des Austrittsverlustes an, er ändert sich bei gleicher Geschwindigkeit w_d mit der Förderhöhe, was später noch genauer gezeigt werden soll.

Es werde noch folgende Bezeichnung zur Vereinfachung der Gl. 6 eingeführt

$$(\varrho_s + \varrho_e + \varrho_a + \varrho_l + \varrho_d) = \varrho \quad\ldots\ldots\ldots\quad 9.$$

Gl. 7, 8, 9 in Gl. 6 eingesetzt, so erhält man die erste Form der Hauptgleichung

$$v_e^2 - w_e^2 - u_e^2 - v_a^2 + w_a^2 + u_a^2 = 2\,g\,H_n \cdot (1 + \varrho + \alpha) \quad 10.$$

Es werde gesetzt

$$(1 + \varrho + \alpha) = \eta \quad\ldots\ldots\ldots\ldots\quad 11.$$

Mit dem Faktor η ist die verlangte Druckhöhe H_n zu multiplizieren, um die Bruttodruckhöhe H_b zu erhalten, welche der Berechnung der Zentrifugalpumpe zugrunde gelegt wird. $\dfrac{1}{\eta} = \varepsilon$ gibt dann den hydraulischen Nutzeffekt der Pumpe an. Es ist also

$$\eta\,H_n = H_b \quad\ldots\ldots\ldots\ldots\ldots\quad 12.$$

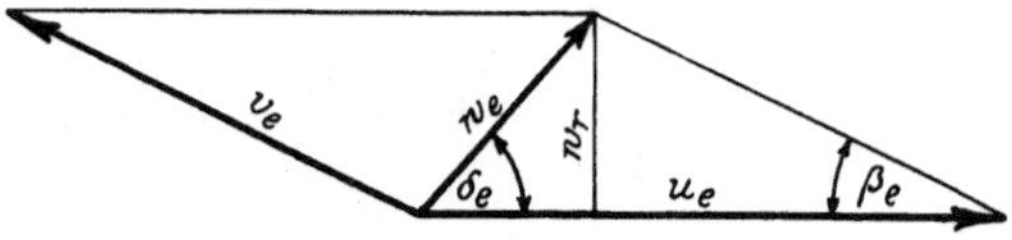

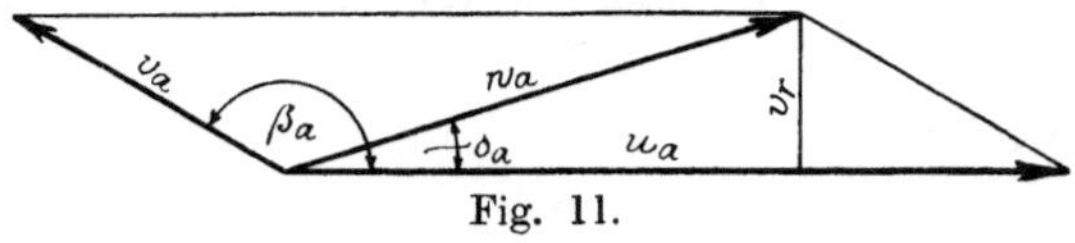

Fig. 10.

Im Eintrittsdiagramm (siehe Fig. 10) findet sich die Beziehung:

$$v_e^2 = u_e^2 + w_e^2 - 2\,u_e\,w_e\cos\delta_e \quad\ldots\ldots\ldots\quad 13.$$

Ferner im Austrittsdiagramm (siehe Fig. 11)

$$v_a^2 = u_a^2 + w_a^2 - 2\,u_a\,w_a\cos\delta_a \quad\ldots\ldots\quad 14.$$

Fig. 11.

Die Werte von v_e^2 und v_a^2 aus Gl. 13 bzw. 14 in Gl. 10 eingesetzt, so erhält man, wenn noch $(1 + \varrho + \alpha) = \eta$ gesetzt wird, eine zweite Form der Hauptgleichung

$$u_a\, w_a \cos \delta_a - u_e\, w_e \cos \delta_e = \eta\, g\, H_n \quad \ldots \ldots \quad 15.$$

Bevor diese Gleichungen umgeformt und die weiteren Gleichungen zur Größenbestimmung der Pumpen ermittelt werden, soll erst eine Betrachtung angestellt werden, durch welche Mittel der Nutzeffekt der Zentrifugalpumpe möglichst groß, mithin η möglichst klein gemacht werden kann. Die verschiedenen Teile der Zentrifugalpumpe, 1. das Zuleitungs- oder Saugrohr, 2. das Laufrad, 3. der Leitapparat, 4. das Gehäuse, sollen hinsichtlich ihrer Ausführung zur Erlangung eines möglichst hohen Gesamtnutzeffektes einer genaueren Untersuchung unterzogen werden.

4. Reibungs- und Stoßverluste in der Zentrifugalpumpe.

a) Verluste im Zulauf- oder Saugrohr.

In der Gl. 1 gab $\varrho_s H_n$ die Reibungshöhe an, die vom Eintritt des Wassers in das Zulauf- oder Saugrohr bis unmittelbar vor dem Eintritt in das Laufrad verloren geht. Arbeitet die Pumpe mit Saugrohr, so befindet sich in demselben eine Rückschlagklappe, die sich beim Stillstand der Pumpe selbsttätig schließt und so ein Abreißen der Saugsäule verhindert. Der Durchflußwiderstand muß auf ein Minimum herabgemindert werden. Die Durchtrittsquerschnitte sind möglichst reichlich zu nehmen, und es ist zu vermeiden, daß die Durchflußgeschwindigkeit größer als die mittlere Saugrohrgeschwindigkeit wird, was durch entsprechende Erweiterung des Saugrohres beim Sitz der Abschlußvorrichtung zu erreichen ist.

Ferner ist in $\varrho_s H_n$ der Durchflußwiderstand durch das Saugrohr selbst enthalten, der von der Länge und dem Durchmesser des Saugrohres, ferner von der Größe der Saugrohrgeschwindigkeit w_s abhängig ist. Bei großen Saugrohrgeschwindigkeiten empfiehlt es sich, das Saugrohr nach unten konisch zu erweitern, um einerseits den Reibungsverlust zu verringern, andererseits auch, um den Stoßverlust, der beim Eintritt des Wassers in das Saugrohr auftritt, möglichst klein zu machen.

Meist endigt das Saugrohr beim Sitz des Laufrades in einen Krümmer, durch welchen die Welle durchgeführt wird. An der Durchführungsstelle muß eine Stopfbüchse angebracht werden, auf deren Ausführung große Sorgfalt zu geben ist, daß nicht durch zu starkes Anziehen ein Bremsen der Welle stattfindet oder durch Undichtigkeit Luft angesaugt wird.

b) Verluste im Laufrad.

Die Reibungshöhe $\varrho_e H_n$ geht beim Eintritt des Wassers in das Laufrad verloren. Durch den Einfluß der Schaufelstärken tritt eine Querschnittsverengung ein, die Saugrohrgeschwindigkeit w_s wird plötzlich auf eine Geschwindigkeit w_e erhöht.

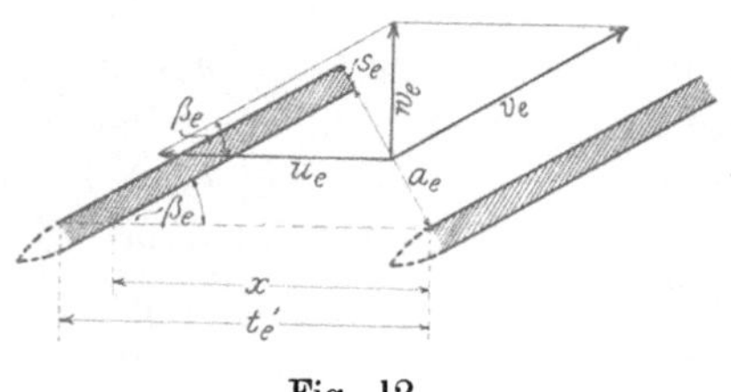

Fig. 12.

Fig. 12 zeigt den Anfang eines Kanals des Laufrades. Es ist mit s_e die Schaufelstärke, mit a_e die Schaufelweite bezeichnet, t_e sei die Teilung am Anfang der Schaufel.

Die Verengung des Querschnitts durch die Schaufelstärke geschieht nach dem Verhältnis $\dfrac{x}{t_e'}$, demnach wird, da sich die Geschwindigkeiten umgekehrt verhalten wie die von ihnen durchflossenen Flächen, die absolute Eintrittsgeschwindigkeit w_e eine Größe annehmen müssen

$$w_e = w_s \cdot \frac{t_e'}{x}.$$

Nun ist aus Fig. 12 ersichtlich, daß

$$\frac{t_e'}{x} = \frac{a_e + s_e}{a_e},$$

mithin ist auch

$$w_e = w_s \cdot \frac{a_e + s_e}{a_e} \qquad \ldots \ldots \ldots \quad 16.$$

Bei dem Eintritt in das Laufrad wird also die Geschwindigkeit w_s plötzlich auf die größere Geschwindigkeit $w_e = w_s \cdot \dfrac{a_e + s_e}{a_e}$ erhöht, was natürlich mit Stoßverlusten verbunden sein wird. Um den Übergang der Geschwindigkeit w_s auf w_e allmählich vor sich gehen zu lassen, werden die Schaufeln vorn zugespitzt, und zwar macht man die Länge dieser konischen Zuschärfung gewöhnlich gleich der doppelten Schaufelstärke. Es empfiehlt sich, um den Ausdruck $\dfrac{a_e + s_e}{a_e}$ möglichst klein zu machen, die Laufradschaufeln mit kleinen Wandstärken auszuführen und zur Vergrößerung von a_e möglichst wenig Schaufeln anzunehmen.

$\varrho_a H_n$ stellte die Größe der Reibungsverluste für den Durchtritt des Wassers durch die Laufradkanäle dar. Um denselben herabzumindern, nehme man möglichst wenig Kanäle für das Laufrad an. Ferner achte man auf einen sehr sauberen Guß, da in den engen

Kanälen, wie dieselben namentlich bei Hochdruck-Zentrifugalpumpen auftreten, ein Nacharbeiten nicht gut möglich ist. Bei größeren Laufrädern werden die Schaufeln zweckmäßig aus Stahlblech ausgeführt. Solche Schaufeln können vor dem Einsetzen in den Kern sauber am Schmirgelstein abgeschliffen werden, wodurch sich die Reibungsverluste nicht unbedeutend verringern.

Ferner ist der Koeffizient ϱ_a noch abhängig von der Ausbildung des ganzen Schaufelkanals selbst. Es ist zu beachten, daß die relative Eintrittsgeschwindigkeit v_e allmählich abnehmend in die relative Austrittsgeschwindigkeit v_a übergeführt wird. In Fig. 13 stelle die Strecke $e\,a$ die mittlere Länge des Schaufelgefäßes dar. Über e ist die Geschwindigkeit v_e, über a die Geschwindigkeit v_a aufgetragen. Es soll nun das Schaufelgefäß so beschaffen sein, daß die Geschwindigkeiten v_e allmählich nach v_a, wenn angängig, nach einer Geraden abnimmt, daß nicht etwa, wie in der Figur der punktierte Linienzug angibt, durch schlechte Formgebung des Schaufelgefäßes die Geschwindigkeit an einer Stelle wieder zunimmt.

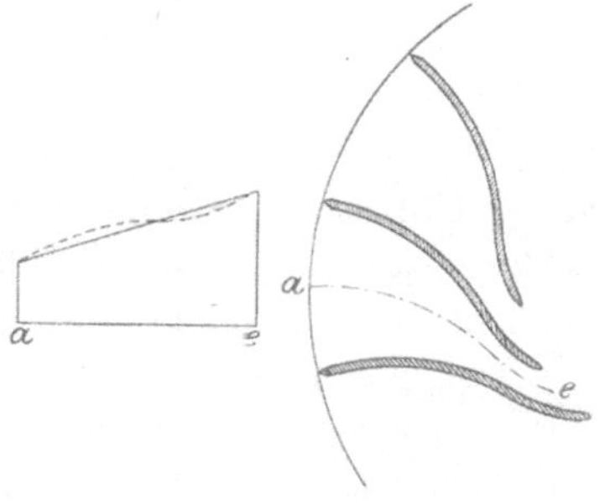

Fig. 13.

Ein Teil der Reibungshöhe $\varrho_l H_n$ geht beim Austritt des Wassers aus dem Laufrad durch plötzliche Querschnittserweiterung verloren. Bezeichnet man mit a_a die Schaufelweite, mit s_a die Schaufelstärke beim Austritt aus dem Laufrad, so wird die absolute Austrittsgeschwindigkeit w_a nach dem Austritt aus dem Laufrad um den Betrag $\dfrac{a_a}{a_a + s_a}$ verzögert und somit im Schaufelspalt, das ist der Raum zwischen den Leit- und Laufradschaufeln, eine kleinere Geschwindigkeit w_a'' annehmen von der Größe

$$w_a' = w_a \cdot \frac{a_a}{a_a + s_a} \quad \ldots \ldots \ldots \ldots \quad 17.$$

Damit der Übergang von w_a auf w_a' nicht so plötzlich erfolgt, wird man auch hier, wie beim Eintritt, die Schaufeln konisch zuschärfen.

c) Verluste im Leitrad.

Ein anderer Teil der Reibungshöhe $\varrho_l H_n$ wird aufgebraucht beim Durchtritt des Wassers durch den Spalt und beim Eintritt in die Leitschaufeln. Indem die Laufradschaufeln an den Leitschaufeln sich vorbeibewegen, findet eine fortwährende Querschnittsveränderung des Leitkanales statt. In einem Zeitmoment wird das Laufrad in der in

Fig. 14 angedeuteten Weise vor dem Leitrad stehen, in welcher Stellung keine Verengung des Leitkanales eintritt. Kommt jedoch das Laufrad in die in Fig. 15 angegebene Stellung, so wird durch die Laufradschaufeln der Leitkanal verengt. Durch Zuschärfung der Schaufelenden und Anordnung eines genügenden Schaufelspaltes (siehe Fig. 16)

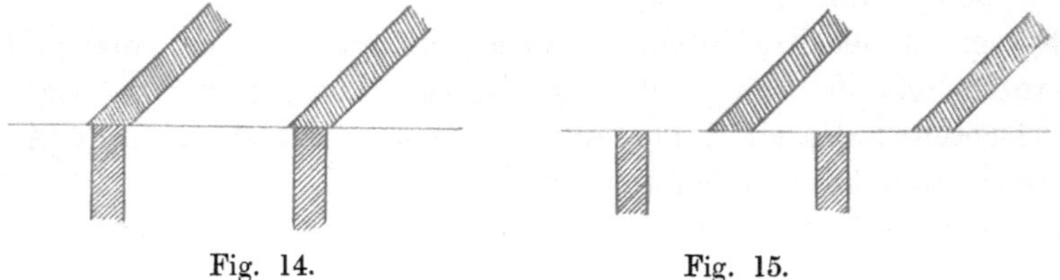

Fig. 14.   Fig. 15.

wird der eintretende Stoßverlust zu verringern sein. Damit die Querschnittsveränderung nicht bei allen Leitkanälen in einem Zeitmoment die gleiche ist, darf nicht die Anzahl der Leit- und Laufradschaufeln gleich groß genommen werden.

Um es gleich hier zu erwähnen, verbietet noch ein anderer Umstand einen engen Schaufelspalt. Es läßt sich wohl nicht vermeiden, daß trotz aller Schutzmittel kleine Fremdkörper mitgerissen werden,

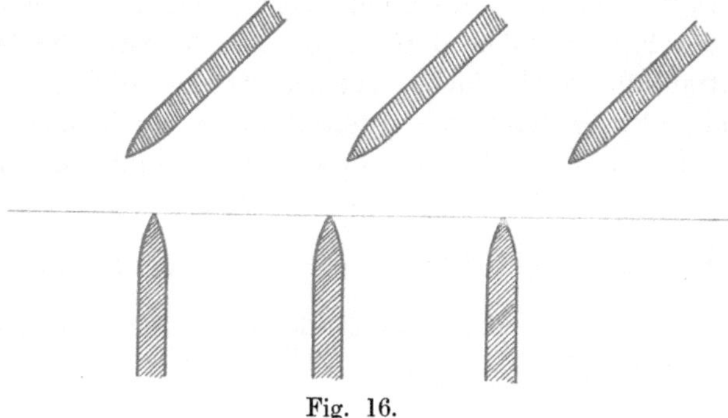

Fig. 16.

und liegt die Gefahr sehr nahe, daß ein solcher Fremdkörper zwischen Leit- und Laufschaufel kommt. Die Folge kann ein Ausbrechen der Schaufelenden sein. Ein aus der Leitschaufel herausgebrochenes Stück kann sich zwischen die nächste Leit- und Laufschaufel setzen und kann so die Pumpe in kurzer Zeit zerstört werden. Ein genügender Schaufelspalt kann eventuell die Pumpe vor einer derartigen Zerstörung schützen.

Wie schon erwähnt, findet ein weiterer Verlust beim Eintritt in den Leitapparat statt, und zwar ein Stoßverlust durch plötzliche Querschnittsverengung in derselben Art, wie er beim Eintritt in das Laufrad auftritt. Es bezeichne w_l die Geschwindigkeit unmittelbar beim Eintritt in den Leitkanal, a_l die Schaufelweite am Anfang der Leitschaufel und s_l die Schaufelstärke. Es bedarf wohl keines Beweises, daß die Geschwindigkeit w_l die Größe annehmen wird

$$w_l = w_a' \cdot \frac{a_l + s_l}{a_l} \qquad \ldots \ldots \ldots \ 18.$$

Diesen Stoßverlust wird man dadurch herabzumindern versuchen, daß die Stärke der Leitschaufelanfänge möglichst dünn ausgeführt und man wie bei den Laufradschaufeln den Anfang der Leitschaufel gehörig zuschärft.

Ein Teil der Reibungshöhe $\varrho_d H_n$ wird beim Durchfluß des Wassers durch den Leitapparat verbraucht. Der Leitapparat hat die Aufgabe, die absolute Austrittsgeschwindigkeit w_a in eine kleinere Geschwindigkeit überzuführen, die möglichst der Geschwindigkeit in dem den Leitapparat umschließenden Gehäuse angepaßt werden soll. Mit anderen Worten, mit Hilfe des Leitapparates soll möglichst viel von der Geschwindigkeitshöhe $\dfrac{w_a^2}{2g}$ in Druck umgesetzt werden. Die Verzögerung der Geschwindigkeit muß stetig erfolgen. Man wird die Leitkanäle mit einer allmählichen Erweiterung ausführen und sie entsprechend lang genug machen. Es gilt hier das bei den Laufradschaufeln Erwähnte (siehe Fig. 13). Um den Reibungskoeffizient zu verringern, müssen die Leitschaufeln recht sauber ausgeführt werden. Die Ausführungsform selbst wird später gezeigt werden.

Ist ein Leitapparat nicht vorhanden, so fallen zwar die angedeuteten Reibungs- und Stoßverluste fort, es treten jetzt aber größere Verluste dadurch auf, daß die Überführung der Geschwindigkeit w_a auf w_d in einem freien Raum erfolgt. Die Geschwindigkeit w_a muß sich zum Übertritt in die Gehäusegeschwindigkeit w_d einen Weg selbst suchen. Die Geschwindigkeitsabnahme, mithin die Druckumsetzung wird nicht so stetig erfolgen wie beim Vorhandensein des Leitapparates.

d) Verluste im Leitradgehäuse.

In den meisten Fällen wird das aus dem Leitapparat austretende Wasser durch ein denselben umschließendes Gehäuse dem Druckrohr zugeführt. Der zweite Teil der Reibungshöhe $\varrho_d H_n$ wird beim Durchgang des Wassers durch dieses Leitradgehäuse verbraucht. Von der Formgebung der Gehäuse ist die Größe des Verlustes abhängig. Die beste Form ist die des sog. Spiralgehäuses (siehe Fig. 7). Durch günstige Formgebung der Leitschaufeln kann das Wasser mit einer richtigen Geschwindigkeit und Fließrichtung dem Spiralgehäuse zugeführt und dadurch ein Wasserstoß möglichst herabgemindert werden. Bei der Ausführungsform mit rundem Gehäuse (Fig. 8), die in der Herstellung billiger ist, muß das Gehäuse genügend groß sein. Das aus dem Leitapparat austretende Wasser muß sich hier seine Fließrichtung erst suchen, was mit Wirbelbildungen verbunden sein wird. Ganz zu verwerfen und direkt falsch ist, ein solches rundes Gehäuse exzentrisch um den Leitapparat zu setzen. Im engeren Teil werden sehr starke Stöße und Wirbelbildungen auftreten, da hier eine plötzliche Teilung der Fließrichtung nach beiden Seiten erfolgen muß.

5. Spaltüberdruck und Spaltverlust.

Außer den Verlusten durch Stoß und Reibung tritt noch ein anderer Verlust auf, der den Nutzeffekt mehr oder minder beeinträchtigt, es ist dies der sog. Spaltverlust. Wie schon gezeigt wurde, wird sich beim Betrieb der Pumpe zwischen Leit- und Laufrad im Punkte a ein Druck h_a und vor dem Eintritt in das Laufrad im Punkte s ein Druck h_s einstellen (siehe Fig. 9). Fast immer ist nun der Druck h_a größer als h_s, und bezeichnet man die Differenz der beiden Drucke mit Spaltüberdruck H_{sp}. Streng genommen müßte nicht der Punkt a, sondern ein Punkt a', somit auch nicht die Geschwindigkeit w_a, sondern die Geschwindigkeit w_a', wie sie sich aus Gl. 17 ergab, zur Berechnung der Spaltüberdrucke in Rechnung gezogen werden. Man macht nun aber keinen großen Fehler, wenn $w_a = w_a'$ gesetzt, also die Schaufelstärke vernachlässigt wird. Um die Gleichungen in möglichst einfacher Form zu erhalten, wurde hier diese Annahme gemacht.

Es ist also der Spaltüberdruck

$$H_{sp} = h_a - h_s \quad \ldots \ldots \ldots \quad 19.$$

Aus Fig. 9 ist nun zu ersehen, daß

$$h_a = \mathfrak{h}_d + \alpha H_n + \varrho_d H_n + \varrho_l H_n - \frac{w_a^2}{2g} \quad \ldots \quad 20.$$

Ferner

$$h_s = \mathfrak{h}_a - \varrho_s H_n - \frac{w_s^2}{2g} \quad \ldots \ldots \ldots \quad 21.$$

Die Werte von h_a und h_s, in Gl. 19 eingesetzt, so erhält man

$$H_{sp} = \mathfrak{h}_d - \mathfrak{h}_a + H_n \cdot (\alpha + \varrho_d + \varrho_l + \varrho_s) + \frac{w_s^2}{2g} - \frac{w_a^2}{2g} \quad \ldots \quad 22.$$

Nun war $\mathfrak{h}_d - \mathfrak{h}_a = H_n$ (Gl. 7). Ferner soll jetzt eine Annahme gemacht werden, indem $\frac{w_s^2}{2g} = (\varrho_a + \varrho_e) H_n$ gesetzt wird, was wohl auch annähernd der Fall sein wird. Es ergibt sich dann unter Berücksichtigung der Gl. 9 und 11 für Gl. 22

$$H_{sp} = \eta H_n - \frac{w_a^2}{2g} \quad \ldots \ldots \ldots \quad 23.$$

Das Wasser wird durch den Kranzspalt, das ist der Raum zwischen Leitrad- und Laufradkranz, wenn mit ξ_a der Durchflußkoeffizient bezeichnet wird, mit einer Geschwindigkeit w_{sp} in das Saugrohr zurückfließen von der Größe

$$w_{sp} = \xi_a \cdot \sqrt{2 g \eta H_n - w_a^2} \quad \ldots \ldots \ldots \quad 24.$$

Ist i die Größe des Kranzspaltes, so wird die Spaltfläche f_a annähernd sein

$$f_a = D_a \pi \cdot i \quad \ldots \ldots \ldots \ldots \quad 25.$$

Die durch den Spalt tretende Wassermenge, welche mit Q_{sp} bezeichnet werden soll, bestimmt sich dann zu

$$Q_{sp} = D_a \cdot \pi \cdot i \cdot w_{sp}$$

und, wenn der Wert von w_{sp} aus Gl. 24 eingesetzt wird, zu

$$Q_{sp} = D_a \pi \cdot i \cdot \xi_a \cdot \sqrt{2 \eta g H_n - w_a^2} \quad \ldots \ldots \quad 26.$$

Es wird sich nun auch in dem Raum zwischen Laufradboden und Leitraddeckel ein Überdruck gegen den Raum vor dem Laufradeintritt einstellen. Hierdurch wird ein Druck auf das Laufrad ausgeübt, der eine axiale Verschiebung der Welle bewirkt. Um diesen Axialschub zu beseitigen, wird oft der Raum zwischen dem Laufradboden und dem Leitraddeckel durch in den Laufradboden angebrachte Löcher mit dem Raum vor dem Laufradeintritt in Verbindung gebracht und so der Überdruck aufgehoben. Dies geschieht natürlich auf Kosten des Nutzeffektes der Pumpe, denn es wird jetzt die Spaltwassermenge $2 Q_{sp}$ betragen.

Durch Anordnung von Schleifrändern wird der Spalt möglichst klein zu machen gesucht, wodurch zu gleicher Zeit auch der Ausflußkoeffizient ξ_a verringert wird.

Bei sehr vielen Pumpen ist noch zwischen dem Laufradkranz und dem Saugrohranschluß ein Schleifrand angeordnet, so daß das Wasser, nachdem es durch den Spalt i_a im Durchmesser D_a getreten ist, auch noch durch den Spalt i_i im Durchmesser D_i fließen muß. Zur Vermeidung eines Axialschubes der Welle wird es nun auch nötig sein, zwischen dem Laufradboden und dem Leitraddeckel einen ebensolchen Schleifrand mit dem Durchmesser D_i anzubringen (siehe Fig. 17).

Es soll untersucht werden, wie bei dieser Anordnung die Spaltwassermenge zu bestimmen ist.

Die äußere Spaltfläche werde mit f_a, die innere mit f_i bezeichnet. Maßgebend

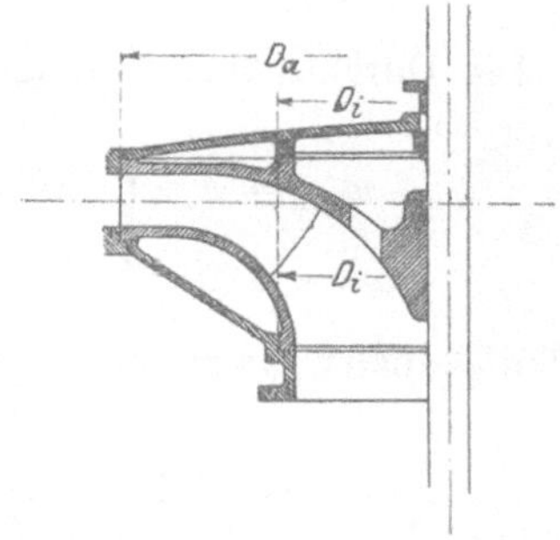

Fig. 17.

für die Größe des Spaltverlustes wird jetzt der Druck H_{spi} sein, der sich in dem Raum zwischen den beiden Schleifrändern mit dem Durchmesser D_a und D_i einstellen wird. Die Durchflußgeschwindigkeit im Durchmesser D_a werde mit w_{spa}, im Durchmesser D_i mit w_{spi} bezeichnet. Die Durchflußkoeffizienten seien entsprechend ξ_a und ξ_i.

Es läßt sich folgende Zustandsgleichung aufstellen

$$Q_{sp} = f_a \cdot w_{spa} = f_i \cdot w_{spi} \quad \ldots \ldots \ldots \quad 27.$$

Ferner muß sein

$$w_{spa} = \xi_a \sqrt{2\,g \cdot (H_{spa} - H_{spi})} \quad \ldots \ldots \quad 28.$$

und

$$w_{spi} = \xi_i \sqrt{2\,g\,H_{spi}} \quad \ldots \ldots \ldots \quad 29.$$

Die Werte von w_{spa} und w_{spi} in Gl. 27 eingesetzt, so ergibt sich

$$H_{spi} = \frac{H_{spa}}{1 + \dfrac{\xi_i^2 \cdot f_i^2}{\xi_a^2 \cdot f_a^2}}\,,$$

oder wenn $\xi_a = \xi_i$ und der Wert von H_{spa} aus Gl. 23 eingesetzt wird

$$H_{spi} = \frac{\eta\,H_n - \dfrac{w_a^2}{2\,g}}{1 + \left(\dfrac{f_i}{f_a}\right)^2} \quad \ldots \ldots \ldots \quad 30.$$

Diesen Wert für H_{spi} in Gl. 29 eingesetzt, ergibt die Durchflußgeschwindigkeit durch den inneren Spalt

$$w_{spi} = f_i \cdot \xi_i \cdot \sqrt{\frac{2\,\eta\,g\,H_n - w_a^2}{1 + \left(\dfrac{f_i}{f_a}\right)^2}} \quad \ldots \ldots \quad 31.$$

und die Spaltwassermenge

$$Q_{sp} = f_i \cdot \xi_i \cdot \sqrt{\frac{2\,\eta\,g\,H_n - w_a^2}{1 + \left(\dfrac{f_i}{f_a}\right)^2}} \quad \ldots \ldots \quad 32.$$

Die Durchflußgeschwindigkeit im äußeren Spalt ist jetzt nur

$$w_{spa} = \xi_a \cdot \sqrt{(2\,\eta\,g\,H_n - w_a^2)\left(1 - \frac{1}{1 + \left(\dfrac{f_i}{f_a}\right)^2}\right)} \quad \ldots \quad 33.$$

und die Spaltwassermenge bezogen auf den äußeren Spalt

$$Q_{sp} = f_a\,\xi_a \cdot \sqrt{(2\,\eta\,g\,H_n - w_a^2) \cdot \left(1 - \frac{1}{1 + \left(\dfrac{f_i}{f_a}\right)^2}\right)} \quad \ldots \quad 34.$$

Es wird also durch Anordnung von 2 Schleifrändern die Spaltwassermenge nicht unwesentlich verringert werden können.

Auch noch ein anderer Umstand trägt zur Verringerung des Spaltverlustes bei. Das Wasser, das sich zwischen den Laufradböden und dem das Laufrad umschließenden Gehäuse befindet, wird mit in Rotation versetzt. Reibungsloser Betrieb vorausgesetzt, so würde sich infolge Wirkung der Fliehkraft ein Rotationsparaboloid von der Höhe $\dfrac{u_a^2}{2g}$ im Durchmesser D_a bilden. Infolge Reibung des Wassers an den Wänden und der einzelnen Wasserteilchen unter sich wird das Wasser nicht mit der vollen Umfangsgeschwindigkeit des Laufrades rotieren und wird das Rotationsparaboloid nicht richtig zur Ausbildung gelangen können. Wird nun angenommen, daß infolge der Reibungsverluste das Wasser nur mit einer Geschwindigkeit $\varphi \cdot u_a$ rotiert, so wird jetzt das Rotationsparaboloid im Durchmesser D_a nur eine Höhe h_R haben von dem Betrage

$$h_R = \varphi^2 \cdot \frac{u_a^2}{2g} \quad \ldots \ldots \ldots \ldots \quad 35.$$

Dieser Druck h_R wirkt nun dem Spaltüberdruck entgegen, es wird sich also, wenn das Rotationsparaboloid mit in Rechnung gezogen wird, bei einem Schleifrad ein Spaltüberdruck einstellen von der Größe

$$H_{spa} = \eta\, H_n - \frac{w_a^2}{2g} - \varphi^2 \cdot \frac{u_a^2}{2g} \quad \ldots \ldots \quad 36.$$

Hieraus ergibt sich die Wassergeschwindigkeit im Spalt

$$w_{sp} = \xi_a \sqrt{2g\,\eta\, H_n - w_a^2 - \varphi^2 \cdot u_a^2} \quad \ldots \ldots \quad 37.$$

und die Spaltwassermenge

$$Q_{sp} = f_a \cdot \xi_a \cdot \sqrt{2g\,\eta\, H_n - w_a^2 - \varphi^2 \cdot u_a^2} \quad \ldots \ldots \quad 38.$$

Für die Anordnung mit 2 Schleifrändern ermittelt sich mit Berücksichtigung des Rotationsparaboloids die Spaltwassermenge folgendermaßen:

Wird wieder angenommen, daß das Rotationsparaboloid mit einer Umfangsgeschwindigkeit $\varphi\, u$ rotiert, so wird in einem Punkte im Durchmesser D_a gegenüber einem Punkte im Durchmesser D_i eine Druckdifferenz auftreten von der Größe $\varphi^2 \left(\dfrac{u_a^2 - u_i^2}{2g} \right)$.

Der Spaltüberdruck H_{spa} wird jetzt nur noch eine Größe haben.

$$H_{spa} = \eta\, H_n - \frac{w_a^2}{2g} - \left(H_{spi} + \varphi^2 \frac{(u_a^2 - u_i^2)}{2g} \right) \quad \ldots \quad 39.$$

Wie früher läßt sich jetzt die Zustandsgleichung schreiben

$$Q_{sp} = w_{spa} \cdot f_a = w_{spi} \cdot f_i \quad \ldots \ldots \quad (27.)$$

Unter Berücksichtigung von Gl. 39 ergibt sich jetzt für w_{spa} der Wert

$$w_{spa} = \sqrt{2\,g \cdot \left(\eta\,H_n - \frac{w_a^2}{2\,g} - H_{spi} - \varphi^2\,\frac{(u_a^2 - u_i^2)}{2\,g}\right)} \quad . \quad 40.$$

Aus Gl. (27) und 40 ermittelt sich die Spaltwassermenge, bezogen auf den Durchmesser D_a aus der Gleichung

$$Q_{spa} = f_a \cdot \xi_a \cdot \sqrt{[2\,g\,\eta\,H_n - w_a^2 - \varphi^2\,(u_a^2 - u_i^2)]\left(1 - \frac{1}{1 + \left(\dfrac{f_i}{f_a}\right)^2}\right)} \quad 41.$$

und bezogen auf den Durchmesser D_i aus der Beziehung

$$Q_{spi} = f_i \cdot \xi_i \sqrt{\frac{2\,g\,\eta\,H_n - w_a^2 - \varphi^2\,(u_a^2 - u_i^2)}{1 + \left(\dfrac{f_i}{f_a}\right)^2}} \quad . \quad . \quad . \quad 42.$$

Die Spaltwassermenge muß nun für die Größenbestimmung des Laufrades mit in Rechnung gezogen werden, indem das Laufrad für eine Wassermenge Q' zu berechnen ist von der Größe

$$Q' = Q + Q_{sp} \quad . \quad . \quad . \quad . \quad . \quad . \quad . \quad . \quad . \quad 43.$$

Durch das Laufrad muß also auch die Spaltwassermenge gefördert werden.

Die Spaltwassermenge ist, wie aus den ermittelten Gleichungen sich ergab, abhängig von der Größe der Spaltfläche f_a bzw. f_i und dem Durchflußkoeffizienten ξ, der mit kleiner werdendem Spalt abnehmen wird, ferner auch, wenn das Rotationsparaboloid in Rechnung gezogen wird von dem Koeffizienten φ.

Die Abhängigkeit des Spaltüberdruckes und des Spaltverlustes von der Umfangsgeschwindigkeit u_a, somit von den Winkeln β_a und δ_a wird im Kapitel 9 gezeigt werden.

6. Größenbestimmung des Saugrohres am Laufradeintritt.

Aus der zu fördernden Wassermenge Q und einer angenommenen Saugrohrgeschwindigkeit w_s bestimmt sich der freie Querschnitt am Laufradeintritt F_s zu

$$F_s = \frac{Q}{w_s} \quad . \quad . \quad . \quad . \quad . \quad . \quad . \quad . \quad . \quad 44.$$

und der Saugrohrdurchmesser D_s

$$D_s = \sqrt{\frac{Q}{w_s} \cdot \frac{4}{\pi}} \quad . \quad . \quad . \quad . \quad . \quad . \quad . \quad . \quad 45.$$

Die Größe der Saugrohrgeschwindigkeit w_s richtet sich nun nach Maß der zu fördernden Wassermenge Q und der Größe der Förderhöhe H_n. Am zweckmäßigsten nimmt man die Geschwindigkeits-höhe $\dfrac{w_s^2}{2\,g}$ als einen bestimmten Bruchteil γ von der Bruttoförder-höhe $\eta\,H_n$ an, so daß

$$\frac{w_s^2}{2\,g} = \gamma \cdot \eta \cdot H_n \quad \ldots \ldots \quad 46.$$

oder

$$w_s = \sqrt{2\,\gamma\,\eta\,g\,H_n} \quad \ldots \ldots \ldots \quad 47.$$

ist. Die Größe des Koeffizienten γ ist abhängig von der Bruttoförder-höhe und der zu fördernden Wassermenge. Bei Niederdruckpumpen mit kleiner Förderhöhe und großer Wassermenge wird γ bis 0,08 und wohl auch darüber genommen, während bei Hochdruckpumpen für große Förderhöhe und kleine Wassermengen γ bis 0,01 und zuweilen noch kleiner zu wählen ist.

Der Koeffizient γ ist von besonderer Wichtigkeit, wenn neu zu berechnende Pumpen mit schon ausgeführten verglichen werden sollen.

Aus Gl. 44 und 47 folgt

$$Q = F_s \cdot \sqrt{2\,\gamma\,\eta\,g\,H_n} \quad \ldots \ldots \ldots \quad 48.$$

oder

$$\frac{Q}{\sqrt{\eta\,H_n}} = F_s \cdot \sqrt{2\,\gamma\,g} = K \quad \ldots \ldots \ldots \quad 49.$$

Die Größe K soll mit Charakte-ristik der Zentrifugalpumpe bezeichnet werden. Eine ausgeführte Pumpe ist für alle Förderhöhen und Fördermengen brauchbar, für welche der Ausdruck $\dfrac{Q}{\sqrt{\eta\,H_n}}$ die Größe die der Pumpe eigenen Charakteristik K hat (siehe Kapitel 30).

Gl. 46 kann auch geschrieben werden

$$w_s^2 = 2\,\gamma\,\eta\,g\,H_n = C \cdot H_n \quad . \quad . \quad 50.$$

Dies ist die Scheitelgleichung einer Parabel. Die Saugrohrgeschwindigkeit w_s wird also für gleiches γ bei verschiede-nen Förderhöhen nach einer Parabel zu-nehmen. Fig. 18 zeigt eine solche Ge-schwindigkeitsparabel für $\gamma = 0,02$.

Der atmosphärische Druck A ge-stattet die theoretische Ausnützung einer Saugsäule $\mathfrak{h}_s$ von ca. 10,0 m, so daß mit

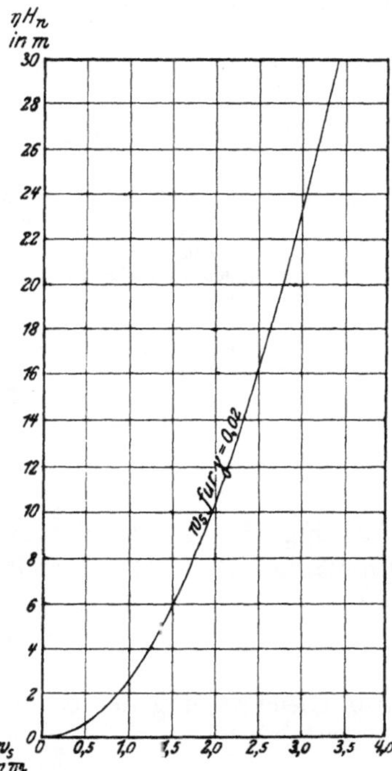

Fig. 18.

Berücksichtigung der Geschwindigkeitshöhe $\dfrac{w_s^2}{2\,g}$ und der Reibungshöhe $\varrho_s\,H_n$

$$\mathfrak{h}_s + \frac{w_s^2}{2\,g} + \varrho_s\,H_n \leqq A$$

sein könnte. Nun ist aber das Wasser mehr oder minder mit Luft zersetzt, und es ist deswegen aus Gründen der Betriebssicherheit ratsamer,

$$\mathfrak{h}_s + \frac{w_s^2}{2\,g} + \varrho_s\,H_n < 6 \div 7 \text{ m}$$

anzunehmen.

7. Bestimmung der Austrittsgrößen für $\delta_e = 90^0$.

Die im vorhergehenden ermittelte zweite Form der Hauptgleichung (Gl. 15) lautete

$$u_a\,w_a \cos\delta_a - u_e\,w_e \cos\delta_e = \eta\,g\,H_n \quad \ldots \ldots \text{(15.)}$$

Es soll jetzt die **absolute Eintrittsgeschwindigkeit** w_e **senkrecht** u_e genommen werden, bei welcher Annahme, da $\delta_e = 90°$, das Glied $u_e\,w_e \cos\delta_e = 0$ ist, so daß Gl. 15 die einfache Form erhält

$$u_a\,w_a \cos\delta_a = \eta\,g\,H_n \quad \ldots \ldots \ldots 51.$$

Die Gleichung werde nach $\cos\delta_a$ aufgelöst

$$\cos\delta_a = \frac{\eta\,g\,H_n}{u_a \cdot w_a} \quad \ldots \ldots \ldots 52.$$

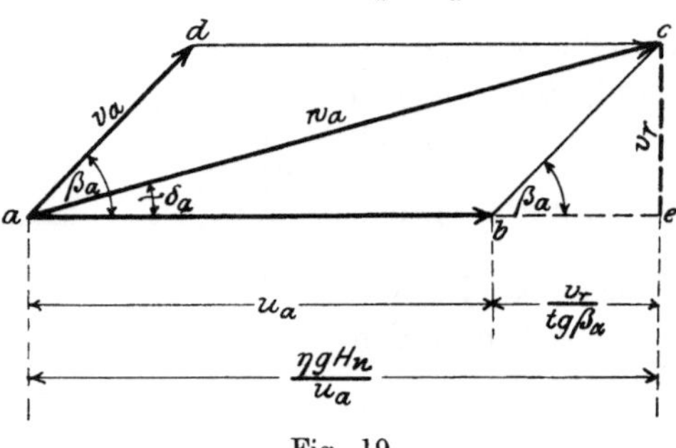

Fig. 19.

Aus Fig. 19, welche das Austrittsdiagramm eines sogenannten Langsamläufers $\beta_a < 90°$ darstellt, folgt

$$\cos\delta_a = \frac{\overline{a\,e}}{w_a} \quad \ldots \ldots \ldots 53.$$

Aus Gleichsetzung der Gl. 52 und 53 ergibt sich

$$\overline{a\,e} = \frac{\eta\,g\,H_n}{u_a} \quad \ldots \ldots \ldots 54.$$

Dieselbe Gleichung kann auch der Fig. 20 entnommen werden, welche das Diagramm eines sogenannten Schnelläufers $\beta_a > 90^\circ$ darstellt. — In Fig. 19 ist ferner

$$b\,e = \frac{v_r}{\operatorname{tg}\beta_a} \quad \dots \dots \dots \dots \quad 55\,\mathrm{a}.$$

oder in Fig. 20

$$\overline{b\,e} = -\frac{v_r}{\operatorname{tg}\beta_a} \quad \dots \dots \dots \quad 55\,\mathrm{b}.$$

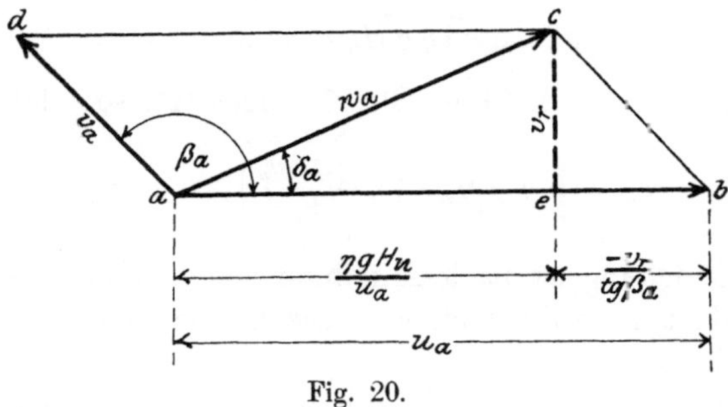

Fig. 20.

Mit v_r ist die Vertikalkomponente der relativen Austrittsgeschwindigkeit v_a bezeichnet.

Aus Fig. 19 ist ferner zu entnehmen

$$u_a = \overline{a\,e} - \overline{b\,e} \quad \dots \dots \dots \quad 56\,\mathrm{a}.$$

oder aus Fig. 20

$$u_a = \overline{a\,e} + \overline{b\,e} \quad \dots \dots \dots \quad 56\,\mathrm{b}.$$

In Gl. 56a bzw. 56b der Wert für $\overline{a\,e}$ aus Gl. 54 und der Wert für $\overline{b\,e}$ aus Gl. 55a bzw. 55b eingesetzt, so folgt

$$u_a = \frac{\eta\,g\,H_n}{u_a} - \frac{v_r}{\operatorname{tg}\beta_a} \quad \dots \dots \dots \quad 57.$$

oder

$$u_a = -\frac{v_r}{2\operatorname{tg}\beta_a} = \sqrt{\left(\frac{v_r}{2\operatorname{tg}\beta_a}\right)^2 + \eta\,g\,H_n} \quad \dots \quad 58.$$

Für $\beta_a = 90^\circ$ ist dann

$$u_{a\,90^\circ} = \sqrt{\eta\,g\,H_n} \quad \dots \dots \dots \quad 59.$$

Es sei hier bemerkt, daß für sämtliche Größen, die sich auf Diagramme mit $\beta_a = 90^\circ$ beziehen, der Index $_{90^\circ}$ gesetzt ist.

Aus Gl. 58 kann also bei gegebener Förderhöhe nach Annahme der Geschwindigkeit v_r, die auch als radiale Austrittsgeschwindigkeit bezeichnet wird, für jeden Laufradwinkel β_a die Umfangsgeschwindigkeit bestimmt werden.

Für v_r kann auch in Gl. 57 eine Winkelfunktion des Leitradwinkels δ_a eingeführt werden; wie in Fig. 19 oder Fig. 20 zu ersehen ist, kann man schreiben

$$\operatorname{tg}\delta_a = \frac{v_r \cdot u_a}{\eta\,g\,H_n} \quad \dots \dots \dots \dots \quad 60.$$

oder

$$v_r = \operatorname{tg}\delta_a \cdot \frac{\eta\,g\,H_n}{u_a} \quad \dots \dots \dots \dots \quad 61.$$

Für $\beta_a = 90°$ ist dann, wenn Gl. 59 in Gl. 61 eingesetzt wird,

$$v_r = \operatorname{tg}\delta_{a\,90°} \cdot \sqrt{\eta\,g\,H_n} = v_{a\,90°} \quad \dots \dots \dots \quad 62.$$

Der Wert für v_r aus Gl. 61 in Gl. 57 eingesetzt, so folgt

$$u_a = \sqrt{\eta\,g\,H_n \cdot \left(1 - \frac{\operatorname{tg}\delta_a}{\operatorname{tg}\beta_a}\right)} \quad \dots \dots \dots \quad 63.$$

Aus dieser Gleichung ist nach Annahme von β_a und δ_a die Umfangsgeschwindigkeit u_a zu berechnen. Die Größe von v_r bestimmt sich dann aus Gl. 61.

Ist durch den äußeren Laufraddurchmesser D_a und die Umlaufszahl die Umfangsgeschwindigkeit u_a gegeben, so berechnet sich bei Annahme von v_r der Winkel β_a zu (Auflösung von Gl. 57 nach $\operatorname{tg}\beta_a$)

$$\operatorname{tg}\beta_a = \frac{v_r}{\dfrac{\eta\,g\,H_n}{u_a} - u_a} \quad \dots \dots \dots \dots \quad 64.$$

oder bei Annahme von δ_a (Auflösung von Gl. 63 nach $\operatorname{tg}\beta_a$)

$$\operatorname{tg}\beta_a = \frac{\operatorname{tg}\delta_a}{1 - \dfrac{u_a^2}{\eta\,g\,H_n}} \quad \dots \dots \dots \dots \quad 65.$$

Wenn die Umfangsgeschwindigkeit und der äußere Laufraddurchmesser D_a festgelegt ist, erhält man die Umlaufszahl n aus der bekannten Beziehung

$$n = \frac{u_a \cdot 60}{D_a \cdot \pi} \quad \dots \dots \dots \dots \dots \quad 66.$$

oder bei Annahme von n und D_a die Umfangsgeschwindigkeit aus der Gleichung

$$u_a = \frac{D_a \cdot \pi \cdot n}{60} \quad \dots \dots \dots \dots \quad 67.$$

oder bei Annahme von n und u_a den Laufraddurchmesser aus der Beziehung

$$D_a = \frac{u_a \cdot 60}{n \cdot \pi} \quad \dots \dots \dots \dots \quad 68.$$

Für die Größe der relativen Austrittsgeschwindigkeit v_a ergibt sich die Beziehung

$$v_a = \frac{v_r}{\sin \beta_a} \quad \cdots \cdots \cdots \cdots \quad 69.$$

oder wenn für v_r die Winkelfunktion von δ_a aus Gl. 61 eingesetzt wird

$$v_a = \frac{\operatorname{tg} \delta_a \cdot \eta\, g\, H_n}{\sin \beta_a \cdot u_a} \quad \cdots \cdots \cdots \quad 70.$$

Für die Größe der absoluten Austrittsgeschwindigkeit w_a kann die Gleichung aufgestellt werden (siehe Fig. 19 und 20)

$$w_a = \sqrt{v^2 + \left(\frac{\eta\, g\, H_n}{u_a}\right)^2} \quad \cdots \cdots \quad 71.$$

oder auch es ergibt sich aus Gl. 52 durch Auflösung nach w_a

$$w_a = \frac{\eta\, g\, H_n}{u_a \cdot \cos \delta_a} \quad \cdots \cdots \cdots \cdots \quad 72.$$

Ist die Umfangsgeschwindigkeit noch nicht bekannt, so berechnet sich w_a nach Annahme von β_a und δ_a aus Gl. 63 und 72 zu

$$w_a = \sqrt{\frac{\eta\, g\, H_n \cdot (1 + \operatorname{tg} \delta_a)}{1 - \dfrac{\operatorname{tg} \delta_a}{\operatorname{tg} \beta_a}}} \quad \cdots \cdots \quad 73.$$

Die Laufradhöhe b_a bestimmt sich, wenn die radiale Austrittsgeschwindigkeit v_r angenommen wird, aus der Beziehung

$$D_a\, \pi \cdot b_a \cdot v_r = Q \quad \cdots \cdots \cdots \quad 74.$$

zu

$$b_a = \frac{Q}{D_a\, \pi \cdot v_r} \quad \cdots \cdots \cdots \cdots \quad 75.$$

Wenn statt v_r der Winkel δ_a der Rechnung zugrunde gelegt wird, so erhält man b_a, indem die Größe von v_r aus Gl. 61 in Gl. 75 eingesetzt wird, aus der Beziehung

$$b_a = \frac{Q \cdot u_a}{D_a\, \pi \cdot \eta\, g\, H_n \cdot \operatorname{tg} \delta_a} \quad \cdots \cdots \cdots \quad 76.$$

Es rechnet sich dann rückwärts die Geschwindigkeit v_r zu

$$v_r = \frac{Q}{D_a\, \pi \cdot b_a} \quad \cdots \cdots \cdots \cdots \quad 77.$$

Es soll noch einmal vermerkt werden, daß die bis jetzt aufgestellten Gleichungen zur Ermittlung der Austrittsgrößen nur gelten für die Annahme $\delta_e = 90^\circ$, also absolute Eintrittsgeschwindigkeit $w_e \perp u_e$. Auch die jetzt folgenden Gleichungen sind unter gleicher Annahme ermittelt. In Kapitel 14 und folgenden werden dann noch Gleichungen zur Berechnung der Austrittsgrößen für beliebige Richtung der absoluten Eintrittsgeschwindigkeit, also für $\delta_e \lessgtr 90^\circ$ angegeben werden.

8. Einfluß des Lauf- und Leitradwinkels auf die Umfangs-geschwindigkeit.

Im vorigen Kapitel waren für u_a zwei Gleichungen aufgestellt worden

$$\text{I.}\quad u_a = -\frac{v_r}{2\,\mathrm{tg}\,\beta_a} + \sqrt{\left(\frac{v_r}{2\,\mathrm{tg}\,\beta_a}\right)^2 + \eta\,g\,H_n} \quad \dots \dots \quad (58.)$$

$$\text{II.}\quad u_a = \sqrt{\eta\,g\,H_n \cdot \left(1 - \frac{\mathrm{tg}\,\delta_a}{\mathrm{tg}\,\beta_a}\right)} \quad \dots \dots \dots \quad (63.)$$

Man kann die Gleichung I bezeichnen als Gleichung der Umfangsgeschwindigkeiten für gleiches Laufradprofil, denn nach Annahme der radialen Austrittsgeschwindigkeit v_r ist bei einem bestimmten Durchmesser D_a das äußere Laufradprofil festgelegt. In dieser Gleichung ist u_a abhängig von β_a und v_r. Für v_r kann man noch aus Gl. 62 den Winkel $\delta_{a\,90^0}$ einführen, so daß also u_a auch abhängig ist von β_a und $\delta_{a\,90^0}$. Der Winkel δ_a ändert sich mit u_a.

Die Gleichung II soll mit Gleichung der Umfangsgeschwindigkeiten für ungleiches Laufradprofil bezeichnet werden. Denn es wird sich für konstantes δ_a bei gleichem Laufraddurchmesser D_a die Laufradhöhe b_a und somit das Laufradprofil mit u_a ändern. In dieser Gleichung ist u_a abhängig von β_a und δ_a.

Besser verwendbar ist nun Gleichung I, da man mit derselben für ein vorhandenes Profil die Umfangsgeschwindigkeit bei Annahme von β_a bestimmen kann, während mit Gleichung II dies nicht ohne weiteres möglich ist.

Es soll deswegen die Gleichung I näher betrachtet werden und der Verlauf der Kurve für die Umfangsgeschwindigkeiten, wie sie durch diese Gleichung gegeben, genauer untersucht werden.

Es gibt drei charakteristische Punkte für die u_a-Kurve, wie dieselbe durch Gl. 58 gegeben:

1. Für $\beta_a = 0$ wird $u_a = 0$, d. h. die u_a-Kurve geht durch den Nullpunkt des Koordinatensystems.
2. Für $\beta_a = 180°$, für welchen Winkel $u_a = \infty$, verläuft die Kurve asymptotisch mit einem Richtungswinkel von $90°$.
3. Für $\beta_a = 90°$ hat die Kurve einen Wendepunkt und ergibt sich der Winkel der Tangente an demselben zu

$$\mathrm{tg}\,\varphi = \frac{v_r}{2} \quad \dots \dots \dots \dots \quad 78.$$

oder, wenn der Wert für v_r aus Gl. 62 eingesetzt wird, zu

$$\mathrm{tg}\,\varphi = \frac{\mathrm{tg}\,\delta_{a\,90^0} \cdot \sqrt{\eta\,g\,H_n}}{2} \quad \dots \dots \dots \quad 79.$$

Die Subtangente S im Wendepunkt hat die Größe

$$S = \frac{\sqrt{\eta\, g\, H_n} \cdot 2}{v_r} \quad \dots \dots \dots \quad 80.$$

oder, wenn für v_r die Winkelfunktion von $\delta_{a\,90^\circ}$ eingeführt wird,

$$S = 2\,\mathrm{ctg}\,\delta_{a\,90^\circ} \quad \dots \quad 81.$$

Aus Gl. 59 ist zu ersehen, daß die Umfangsgeschwindigkeit für $\beta_a = 90^\circ$ unabhängig von v_r oder δ_a ist, somit hat die Ordinate im Wendepunkt für jedes v_r oder $\delta_{a\,90^\circ}$, natürlich gleiche Förderhöhe vorausgesetzt, dieselbe Größe.

In Fig. 21 wurden nun drei u_a-Kurven mit den Tangenten des Wendepunktes ein gezeichnet, und zwar für die Annahme

$$\sqrt{\eta\, g\, H_n} = 10 \text{ m}.$$

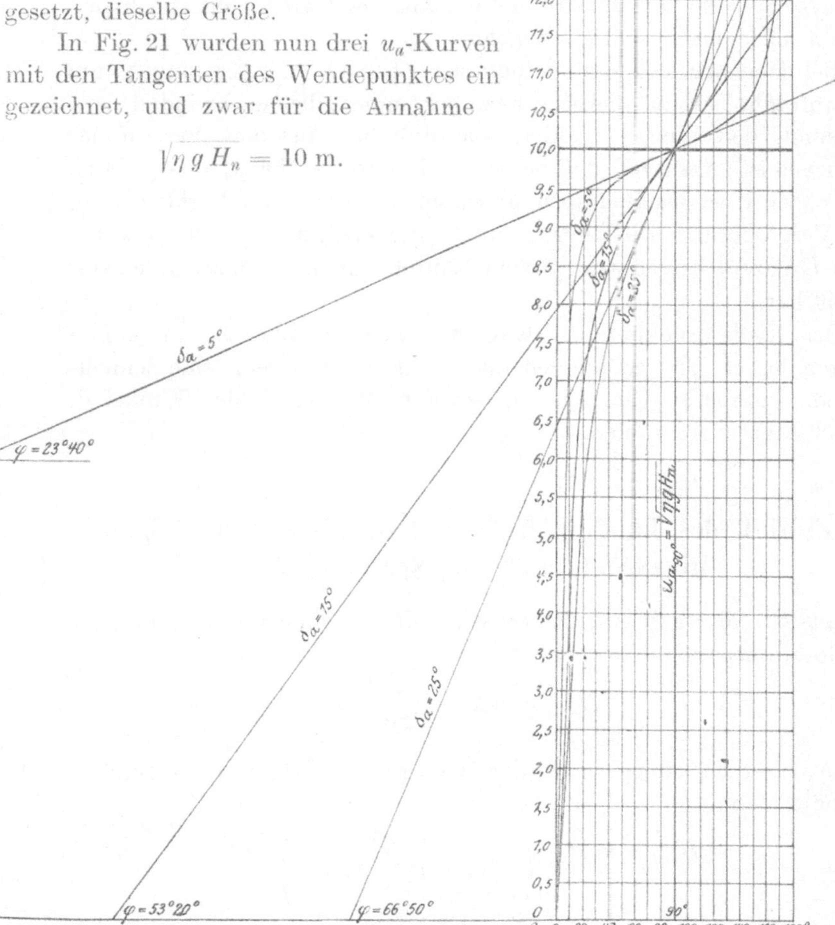

Fig. 21.

Für verschiedene Annahmen von δ_a ergab sich aus der Rechnung

$$\text{I.} \quad \delta_{a\,90^0} = \;\;5^\circ \qquad v_r = 0{,}876 \text{ m} \qquad \varphi = 23^\circ\,40'$$
$$\text{II.} \quad \delta_{a\,90^0} = 15^\circ \qquad v_r = 2{,}68 \;\;\text{ m} \qquad \varphi = 53^\circ\,20'$$
$$\text{III.} \quad \delta_{a\,90^0} = 25^\circ \qquad v_r = 4{,}672 \text{ m} \qquad \varphi = 66^\circ\,50'$$

Aus der Figur ist deutlich zu ersehen, wie die Richtung der Tangente im Wendepunkt den Verlauf der u_a-Kurven angibt.

Wie Gl. 78 bzw. 79 zeigt, ist die Tangente des Winkels φ direkt proportional v_r bzw. $\operatorname{tg}\delta_{a\,90^0}$. Der Tangentenwinkel nimmt also mit v_r bzw. $\operatorname{tg}\delta_{a\,90^0}$ ab und zu.

Während die u_a-Kurve von $\beta_a = 0$ bis $\beta_a = 90^\circ$ konkav nach unten verläuft, hat sie von $\beta_a = 90^\circ$ bis $\beta_a = 180^\circ$ eine konkave Krümmung nach oben. Es wird demnach mit wachsendem v_r oder $\delta_{a\,90^0}$ von $\beta_a = 90^\circ$ bis $\beta_a = 0^\circ$ die Umfangsgeschwindigkeit abnehmen, von $\beta_a = 90^\circ$ bis $\beta_a = 180^\circ$ zunehmen.

Bei Hochdruck-Zentrifugalpumpen ist man nun gezwungen, um die Laufradhöhe b_a möglichst groß zu bekommen, die Geschwindigkeit v_r und somit den Winkel δ_a klein auszuführen. Aus dem Verlauf der u_a-Kurven ist zu ersehen, daß bei kleinem Leitradwinkel $\delta_a = 5^\circ \div 10^\circ$, wie er bei Hochdruckpumpen angenommen wird, die Verkleinerung oder Vergrößerung des Laufradwinkels β_a, wenigstens in den brauchbaren Grenzen, keinen sehr großen Einfluß auf die Umfangsgeschwindigkeit hat.

Bei Niederdruckpumpen wird der Leitradwinkel δ_a in weiten Grenzen bis ca. 35° genommen und ist natürlich, wenn eine schnelllaufende Pumpe zu bauen ist, neben dem Winkel β_a der Winkel δ_a möglichst groß zu wählen.

9. Einfluß des Lauf- und Leitradwinkels auf den Spaltüberdruck und den Spaltverlust.

Aus Gl. 23 ergab sich der Spaltüberdruck, ohne Berücksichtigung des Rotationsparaboloides zu

$$H_{spa} = \eta\,H_n - \frac{w_a^2}{2\,g}\,.$$

In dieser Gleichung werde der Wert für w_a aus Gl. 73 eingesetzt, so erhält man

$$H_{spa} = \eta\,H_n \cdot \left(1 - \frac{1 + \operatorname{tg}\delta_a}{2 \cdot \left(1 - \dfrac{\operatorname{tg}\delta_a}{\operatorname{tg}\beta_a}\right)}\right) \quad \ldots \ldots \; 82.$$

Die Größe des Spaltüberdruckes ist also abhängig von β_a und δ_a, und zwar nimmt er zu mit wachsendem β_a und δ_a. Um dieses Abhängigkeitsverhältnis besser zu zeigen, sind in Fig. 22 drei Spaltüberdruckkurven für $\delta_{a\,90^0} = 5°, 15°, 25°$ punktiert eingezeichnet, wiederum bei einer Annahme

$$\sqrt{\eta\,g\,H_n} = 10 \text{ m}.$$

Wie schon gezeigt wurde, wird noch der Spaltüberdruck durch das sich bildende Rotationsparaboloid ungefähr um den Betrag $\dfrac{\varphi^2\,u_a^2}{2\,g}$ herabgemindert werden. Es soll jetzt die Annahme gemacht werden, daß das Rotationsparaboloid mit $\dfrac{u_a}{2}$ sich dreht, mithin $\varphi = \tfrac{1}{2}$ ist. Es würde dann

$$\varphi^2\,\frac{u_a^2}{2\,g} = \frac{u_a^2}{8\,g} \quad \ldots \ 83.$$

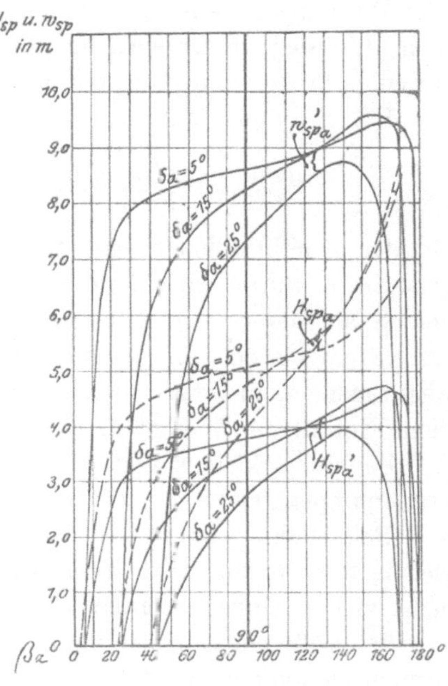

Fig. 22.

sein. Unter Berücksichtigung dieser Größe wurde noch eine zweite Serie von Spaltüberdruckkurven in Fig. 22 mit vollem Linienzug eingezeichnet, indem von den erst ermittelten der jeweilige Betrag von $\dfrac{u_a^2}{8\,g}$ abgezogen wurde. Diese Kurven haben dann die Gleichung für $\varphi = \tfrac{1}{2}$

$$H_{spa}' = \eta\,H_n \cdot \left(1 - \frac{1 + \operatorname{tg}\delta_a}{2 \cdot \left(1 - \dfrac{\operatorname{tg}\delta_a}{\operatorname{tg}\beta_a}\right)} - \frac{1 - \dfrac{\operatorname{tg}\delta_a}{\operatorname{tg}\beta_a}}{3}\right) \quad \ldots \ 84.$$

Ferner sind noch in Fig. 22 die infolge des Spaltüberdruckes auftretenden ideellen Durchflußgeschwindigkeiten angegeben, mit denen das Wasser durch den Spalt tritt. Die Geschwindigkeit ergibt sich bei der Annahme von $\xi_a = 1$, $\varphi = \tfrac{1}{2}$

$$w_{spa}' = \sqrt{2\,\eta\,g\,H_n \cdot \left(1 - \frac{1 + \operatorname{tg}\delta_a}{2 \cdot \left(1 - \dfrac{\operatorname{tg}\delta_a}{\operatorname{tg}\beta_a}\right)} - \frac{1 - \dfrac{\operatorname{tg}\delta_a}{\operatorname{tg}\beta_a}}{8}\right)} \ . \ 85.$$

Der Spaltdruck wird gleich 0 werden, wenn

$$\frac{1 + \operatorname{tg}\delta_a}{2 \cdot \left(1 - \dfrac{\operatorname{tg}\delta_a}{\operatorname{tg}\beta_a}\right)} - \frac{1 - \dfrac{\operatorname{tg}\delta_a}{\operatorname{tg}\beta_a}}{8} = \eta\,H_n$$

ist. Wird dieser Ausdruck $> \eta\, H_n$, so wird der Spaltdruck negativ, d. h. das Spaltwasser wird in umgekehrter Richtung durch den Spalt treten, es wird vom Saugrohr zum Laufradaustritt fließen.

Für $\beta_a = 90°$ erhält Gl. 85 die Form

$$w'_{sp\,a\,90°} = \sqrt{2\,\eta\,g\,H_n \cdot \left(1 - \frac{1 + \operatorname{tg}\delta_{a\,90°}}{2} - \frac{1}{8}\right)} \quad \ldots \quad 86.$$

Da der Durchflußkoeffizient für alle Geschwindigkeiten gleich groß genommen wurde, so sind die Geschwindigkeiten direkt proportional den Spaltwassermengen, es werden also die Kurven der Wassergeschwindigkeiten $w'_{sp\,a}$ in irgendeinem gewissen Maßstab die Spaltwassermengen angeben. Man erhält jetzt ein sehr klares Bild von dem Einfluß der Winkel β_a und δ_a auf die Spaltwassermenge.

Bei einem kleinen Leitradwinkel $\delta_a = 5° \div 10°$, wie er bei Hochdruckpumpen genommen wird, wird die Spaltwassermenge für Langsam- und Schnelläufer wenigstens in sehr weiten Grenzen annähernd die gleiche bleiben und wird durch Verkleinerung von β_a der Spaltverlust nicht viel verringert werden können.

Bei größerem Leitradwinkel δ_a, wie er bei Niederdruck-Zentrifugalpumpen genommen wird, ist dagegen die Spaltwassermenge für Langsam- und Schnelläufer eine sehr verschiedene. Ist z. B. die Spaltwassermenge für $\delta_a = 25°$ bei $\beta_a = 90°$ gleich 1,0, so würde dieselbe bei $\beta_a = 45°$ nur das 0,39fache, bei $\beta_a = 135°$ jedoch das 1,2fache betragen.

Wenn der Einfluß des Spaltverlustes auf den Nutzeffekt der Pumpe untersucht werden soll, so muß die Spaltwassermenge in Prozenten der gesamten Fördermenge angegeben werden. Je größer nun das Verhältnis des äußeren Durchmessers D_a zur Fördermenge ist, um so größer der Prozentsatz der Spaltwassermenge von der Fördermenge. Dieser Prozentsatz ist, natürlich vorausgesetzt gleiches $\eta\, H_n$ und gleiche Winkel β_a und δ_a, umgekehrt proportional der Fördermenge. Wenn z. B. eine Pumpe für eine Fördermenge von 100 Litern einen Spaltverlust von 3% hatte, also eine Spaltwassermenge von $100 \cdot 0{,}03 = 3$ Liter, so wird, wenn die Pumpe mit demselben D_a, β_a und δ_a nur 50 Liter liefert, unter Annahme gleicher Spaltgröße der Spaltverlust auch 3 Liter betragen, jedoch jetzt nicht mehr 3%, sondern $3\% \cdot \frac{100}{50} = 6\%$ der Fördermenge.

Bei Niederdruckpumpen ist nun das Verhältnis $\dfrac{D_a}{Q}$ meist kleiner als bei Hochdruckpumpen, somit wird der Spaltverlust, bezogen auf die Fördermenge, bei den Hochdruckpumpen größer als bei Niederdruckpumpen ausfallen.

Aus diesem Grunde muß man versuchen, den Spalt namentlich bei Hochdruckpumpen auf ein Kleinstes zu verringern, was, wie schon

früher angegeben, am zweckmäßigsten durch Anordnung sog. Schleifränder geschieht. Häufig wird auch noch der Kranz überfalzt (siehe
Fig. 23). Diese Anordnung wird aber nicht sehr viel am Verlust verringern, wenn man bedenkt, daß die Richtung der Spaltwassergeschwin-

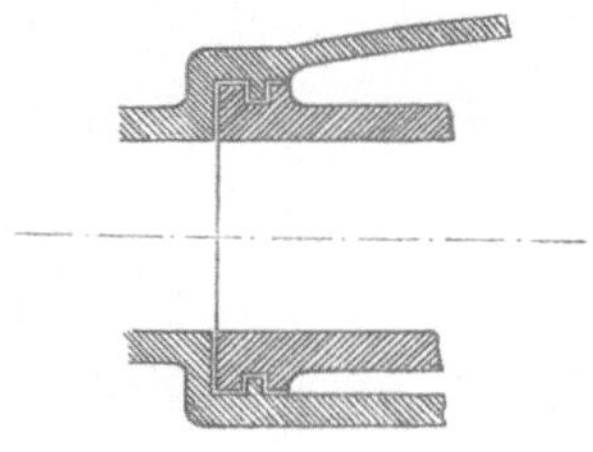
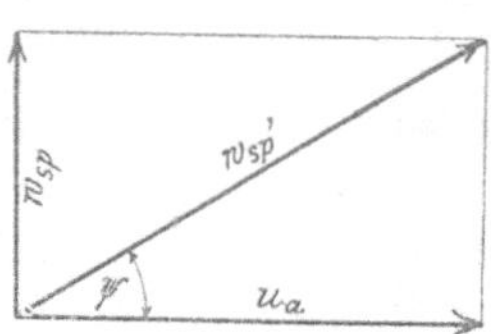

digkeit nicht axial ist, sondern sich mit der Umfangsgeschwindigkeit
zu einer resultierenden Geschwindigkeit w_{sp}' zusammensetzt von der
Größe (siehe Fig. 24)

$$w_{sp}' = \sqrt{w_{sp}^2 + u_a^2} \quad \ldots \ldots \ldots \quad 87.$$

die einen Richtungswinkel ψ bezogen auf u_a hat, so daß

$$\operatorname{tg}\psi = \frac{w_{sp}}{u_a} \quad \ldots \ldots \ldots \quad 88.$$

ist. — Eine ganz hübsche Anordnung zur Verringerung des Spaltes
ist im D. R. P. Nr. 142 214 angegeben. Wie aus Fig. 25 ersichtlich,
wird in das Laufrad ein lose eingesetzter
Dichtungsring D durch Ringsegmente R,
die der Wirkung der Fliehkraft unter-
worfen, an die Gehäusewand gepreßt und
wird so der Spalt auf ein Kleinstes reduziert. Im D. R. P. Nr. 117 218 ist der
Schleifrand nachstellbar angeordnet, was
ja an und für sich sehr gut, aber die Ausführung einer solchen Pumpe sehr ver-
teuert.

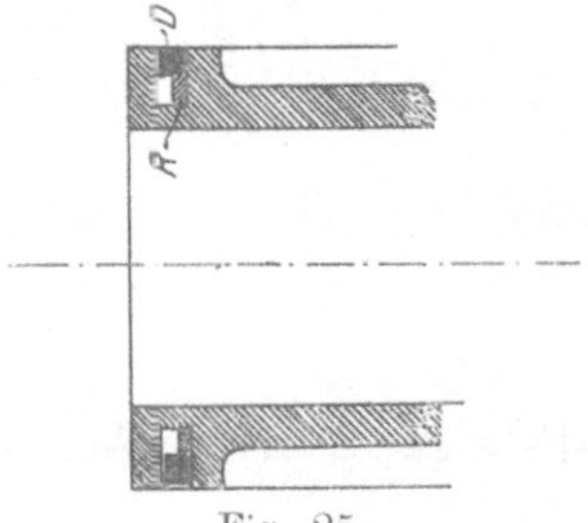

Fig. 25.

Über die wirkliche Größe der Spaltwassermengen sind nun leider
keine Versuche veröffentlicht. Die Berechnung der Spaltwassermenge
selbst kann ja nur eine ganz angenäherte sein, da man erstens den
Ausflußkoeffizienten nicht genau kennt, ferner aber die Größe des
Spaltes sehr schlecht zu messen ist.

Man wird gut tun, den Spaltverlust mit $4 \div 6\%$ der Fördermenge in Rechnung zu setzen. Für eine dementsprechend größere
Wassermenge ist dann das Laufrad zu berechnen.

10. Die Winkel β_a und δ_a und die Umfangsgeschwindigkeit bei einer Zentrifugalpumpe ohne Spaltüberdruck.

Bei der jetzt folgenden Betrachtung soll der Einfachheit wegen das dem Spaltüberdruck entgegenwirkende Rotationsparaboloid nicht mit in Rechnung gezogen werden, so daß nach Gl. 23 der Spaltüberdruck $H_{sp} = \eta\, H_n - \dfrac{w_a^2}{2\,g}$ angenommen wird. Wird in dieser Gleichung $H_{sp} = 0$ gesetzt, so erhält man

$$\eta\, H_n = \frac{w_a^2}{2\,g} \quad \cdots\cdots\cdots\cdots \; 89.$$

oder

$$w_a = \sqrt{2\,\eta\,g\,H_n} \quad \cdots\cdots\cdots\cdots \; 90.$$

Die Geschwindigkeitshöhe $\dfrac{w_a^2}{2\,g}$ stellt also die ganze Bruttodruckhöhe dar. Die Wirkung der Zentrifugalkraft ist offenbar verbraucht worden zur Beschleunigung der relativen Eintrittsgeschwindigkeit v_e auf die relative Austrittsgeschwindigkeit v_a. Es muß jetzt durch Druckumsetzung der absoluten Austrittsgeschwindigkeit w_a die gesamte Pressung gewonnen werden.

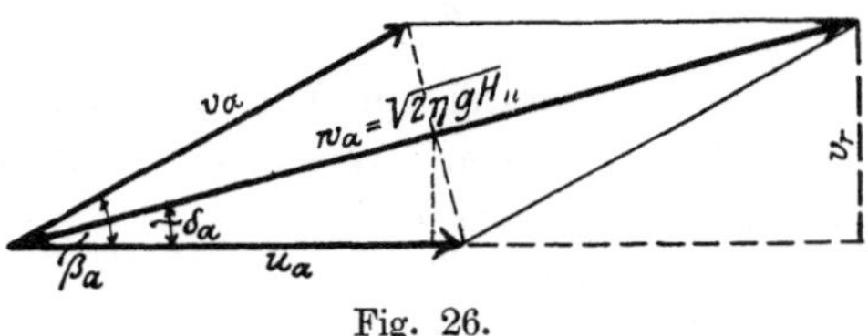

Fig. 26.

Aus Fig. 26 ist zu ersehen, daß

$$\sin\delta_a = \frac{v_r}{\sqrt{2\,\eta\,g\,H_n}} \quad \cdots\cdots\cdots\cdots \; 91.$$

ist. Es werde jetzt der Wert von v_r aus Gl. 61 eingesetzt, so wird dann

$$\sin\delta_a = \frac{\operatorname{tg}\delta_a \cdot \eta\,g\,H_n}{u_a \cdot \sqrt{2\,\eta\,g\,H_n}}$$

oder, wenn die Gleichung nach u_a aufgelöst wird,

$$u_a = \frac{0{,}5 \cdot \sqrt{2\,\eta\,g\,H_n}}{\cos\delta_a} \quad \cdots\cdots\cdots\cdots \; 92.$$

Diese Gleichung läßt sich auch sehr einfach mit Hilfe der ersten Hauptgleichung ableiten. Wenn die absolute Eintrittsgeschwindigkeit $w_e \perp u_e$, so erhält Gl. 10 die Form

$$u_a^2 - v_a^2 + w_a^2 = 2\,\eta\,g\,H_n \quad \cdots\cdots\cdots \; 93.$$

Setzt man in diese Gleichung nach Gl. 90 $w_a = \sqrt{2\,\eta\,g\,H_n}$ ein, so ergibt sich

$$u_a = v_a \ldots \ldots \ldots \ldots \quad 94.$$

Es wird also für den speziellen Fall $H_{sp} = 0$ das Austrittsdiagramm ein Rhombus sein (siehe Fig. 26). Hieraus ergibt sich dann ohne weiteres die vorher aufgestellte Beziehung

$$u_a = \frac{0{,}5 \cdot \sqrt{2\,\eta\,g\,H_n}}{\cos\delta_a} = v_a \, .$$

In dem Rhombus muß dann

$$\beta_a = 2\,\delta_a \ldots \ldots \ldots \quad 95\,\mathrm{a}.$$

oder

$$\delta_a = \frac{\beta_a}{2} \ldots \ldots \ldots \quad 95\,\mathrm{b}.$$

sein. Es ist dann ferner

$$\sin\beta_a = \frac{v_r}{u_a} \ldots \ldots \ldots \quad 96\,\mathrm{a}.$$

oder

$$u_a = \frac{v_r}{\sin\beta_a} = \frac{v_r}{\sin 2\,\delta_a} \ldots \ldots \quad 96\,\mathrm{b}.$$

Um die Umfangsgeschwindigkeit zu erhalten, für welche $H_{sp} = 0$, wird man aus Gl. 91 den Winkel δ_a berechnen und dann am einfachsten aus Gl. 96 b die zugehörige Umfangsgeschwindigkeit u_a.

Für praktische Zwecke sind diese Werte für den Laufradwinkel nicht zu gebrauchen, da durch die stark gekrümmte Laufradschaufel große Verluste beim Durchtritt des Wassers durch die Laufradkanäle entstehen.

11. Bestimmung der Austrittsgrößen mittels der $\varkappa$- und λ-Kurve.

Aus Gl. 63 ergab sich für die Umfangsgeschwindigkeit u_a der Wert

$$u_a = \sqrt{\eta\,g\,H_n} \cdot \sqrt{1 - \frac{\operatorname{tg}\delta_a}{\operatorname{tg}\beta_a}} \, .$$

Es werde nun der Ausdruck

$$\sqrt{1 - \frac{\operatorname{tg}\delta_a}{\operatorname{tg}\beta_a}} = \varkappa \ldots \ldots \ldots \quad 97.$$

gesetzt, so daß die obige Gleichung jetzt die einfache Form erhält

$$u_a = \varkappa \cdot \sqrt{\eta\,g\,H_n} \ldots \ldots \ldots \quad 98.$$

Es wurden nach Gl. 97 für verschiedene Winkel β_a und δ_a die Werte von $\varkappa$ berechnet und eine Reihe von $\varkappa$-Kurven in Tafel I eingezeichnet. Die verschiedensten Aufgaben lassen sich nun mit Hilfe dieser $\varkappa$-Kurven sehr schnell lösen.

Ist z. B. für eine Pumpe nach Festlegung des Laufraddurchmessers eine bestimmte Tourenzahl vorgeschrieben, so daß die Umfangsgeschwindigkeit $u_a = \lessgtr \sqrt{\eta\, g\, H_n}$, so bestimmt man nach Berechnung der nötigen Umfangsgeschwindigkeit u_a den Koeffizienten $\varkappa$ aus der Gleichung

$$\varkappa = \frac{u_a}{\sqrt{\eta\, g\, H_n}} \qquad \ldots \qquad 99.$$

Aus den $\varkappa$-Kurven kann sofort abgelesen werden, welche Kombinationen von β_a und δ_a die verlangte Umfangsgeschwindigkeit zuläßt oder ob es überhaupt mit Änderung der Winkel β_a und δ_a möglich ist, die verlangte Tourenzahl zu erreichen.

Nun ist es aber in den meisten Fällen, wie schon einmal erwähnt, vorteilhafter, statt δ_a die radiale Austrittsgeschwindigkeit v_r anzunehmen, oder bei der Annahme von δ_a sollte man sofort wissen, wie groß die Geschwindigkeit v_r wird; denn erst nach Bestimmung von v_r ist bei Annahme von δ_a die Laufradhöhe b_a nach Gl. 75 bestimmt. Zur schnelleren Ermittlung von v_r bei gegebenem Leitradwinkel δ_a oder umgekehrt soll nun die λ-Kurve dienen, die folgendermaßen entstanden ist:

Gl. 62 lautete

$$v_r = \operatorname{tg} \delta_{a\,90^\circ} \cdot \sqrt{\eta\, g\, H_n} \qquad \ldots \ldots \qquad (62.)$$

Es soll nun die Geschwindigkeitshöhe $\dfrac{v_r^2}{2g}$ ein λfaches der Bruttoförderhöhe $\eta\, H_n$ sein, so daß

$$v_r = \sqrt{\lambda \cdot 2\,\eta\, g\, H_n} \qquad \ldots \ldots \qquad 100.$$

ist. Setzt man diesen Wert für v_r in Gl. 61 ein, so ergibt sich

$$\operatorname{tg} \delta_{a\,90^\circ} = \sqrt{2\,\lambda} \qquad \ldots \ldots \qquad 101.$$

oder

$$\lambda = 0{,}5 \cdot \operatorname{tg}^2 \delta_{a\,90^\circ} \qquad \ldots \ldots \qquad 102.$$

Es wurden nun für verschiedene Winkel δ_a die Werte für λ berechnet und auf Tafel I zu einer λ-Kurve, die ja nach Gl. 102 eine Parabel, zusammengestellt.

Aus der λ-Kurve kann also für $\beta_a = 90^\circ$ nach Annahme von δ_a das zugehörige λ abgelesen und dann v_r aus Gl. 100 berechnet werden. Wie Gl. 102 zeigt, ist der Koeffizient λ unabhängig von der Förderhöhe, die λ-Kurve kann also für alle Förderhöhen Verwendung finden.

Ist v_r gegeben, so berechnet sich λ aus der Gleichung

$$\lambda = \frac{v_r^2}{2\,\eta\, g\, H_n} \qquad \ldots \ldots \qquad 103.$$

und wird dann der zu dem Koeffizient λ gehörige Winkel δ_a aus der Kurve ermittelt.

Zur Bestimmung der Größe von v_r bei $\beta_a \gtrless 90°$ müssen noch die $\varkappa$-Kurven zu Hilfe genommen werden. In Gl. 61 wurde der Wert von u_a aus Gl. 98 und der Wert für $\operatorname{tg}\delta_a$ aus Gl. 101 eingesetzt, so erhält man jetzt für v_r den Wert

$$v_r = \frac{\sqrt{\lambda\, 2\, \eta\, g\, H_n}}{\varkappa} \quad \ldots \ldots \ldots \text{ 104.}$$

Und für λ ergibt sich dann

$$\lambda = \frac{v^2 \cdot \varkappa^2}{2\, \eta\, g\, H_n} \quad \ldots \ldots \ldots \text{ 105.}$$

Für $\beta_a = 90°$ ist $\varkappa = 1$ und Gl. 104 bzw. 105 erhält dann die Form von Gl. 100 bzw. 103.

Man berechnet jetzt wieder v_r bei Annahme von δ_a oder β_a bei Annahme von v_r, wie vorher angegeben, nur daß jetzt noch der Koeffizient $\varkappa$ mit in Rechnung gezogen wird.

Auch für die Größe der absoluten Austrittsgeschwindigkeit w_a läßt sich mit Hilfe der $\varkappa$- und λ-Kurven eine sehr einfache Beziehung aufstellen, wenn in Gl. 71 der Wert für v_r aus Gl. 104 und der Wert für u_a aus Gl. 98 eingesetzt wird. Es ist dann

$$w_a = \frac{\sqrt{\eta\, g\, H_n}}{\varkappa} \cdot \sqrt{1 + 2\lambda} \quad \ldots \ldots \ldots \text{ 106.}$$

Es ergibt sich nun jetzt eine sehr einfache Konstruktion des Austrittsdiagrammes.

In Gl. 54 werde für u_a der Wert aus Gl. 98 eingesetzt, so daß jetzt die Horizontalkomponente von w_a (s. Fig. 27)

$$\overline{ae} = \frac{\sqrt{\eta\, g\, H_n}}{\varkappa} \quad \ldots \ldots \ldots \text{ 107.}$$

ist. Zur Konstruktion des Austrittsdiagramms ermittelt man die drei Größen

$$1. \quad u_a = \sqrt{\eta\, g\, H_n} \cdot \varkappa\,,$$

$$2. \quad \overline{ae} = \frac{\sqrt{\eta\, g\, H_n}}{\varkappa}\,,$$

$$3. \quad v_r = \frac{\sqrt{\eta\, g\, H_n}}{\varkappa} \cdot \sqrt{2\lambda}\,,$$

die ja sehr leicht berechnet werden können.

Es wird dann (siehe Fig. 27) $\overline{ab} = u_a = \varkappa \cdot \sqrt{\eta\, g\, H_n}$ gemacht und im Abstande $v_r = \dfrac{\sqrt{\eta\, g\, H_n} \cdot \sqrt{2\lambda}}{\varkappa}$ eine Parallele zu u_a gezogen. Das

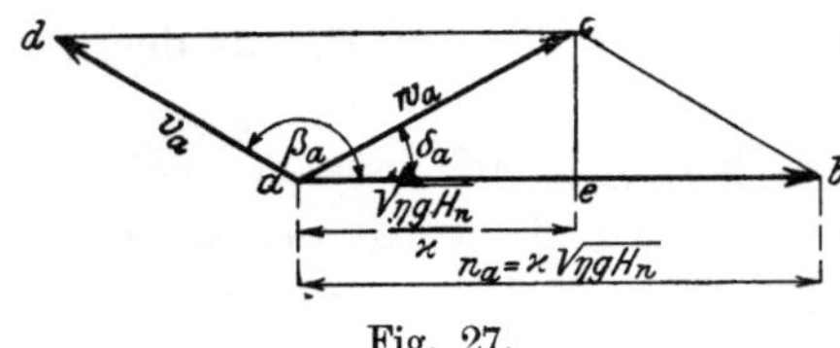

Fig. 27.

Stück $ae = \dfrac{\sqrt{\eta\,g\,H_n}}{\varkappa}$ wird an ab abgetragen und $\overline{ec}$ senkrecht $\overline{ab}$ gezogen. Verbindet man jetzt c mit a und b und zieht $\overline{ad}\,\|\,\overline{bc}$, so stellt das Parallelogramm $\overline{abcd}$ das verlangte Austrittsdiagramm dar.

Ist auf diese Weise das Diagramm gefunden, so wird man gut tun, jetzt die Winkel β_a und δ_a auf ihre Richtigkeit zu prüfen, um sich zu überzeugen, daß kein Rechenfehler gemacht worden ist.

Mit Hilfe dieser $\varkappa$- und λ-Kurven kann also bei der Annahme $w_e \perp u_e$, also $\delta_e = 90°$ jede Pumpe ohne Benutzung der Tafeln für Kreisfunktionen berechnet werden. Anspruch auf größte Genauigkeit wird zwar durch das Ablesen der Werte aus den Kurven diese Rechnungsart nicht haben. Wenn aber in Betracht gezogen wird, daß die Annahme des Koeffizienten η eine mehr oder minder willkürliche ist, so hat diese Berechnung einen vollständig hinreichenden Genauigkeitsgrad, wie man selbst aus dem Gebrauch der Kurven sehen wird.

Sehr beachtenswert ist, wie schon vorher angegeben wurde, daß nach Bestimmung von $\varkappa$ die Kurven eine Wahl der Kombination von β_a und δ_a gestatten, was zur vorteilhaftesten Größenbestimmung einer Pumpe sehr wertvoll ist.

12. Graphische Ermittlung des Austrittsdiagramms.

Nachfolgende graphische Bestimmung des Austrittsdiagramms, somit auch die Bestimmung von u_a, ist namentlich für Hochdruckpumpen zu verwenden, wo der Fehler, der hierbei in der Rechnung gemacht wird, ein sehr kleiner ist.

Es lautete Gl. 58

$$u_a = -\frac{v_r}{2\,\mathrm{tg}\,\beta_a} + \sqrt{\left(\frac{v_r}{2\,\mathrm{tg}\,\beta_a}\right)^2 + \eta\,g\,H_n} \quad \ldots \quad (58.)$$

Es wird nun das Glied $\left(\dfrac{v_r}{2\,\mathrm{tg}\,\beta_a}\right)^2$ gegen das Glied $\eta\,g\,H_n$ sehr klein sein und kann ohne nennenswerten Fehler namentlich bei Hochdruckpumpen in den Grenzen $\beta_a = 45 \div 135°$ vernachlässigt werden. Es wird dann die obige Gleichung lauten

$$u_a = -\frac{v_r}{2\,\mathrm{tg}\,\beta_a} + \sqrt{\eta\,g\,H_n} \quad \ldots \ldots \quad 108.$$

Wird nun jetzt v_r angenommen, so kann nach Berechnung von $\sqrt{\eta\,g\,H_n}$ die Umfangsgeschwindigkeit u_a für jeden Winkel β_a auf zeichnerischem Wege gefunden werden.

Es wird zuerst das Diagramm $\overline{a\,e\,f\,g}$ für $\beta_a = 90°$ (siehe Fig. 28), für welchen Winkel ja $u_a = \sqrt{\eta\,g\,H_n}$ war, aufgezeichnet. Soll jetzt für irgendeinen Winkel β_a die Umfangsgeschwindigkeit bestimmt werden, so braucht man nur im Mittelpunkte m von $v_r = e\,f$ den Winkel $\beta_a - 90°$ abzutragen, und zwar nach links unten, wenn dieser Winkel negativ, nach rechts unten, wenn er positiv ist. Die Strecke $\overline{a\,b}$ $(\overline{a'\,b'})$ gibt dann die Größe der zu dem betreffenden Winkel $(+\,-)$ gehörigen Umfangsgeschwindigkeit an und das Parallelogramm $\overline{a\,b\,c\,d}$ $(\overline{a'\,b'\,c'\,d'})$ ist dann das zu dem betreffenden Winkel $(+\,-)$ gehörige Geschwindigkeitsdiagramm.

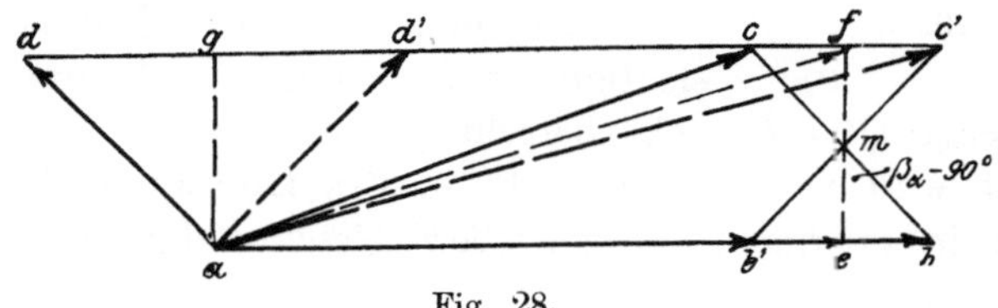

Fig. 28.

Denn es ist

$$e\,b = -\frac{v_r}{2\,\mathrm{tg}\,\beta_a} \quad \text{oder} \quad \overline{e\,b'} = \frac{v_r}{2\,\mathrm{tg}\,\beta_a},$$

somit

$$u_a = a\,e + \overline{e\,b} = -\frac{v_r}{2\,\mathrm{tg}\,\beta_a} + \sqrt{\eta\,g\,H_n}$$

oder

$$u_a' = \overline{a\,e} - \overline{e\,b'} = -\frac{v_r}{2\,\mathrm{tg}\,\beta_a} + \sqrt{\eta\,g\,H_n},$$

somit ist Gl. 108 erfüllt.

Für $\beta_a = 45°$ und $\beta_a = 135°$ ergibt sich dann der Spezialfall

$$u_{a\,\beta_a = 45°} = -\frac{v_r}{2} + \sqrt{\eta\,g\,H_n}$$

und

$$u_{a\,\beta_a = 135°} = +\frac{v_r}{2} + \sqrt{\eta\,g\,H_n}.$$

13. Rechnerische und graphische Bestimmung des Eintrittsdiagramms für $\delta_e = 90°$.

Nach Annahme des Laufraddurchmessers D_e, der im Schwerpunkt des Eintrittsbogens b_e liegt (siehe Fig. 29), bestimmt sich die Umfangsgeschwindigkeit u_e, da sich die Umfangsgeschwindigkeiten verhalten wie die zugehörigen Durchmesser, zu

$$u_e = u_a \cdot \frac{D_e}{D_a} \quad \ldots \ldots \ldots \ldots \quad 109.$$

Die Länge der Eintrittsbogen b_e muß so gewählt werden, daß $D_e \pi \cdot b_e = F'_s$ gleich dem freien Saugrohrquerschnitt unmittelbar vor dem Eintritt in das Laufrad ist. Die Größe der absoluten Eintrittsgeschwindigkeit war schon in Gl. 16 angegeben worden, welche lautete

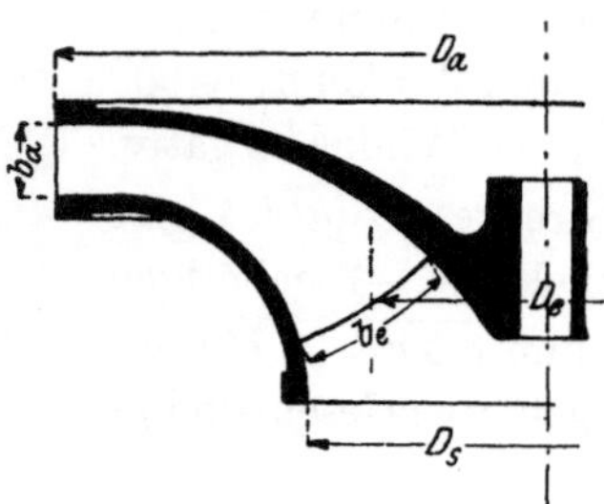

$$w_e = w_s \cdot \frac{a_e + s_e}{a_e} \quad . \ . \ (16.)$$

Hierin bedeutete a_e die Schaufelweite und s_e die Schaufelstärke.

Fig. 29.

Wenn nun der Spaltverlust berücksichtigt wird, so muß das Laufrad mit einer Fördermenge $Q' = Q + Q_{sp}$ berechnet werden. Die Saugrohrgeschwindigkeit wird vor dem Eintritt in das Laufrad infolge Zuschlags der Spaltwassermenge eine größere Geschwindigkeit w'_s annehmen von der Größe

$$w'_s = w_s \cdot \frac{Q + Q_{sp}}{Q} \quad . \ . \ . \ . \ . \ . \ . \ . \ 110.$$

In Gl. 16 muß jetzt für w_s die Geschwindigkeit w'_s gesetzt werden, somit ist

$$w_e = w'_s \cdot \frac{a_e + s_e}{a_e} \quad . \ . \ . \ . \ . \ . \ . \ . \ 111.$$

Nach Annahme der Anzahl der Laufradschaufeln z_e bestimmt sich die Teilung t_e im inneren Laufraddurchmesser D_e zu

$$t_e = \frac{D_e \pi}{z_e} \quad . \ . \ . \ . \ . \ . \ . \ . \ . \ 112.$$

Die Schaufel muß am unteren Ende mit dem Winkel β_e gegen u_e geneigt sein, so daß also (siehe Fig. 12)

$$\sin \beta_e = \frac{a_e + s_e}{t_e} \quad . \ . \ . \ . \ . \ . \ . \ 113.$$

Wenn nun aus Gl. 111 die absolute Eintrittsgeschwindigkeit berechnet werden soll, so muß eine Annahme in dem Verhältnis $\dfrac{a_e + s_e}{a_e}$ gemacht werden. Bei der Annahme $\delta_e = 90°$ bestimmt sich dann die relative Eintrittsgeschwindigkeit v_e aus der Gleichung

$$v_e = \sqrt{u_e^2 + w_e^2} \ . \ . \ . \ . \ . \ . \ . \ . \ 114.$$

und der Laufradwinkel β_e aus der Beziehung

$$\sin \beta_e = \frac{w_e}{v_e} \ . \ . \ . \ . \ . \ . \ . \ . \ . \ 115.$$

Man ermittelt dann am besten $a_e + s_e$ graphisch unter Berücksichtigung der Gl. 113.

Ist die Annahme des Verhältnisses $\dfrac{a_e + s_e}{a_e}$ eine falsche gewesen, so muß jetzt die Rechnung noch einmal durchgeführt werden. Dieses Rechnungsverfahren mit der Annahme der Größe $\dfrac{a_e + s_e}{a_e}$ ist nun sehr umständlich. Man könnte zwar mit Hilfe der Gl. 111, 113 und 115 a_e berechnen, doch hat die Gleichung hierfür eine sehr komplizierte Form.

Es soll jetzt ein sehr einfaches graphisches Verfahren zur gleichzeitigen Ermittlung von w_e und $a_e + s_e$ gezeigt werden, wie solches zuerst in ähnlicher Form von Adam in Dingl. Polytechn. Journal 1903 für die Ermittlung des Austrittsdiagramms einer Wasserturbine angegeben wurde.

Gl. 111 kann auch geschrieben werden

$$\frac{w_e}{w_s'} = \frac{a_e + s_e}{a_e} \quad\ldots\ldots\ldots\ldots \text{116.}$$

Die graphische Ermittlung von w_e und $a_e + s_e$ ergibt sich aus Fig. 30. Es wurde dort erst ein rechtwinkliges Dreieck $\overline{d\,c\,e}$ gezeichnet mit den Seiten $\overline{d c} = u_e$ und $\overline{c e} = w_s'$, $\overline{e f}$ wurde gleich der angenom-

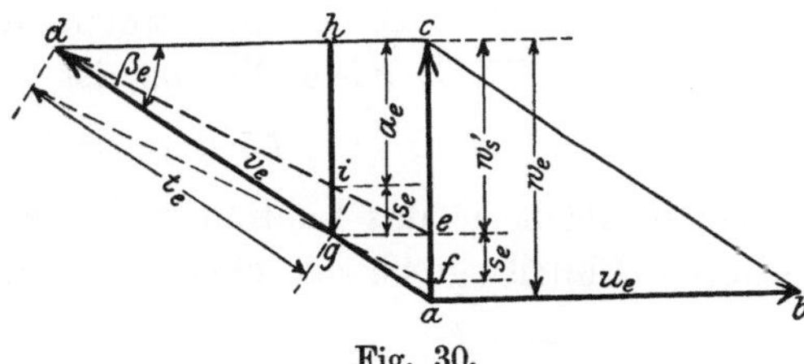

Fig. 30.

menen Schaufelstärke s_e gemacht. Durch f ziehe man eine Parallele zu $\overline{e d}$. Der Kreis mit t_e um d trifft diese Parallele im Punkte g. Die Senkrechte von g auf $\overline{d e}$ trifft $\overline{d c}$ in h und schneidet $\overline{d e}$ in i. Die Verlängerung von $\overline{d g}$ trifft die Verlängerung von $\overline{c f}$ in a. Es ist dann $\overline{i h} = a_e$ und $\overline{i g} = s_e$ und $\overline{a c} = w_e$. Denn ist erstens Gl. 113 erfüllt, indem

$$\sin \beta_e = \frac{\overline{h g}}{\overline{d g}} = \frac{a_e + s_e}{t_e}$$

ist, ferner Gl. 116, indem sich verhält

$$\frac{w_e}{w_s'} = \frac{a_e + s_e}{t_e}.$$

Das Parallelogramm $\overline{a\,b\,c\,d}$ ist dann das verlangte Eintrittsdiagramm.

14. Die Eintritts- und Austrittsgrößen für $\delta_e \gtrless 90^0$.

In den vorher ermittelten Gleichungen war vorausgesetzt worden, daß die absolute Eintrittsgeschwindigkeit $w_e \perp u_e$, mithin der Winkel $\delta_e = 90^\circ$ ist. Bei dieser Annahme wird das Glied $u_e\,w_e\cos\delta_e = 0$, hat also auf die Umfangsgeschwindigkeit keinen Einfluß. Nun wird es aber häufig vorkommen, daß man aus noch näher anzuführenden Gründen den Winkel δ_e nicht 90°, sondern, namentlich bei Hochdruck-Zentrifugalpumpen, meist kleiner als 90° annimmt. Es soll nun im folgenden angegeben werden, wie für den Fall $\delta_e \lessgtr 90^\circ$ die Eintritts- und Austrittsgrößen zu berechnen sind.

Man wird wieder von Gl. 15 der zweiten Form der Hauptgleichung ausgehen, welche lautete

$$u_a\,w_a\cos\delta_a - u_e\,w_e\cos\delta_e = \eta\,g\,H_n \quad \ldots \ldots \quad (15.)$$

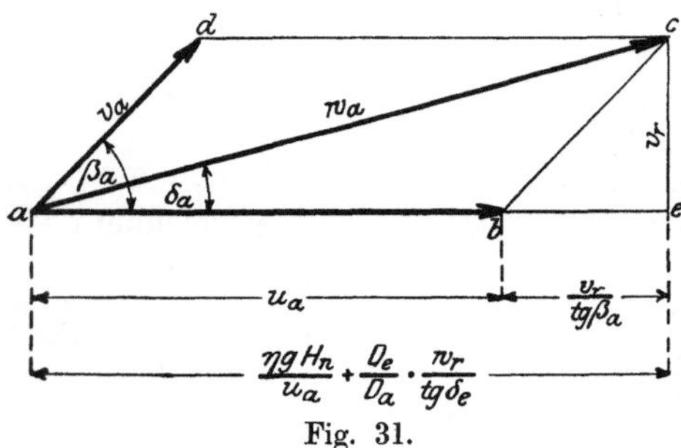

Fig. 31.

Im Austrittsdiagramm (siehe Fig. 31) findet sich die Beziehung

$$\overline{a\,e} = w_a\cos\delta_a = u_a + \frac{v_r}{\operatorname{tg}\delta_a}$$

$$117.$$

Im Eintrittsdiagramm (siehe Fig. 32) ist

$$\overline{f\,k} = w_e\cos\delta_e \quad . \quad 118.$$

Der Berechnung der Eintrittsfläche in das Laufrad wird die Vertikalkomponente der absoluten Eintrittsgeschwindigkeit w_e, die mit w_r

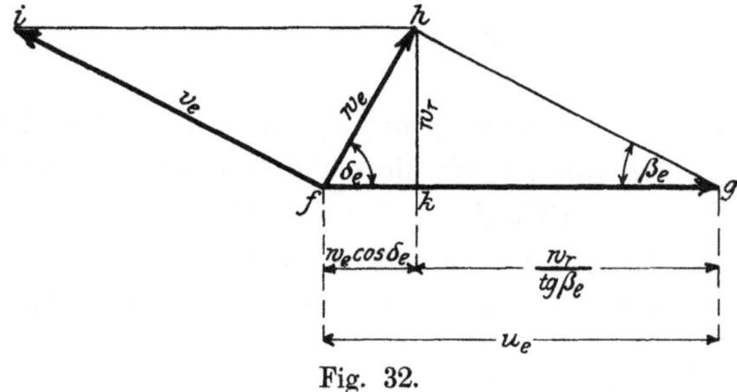

Fig. 32.

(radiale Eintrittsgeschwindigkeit) bezeichnet werden soll, zugrunde gelegt. Ist w_e und δ_e gegeben, so berechnet sich w_r aus der Gleichung

$$w_r = w_e \cdot \sin\delta_e \quad \ldots \ldots \ldots \quad 119.$$

Bei der Annahme von w_r und δ_e ergibt sich dann für w_e

$$w_e = \frac{w_r}{\sin\delta_e} \quad \ldots \ldots \ldots \ldots \quad 120.$$

Das Stück $\overline{f\,k}$ kann noch durch die Beziehung ausgedrückt werden

$$\overline{f\,k} = \frac{w_r}{\operatorname{tg}\delta_e} \quad \dots \dots \dots \dots \text{121.}$$

so daß also nach Gleichsetzung der Gl. 118 und 121

$$w_e \cos\delta_e = \frac{w_r}{\operatorname{tg}\delta_e} \quad \dots \dots \dots \dots \text{122.}$$

ist. Für u_e kann nach Gl. 109 geschrieben werden

$$u_e = u_a \cdot \frac{D_e}{D_a} \quad \dots \dots \dots \dots \text{(109.)}$$

Die Werte von Gl. 117, 122 und 109 in Gl. 15 eingesetzt, so ergibt sich nach Auflösung der Gleichung nach u_a für die Umfangsgeschwindigkeit der Wert

$$u_a = \frac{D_e}{D_a} \cdot \frac{w_r}{2\operatorname{tg}\delta_e} - \frac{v_r}{2\operatorname{tg}\beta_a} + \sqrt{\left[\frac{D_e}{D_a} \cdot \frac{w_r}{2\operatorname{tg}\delta_e} - \frac{v_r}{2\operatorname{tg}\beta_a}\right]^2 + \eta\,g\,H_n} \quad \text{123.}$$

Ist F_e die durch die Schaufelstärke verengte Eintrittsfläche, F_a die Austrittsfläche des Laufrades, so kann für v_r geschrieben werden

$$v_r = \frac{F_e}{F_a} \cdot w_r \quad \dots \dots \dots \dots \text{124.}$$

Wird dieser Wert für v_r in Gl. 123 eingesetzt, so ergibt sich jetzt für die Umfangsgeschwindigkeit u_a der Wert

$$u_a = \frac{w_r}{2} \cdot \left(\frac{D_e}{D_a} \cdot \frac{1}{\operatorname{tg}\delta_e} - \frac{F_e}{F_a} \cdot \frac{1}{\operatorname{tg}\beta_a}\right) + \sqrt{\frac{w_r^2}{4} \cdot \left(\frac{D_e}{D_a} \cdot \frac{1}{\operatorname{tg}\delta_e} - \frac{F_e}{F_a} \cdot \frac{1}{\operatorname{tg}\beta_a}\right)^2 + \eta\,g\,H_n}$$
$$\text{125.}$$

Soll aus dieser Gleichung die Umfangsgeschwindigkeit berechnet werden, so muß erst eine Annahme des Verhältnisses $\dfrac{D_e}{D_a}$ und $\dfrac{F_e}{F_a}$ gemacht werden, was die Rechnung etwas umständlich macht. Weicht der Winkel δ_e nur wenig von 90° ab, so berechne man noch nach der einfachen Gl. 58 oder 63 die Umfangsgeschwindigkeit, man wird hierbei nur einen sehr kleinen Fehler machen. Bei größerer Abweichung des Winkels δ_e von 90° muß aber Gl. 125 und die folgenden zur Berechnung von u_a verwendet werden.

Für v_r kann in Gl. 123 auch eine Funktion des Winkels δ_a eingeführt werden. Wird in Gl. 15 der Wert für $w_e \cos\delta_e$ und u_e aus Gl. 122 bzw. 109 eingesetzt, so ergibt sich jetzt für $w_a \cos\delta_a = a\,e$ der Wert

$$w_a \cos\delta_a = \frac{\eta\,g\,H_n}{u_a} + \frac{D_e}{D_a} \cdot \frac{w_r}{\operatorname{tg}\delta_e} \quad \dots \dots \text{126.}$$

Aus Fig. 31 folgt dann

$$\mathrm{tg}\,\delta_a = \cfrac{v_r}{\cfrac{\eta\,g\,H_n}{u_a} + \cfrac{D_e}{D_a}\cdot\cfrac{w_r}{\mathrm{tg}\,\delta_e}} \quad \cdot\ \cdot\ \cdot\ \cdot\ \cdot\ \cdot\ \cdot\ \ 127.$$

Und

$$v_r = \mathrm{tg}\,\delta_a\cdot\left(\frac{\eta\,g\,H_n}{u_a} + \frac{D_e}{D_a}\cdot\frac{w_r}{\mathrm{tg}\,\delta_e}\right) \quad \cdot\ \cdot\ \cdot\ \cdot\ \cdot\ \ 128.$$

Ferner ist

$$u_a = \frac{\eta\,g\,H_n}{u_a} + \frac{D_e}{D_a}\cdot\frac{w_r}{\mathrm{tg}\,\delta_e} - \frac{v_r}{\mathrm{tg}\,\beta_a} \quad \cdot\ \cdot\ \cdot\ \cdot\ \cdot\ \ 129.$$

Nach Einsetzung des Wertes für v_r aus Gl. 128 in Gl. 129 ergibt sich für die Umfangsgeschwindigkeit u_a die Gleichung

$$u_a = \frac{D_e}{D_a}\cdot\frac{w_r}{2\,\mathrm{tg}\,\delta_e}\cdot\left(1 - \frac{\mathrm{tg}\,\delta_a}{\mathrm{tg}\,\beta_a}\right)$$
$$+ \sqrt{\left[\frac{D_e}{D_a}\cdot\frac{w_r}{2\,\mathrm{tg}\,\delta_e}\cdot\left(1 - \frac{\mathrm{tg}\,\delta_a}{\mathrm{tg}\,\beta_a}\right)\right]^2 + \eta\,g\,H_n\cdot\left(1 - \frac{\mathrm{tg}\,\delta_a}{\mathrm{tg}\,\beta_a}\right)} \quad 130.$$

Für den Spezialfall $\beta_a = 90^\circ$ erhält Gl. 123 oder Gl. 130 die Form

$$u_{a\,90^\circ} = \frac{D_e}{D_a}\cdot\frac{w_r}{2\,\mathrm{tg}\,\delta_e} + \sqrt{\left(\frac{D_e}{D_a}\cdot\frac{w_r}{2\,\mathrm{tg}\,\delta_e}\right)^2 + \eta\,g\,H_n} \quad \cdot\ \cdot\ \ 131.$$

Setzt man in dieser Gleichung $\delta_e = 90^\circ$, so ergibt sich wieder die einfache Beziehung $u_{a\,90^\circ} = \sqrt{\eta\,g\,H_n}$.

Für die Gl. 130 können zur schnellen Bestimmung des Ausdruckes $1 - \dfrac{\mathrm{tg}\,\delta_a}{\mathrm{tg}\,\beta_a}$ die $\varkappa$-Kurven (siehe Tafel I) verwendet werden. Mit Hilfe der $\varkappa$-Kurven wird man einfacher nach Gl. 130 als mit Gl. 125 die Umfangsgeschwindigkeit bestimmen können.

Von Fink wurde eine Laufradschaufel angegeben, bei welcher die relative Eintrittsgeschwindigkeit v_e radial ist, so daß $v_e \perp u_e$, also der Winkel $\beta_e = 90^\circ$ war. Bei dieser Annahme berechnet sich der Winkel δ_e und die Umfangsgeschwindigkeit folgendermaßen:

Es ist für $\beta_e = 90^\circ$

$$\frac{w_r}{\mathrm{tg}\,\delta_e} = u_e = u_a\cdot\frac{D_e}{D_a} \quad \cdot\ \cdot\ \cdot\ \cdot\ \cdot\ \cdot\ \cdot\ \ 132.$$

Diesen Wert für $\dfrac{w_r}{\mathrm{tg}\,\delta_e}$ in Gl. 129 eingesetzt, so erhält man für die Umfangsgeschwindigkeit bei der Annahme $\beta_e = 90^\circ$ den Wert

$$u_{a\,\beta_e = 90^\circ}' = \frac{v_r}{2\,\mathrm{tg}\,\beta_a\cdot\left[1 - \left(\dfrac{D_e}{D_a}\right)^2\right]}$$
$$+ \sqrt{\left[\frac{v_r}{2\,\mathrm{tg}\,\beta_a\cdot\left[1 - \left(\dfrac{D_e}{D_a}\right)^2\right]}\right]^2 + \frac{\eta\,g\,H_n}{1 - \left(\dfrac{D_e}{D_a}\right)^2}} \quad 133.$$

Der Winkel δ_e ergibt sich dann aus Gl. 132 zu

$$\operatorname{tg} \delta_{e_{\beta_e = 90^\circ}} = \frac{w_r\, D_a}{u_a\, D_e}\,.$$

Es fragt sich nun, was wird erreicht, wenn der Winkel $\delta_e \gtrless 90^\circ$ genommen wird. Bei der Annahme $\delta_e = 90^\circ$ wird die absolute Eintrittsgeschwindigkeit $w_e \perp u_e$, das Wasser wird im Saugrohr in axialer Richtung fließen und so den kleinsten Weg in demselben zu durchlaufen haben. Ist der Winkel $\delta_e \gtrless 90^\circ$, so kann das Wasser im Saugrohr nicht mehr in axialer Richtung fließen, sondern es wird durch die Komponente $w_e \cos \delta_e$ in Rotation versetzt, wodurch der Weg des Wassers in einer Spirale verläuft. Hierdurch wird nicht allein die Saugrohrgeschwindigkeit vergrößert, sondern auch der Wasserweg verlängert, wodurch größere Reibungsverluste auftreten werden. Um dieselben herabzumindern, ist es zweckmäßig, auch noch vor dem Eintritt in das Laufrad einen Leitapparat einzubauen, der die Aufgabe hat, die Saugrohrgeschwindigkeit axial zu halten und dann der absoluten Eintrittsgeschwindigkeit vor dem Laufradeintritt richtige Größe und Richtung zu geben. Diese Leitschaufel wird also am Eintritt einen Winkel von 90°, am Austritt ungefähr den Winkel δ_e als Neigungswinkel haben müssen. Auf diese Weise werden zwar die Verluste im Saugrohr bedeutend verringert, es treten jedoch Reibungs- und Stoßverluste beim Durchgang durch diesen Leitapparat auf, welche sich aber nach angestellten Versuchen als kleiner herausstellten als die Verluste im Saugrohr beim Fortlassen des Leitapparates.

Sind einerseits bei der Ausführung $\delta_e < 90^\circ$ gegenüber der Anordnung für $\delta_e = 90^\circ$ die Verluste bis vor dem Eintritt in das Laufrad größer, so tritt eine Verminderung derselben beim Durchfluß des ersten Teiles des Laufradkanales dadurch ein, daß man durch Verkleinerung von δ_e die Schaufelweite a_e vergrößert, mithin die relative Eintrittsgeschwindigkeit verkleinert. Vorausgesetzt gleiche Umfangsgeschwindigkeit u_e, so wird mit kleiner werdendem Winkel δ_e der Laufradwinkel β_e größer. Aus der Beziehung $a_e + s_e = t_e \cdot \sin \beta_e$ ist ohne weiteres zu ersehen, daß mit β_e auch die Größe $a_e + s_e$ zunehmen wird.

Bei Hochdruck-Zentrifugalpumpen sind bei kleineren Wassermengen und großen Förderhöhen die Eintrittsquerschnitte des Laufrades sehr klein und werden dementsprechend die Reibungsverluste bei der hohen relativen Geschwindigkeit sehr groß ausfallen. Zieht man in Betracht, daß die Reibungsverluste annähernd mit dem Quadrate der Geschwindigkeit zunehmen, so wird man durch Vergrößerung der Querschnitte, also Verkleinerung der relativen Eintrittsgeschwindigkeit, wesentlich die Reibungsverluste verringern können. Im Kapitel 25 ist hierüber eine genauere Untersuchung angestellt.

Um ein klares Bild von der Abhängigkeit der Umfangsgeschwindigkeit, der relativen und absoluten Eintrittsgeschwindigkeit und der Größe $a_e + s_e$ von dem Winkel δ_e zu bekommen, wurde ein Beispiel durchgerechnet und die ermittelten Werte in Fig. 33 über den zugehörigen Winkel δ_e als Ordinaten aufgetragen. Für das Rechenbeispiel wurden folgende Angaben gemacht:

$$\sqrt{\eta\, g\, H_n} = 10 \qquad D_a = 0{,}4 \text{ m} \qquad D_e = 0{,}2 \text{ m} \qquad v_r = 2{,}0 \text{ m} \qquad w_r = 3{,}0 \text{ m}.$$

$$\text{Anzahl der Laufradschaufeln } z = 8.$$

Für diese Werte wurden zwei Beispiele durchgerechnet, und zwar für:

$$\text{I.} \quad \beta_a = 90° \qquad \text{II.} \quad \beta_a = 135°.$$

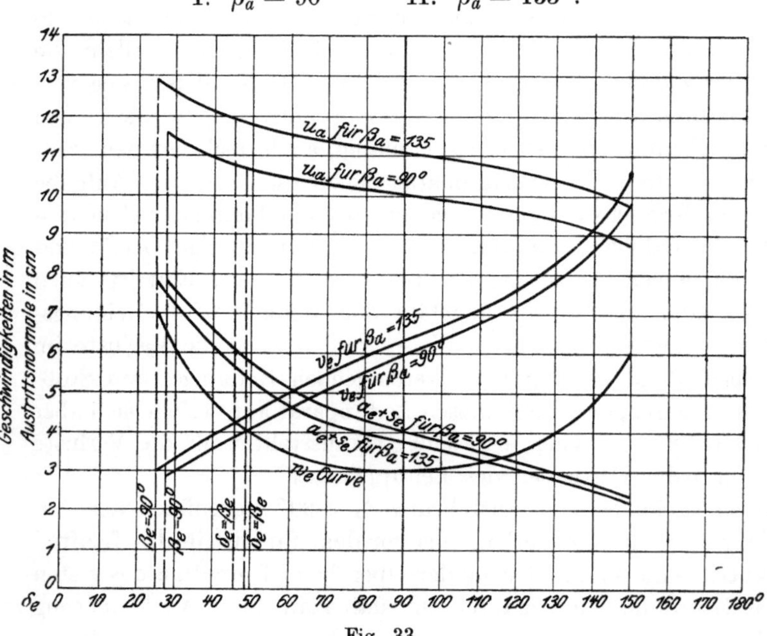

Fig. 33.

Der Verlauf der einzelnen in Fig. 33 eingezeichneten Kurven gibt ein klares Bild von der Abhängigkeit der einzelnen Größen von dem Winkel δ_e. Es ist zu ersehen, daß bei größerer Abweichung dieses Winkels von $90°$ der Einfluß der Größe $u_e\, w_e \cos \delta_e$ auf die Umfangsgeschwindigkeit doch immerhin ziemlich bedeutend ist, und wird man gut tun, in solchen Fällen die Umfangsgeschwindigkeit nach Gl. 130 zu berechnen.

Die $a_e + s_e$-Kurve erreicht für $\beta_a = 90°$ bei $\delta_e = 27° 50'$ und für $\beta_a = 135°$ bei $\delta_e = 25°$ ihr Maximum, in dem hier $\beta_e = 90°$, somit $a_e + s_e = t_e$ wird. Macht man den Winkel δ_e noch kleiner, so wird $\beta_e > 90°$, d. h. die Richtung der Schaufel kehrt sich um und $a_a + s_e$ nimmt wieder ab. Man wird natürlich eine solche Schaufel nicht verwenden, da jetzt die absolute Eintrittsgeschwindigkeit einen zu großen Wert erhält.

Es soll noch angegeben werden, welche Größe man dem Winkel δ_e, wenn man denselben aus den angeführten Gründen kleiner als $90°$ annimmt, am zweckmäßigsten gibt.

Die Reibungsverluste sind annähernd proportional dem Quadrate der Geschwindigkeit, sie werden im Leitapparat vor dem Laufradeintritt und im Schaufelkanal in seinem Anfang dann am kleinsten werden, wenn der Ausdruck $w_e^2 + v_e^2$ ein Minimum, welcher Fall eintritt, wenn $v_e = w_e$ ist. Für $v_e = w_e$ wird der Winkel $\delta_e = \beta_e$.

Fig. 34 zeigt ein solches Eintrittsdiagramm für den Fall $\delta_e = \beta_e$. In demselben wird jetzt

$$w_e \cos \delta_e = \frac{u_e}{2} = \frac{u_a}{2} \cdot \frac{D_e}{D_a} \quad 135.$$

Setzt man wiederum in Gl. 15

$$w_a \cos \delta_a = u_a + \frac{v_r}{\operatorname{tg} \beta_a},$$

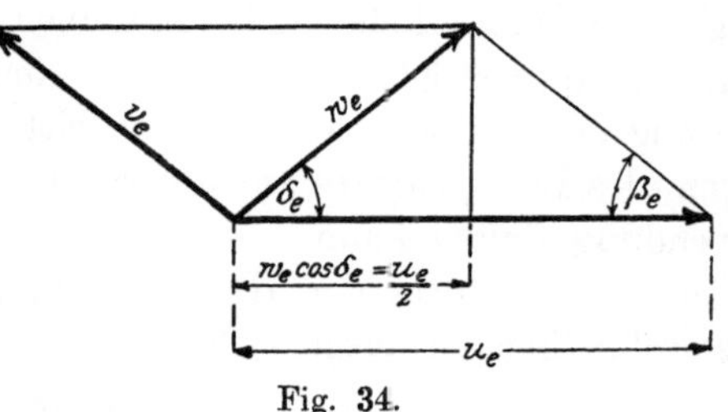

Fig. 34.

ferner für $w_e \cos \delta_e$ den Wert aus Gl. 135 ein, so ergibt sich für den Spezialfall $w_e = v_e$ oder $\delta_e = \beta_e$ für die Umfangsgeschwindigkeit die Beziehung

$$u_{a_{\beta_e = \delta_e}} = - \frac{v_r}{2 \operatorname{tg} \beta_a \cdot \left[1 - \frac{1}{2} \cdot \left(\frac{D_e}{D_a}\right)^2\right]}$$
$$+ \sqrt{\left[\frac{v_r}{2 \operatorname{tg} \beta_a \cdot \left[1 - \frac{1}{2} \cdot \left(\frac{D_e}{D_a}\right)^2\right]}\right]^2 + \frac{\eta \, g \, H_n}{1 - \frac{1}{2} \cdot \left(\frac{D_e}{D_a}\right)^2}} \quad 136.$$

Für $\beta_a = 90°$ erhält dann die Gleichung die Form

$$u_{a \, 90°_{\beta_e = \delta_e}} = \sqrt{\frac{\eta \, g \, H_n}{1 - \frac{1}{2} \cdot \left(\frac{D_e}{D_a}\right)^2}} \quad \ldots \ldots \quad 137.$$

Für das angegebene Beispiel ergibt sich für den Fall $\beta_e = \delta_e$, also $w_e = v_e$

bei $\beta_a = 90°$

$u_a = 10,7$ m $w_e = v_e = 4,03$ m $\beta_e = \delta_e = 48° 20'$

bei $\beta_a = 135°$

$u_a = 11,88$ m $w_e = v_e = 4,26$ m $\beta_e = \delta_e = 45° 20'$

In Fig. 33 können diese Werte und auch die Größe von $a_e + s_e$ direkt abgegriffen werden, da die Ordinaten hierfür durch den Schnittpunkt der w_e-Kurve mit der entsprechenden v_e-Kurve gehen müssen.

15. Die Eintritts- und Austrittsgrößen für gleiche Förderhöhe bei Änderung der Fördermenge.

Bei den im vorhergehenden Kapitel entwickelten Gleichungen war angenommen worden, daß ein neues Laufrad für eine bestimmte Fördermenge und Förderhöhe konstruiert werden sollte. Jetzt soll nun die Voraussetzung gemacht werden, daß ein Laufrad mit bekannten Eintritts- und Austrittswinkeln β_e bzw. β_a vorhanden, und es werde untersucht, wie sich für stoßfreien Betrieb das Eintritts- und Austrittsdiagramm einstellt, wenn verschiedene Wassermengen bei gleicher Förderhöhe mit demselben Laufrad gefördert werden sollen. Es soll gezeigt werden, wie ein und dasselbe Laufrad nur nach Änderung des Leitapparates am Austritt und, soweit ein solcher vorhanden, des Leitapparates am Eintritt für verschiedene Wassermengen Verwendung finden kann.

Die zweite Form der Hauptgleichung, von welcher man wieder am zweckmäßigsten ausgeht, lautete

$$u_a\, w_a \cos\delta_a - u_e\, w_e \cos\delta_e = \eta\, g\, H_n \quad \ldots \ldots \quad (15.)$$

Im Austrittsdiagramm (siehe Fig. 31) fand sich nach Gl. 117 die Beziehung

$$w_a \cos\delta_a = u_a + \frac{v_r}{\operatorname{tg}\beta_a} \quad \ldots \ldots \ldots \quad (117.)$$

Im Eintrittsdiagramm (siehe Fig. 32) ist

$$k\,g = \frac{w_r}{\operatorname{tg}\beta_e} \quad \ldots \ldots \ldots \ldots \quad 138.$$

somit kann für $w_e \cos\delta_e$ die Gleichung geschrieben werden

$$w_e \cos\delta_e = u_e - \frac{w_r}{\operatorname{tg}\beta_e} \quad \ldots \ldots \ldots \quad 139$$

Die Größe für $w_a \cos\delta_a$ und $w_e \cos\delta_e$ aus Gl. 117 bzw. 139 werde in Gl. 15 eingesetzt, so erhält man

$$u_a \cdot \left(u_a + \frac{v_r}{\operatorname{tg}\beta_a}\right) - u_e \cdot \left(u_e - \frac{w_r}{\operatorname{tg}\beta_e}\right) = \eta\, g\, H_n \quad \ldots \quad 140.$$

Es werde jetzt wieder $u_e = u_a \cdot \dfrac{D_e}{D_a}$ und $v_r = w_r \cdot \dfrac{F_e}{F_a}$ gesetzt, so ergibt sich für die Umfangsgeschwindigkeit die Gleichung

$$u_a = \frac{-w_r\left(\dfrac{F_e}{F_a\operatorname{tg}\beta_a} + \dfrac{D_e}{D_a\operatorname{tg}\beta_e}\right)}{2 \cdot \left[1 - \left(\dfrac{D_e}{D_a}\right)^2\right]} + \sqrt{w_r^2\left[\frac{\dfrac{F_e}{F_a\operatorname{tg}\beta_a} + \dfrac{D_e}{D_a\operatorname{tg}\beta_e}}{2 \cdot \left[1 - \left(\dfrac{D_e}{D_a}\right)^2\right]}\right]^2 + \frac{\eta\, g\, H_n}{1 - \left(\dfrac{D_e}{D_a}\right)^2}}$$

$$141.$$

Es war gleiches Laufradprofil vorausgesetzt worden, mithin die Winkel β_a und β_e, ferner die Größen F_a, F_e, D_a, D_e konstant.

Es werde nun

$$\frac{\dfrac{F_e}{F_a\,\mathrm{tg}\,\beta_a} + \dfrac{D_e}{D_a\,\mathrm{tg}\,\beta_e}}{2 \cdot \left[1 - \left(\dfrac{D_e}{D_a}\right)^2\right]} = C_1 \quad \ldots \ldots \quad 142.$$

und

$$\frac{1}{1 - \left(\dfrac{D_e}{D_a}\right)^2} = C_2 \quad \ldots \ldots \ldots \quad 143.$$

gesetzt, so erhält Gl. 141 die sehr einfache Form

$$u_a = -w_r \cdot C_1 + \sqrt{w_r^2 \cdot C_1^2 + \eta\,g\,H_n \cdot C_2} \quad \ldots \quad 144.$$

Mit dieser Gleichung sind nach Bestimmung der Konstanten C_1 und C_2 für verschiedene Geschwindigkeiten w_r, also verschiedene Wassermengen, die Umfangsgeschwindigkeiten zu berechnen.

Es sollen jetzt noch die Gleichungen für die Umfangsgeschwindigkeiten aufgestellt werden für die beiden Spezialfälle $\delta_e = 90°$ und $\delta_e = \beta_e$.

Für $\delta_e = 90°$ war $u_a\,w_a\cos\delta_a = \eta\,g\,H_n$. Für $w_c\cos\delta_a$ kann nach Gl. 117 gesetzt werden

$$w_a\cos\delta_a = u_a + \frac{v_r}{\mathrm{tg}\,\beta_a} \quad \ldots \ldots \quad (117.)$$

Nach Gl. 124 war

$$v_r = w_r \cdot \frac{F_e}{F_a} \quad \ldots \ldots \ldots \quad (124.)$$

Für $\delta_e = 90°$ ist

$$w_{r_{\delta_e\,=\,90°}} = u_e\,\mathrm{tg}\,\beta_e = u_a\,\frac{D_e}{D_a}\,\mathrm{tg}\,\beta_e \quad \ldots \ldots \quad 145.$$

Diesen Wert für w_r in Gl. 124 eingesetzt, ergibt

$$v_r = u_a\,\frac{D_e}{D_a} \cdot \frac{F_e}{F_a} \cdot \mathrm{tg}\,\beta_e \quad \ldots \ldots \ldots \quad 146.$$

Wird dieser Wert für v_r in Gl. 117 eingesetzt, so erhält man für die Umfangsgeschwindigkeit für den Fall $\delta_e = 90°$ die Gleichung

$$u_{a_{\delta_e\,=\,90°}} = \sqrt{\frac{\eta\,g\,H_n}{1 + \dfrac{D_e}{D_a} \cdot \dfrac{F_e}{F_a} \cdot \dfrac{\mathrm{tg}\,\beta_e}{\mathrm{tg}\,\beta_a}}} \quad \ldots \ldots \quad 147.$$

Zur Bestimmung der Fördermenge für den Spezialfall $\delta_e = 90°$ ermittelt man u_e aus der Gleichung $u_e = u_a \cdot \dfrac{D_e}{D_a}$ und aus Gl. 145 die Geschwindigkeit w_r. Aus der Beziehung $Q = F_e\,w_r$ ergibt sich dann die Fördermenge.

Für $\delta_e = \beta_e$ oder $w_e = v_e$ war nach Gl. 135

$$w_e \cos \delta_e = \frac{u_a}{2} \cdot \frac{D_e}{D_a} \quad \ldots \ldots \ldots \quad (135.)$$

Aus Fig. 34, welche das Eintrittsdiagramm für den Spezialfall $\beta_e = \delta_e$ darstellte, findet sich für w_r die Beziehung

$$w_r = \frac{u_e}{2} \cdot \operatorname{tg}\beta_e = \frac{u_a}{2} \cdot \frac{D_e}{D_a} \cdot \operatorname{tg}\beta_e \quad \ldots \ldots \quad 148.$$

Mithin ist

$$v_r = \frac{u_a}{2} \cdot \frac{D_e}{D_a} \cdot \frac{F_e}{F_a} \cdot \operatorname{tg}\beta_e \, .$$

Dieser Wert für v_r werde in Gl. 117 eingesetzt, so erhält man

$$w_a \cos \delta_a = u_a + \frac{u_a}{2} \cdot \frac{D_e}{D_a} \cdot \frac{F_e}{F_a} \cdot \frac{\operatorname{tg}\beta_e}{\operatorname{tg}\beta_a} \quad \ldots \ldots \quad 149.$$

Nach Einsetzung der Gl. 135 und 149 in Gl. 15 ergibt sich für die Umfangsgeschwindigkeit für den Fall $\beta_e = \delta_e$ die Beziehung

$$u_{a_{\beta_e = \delta_e}} = \sqrt{\frac{\eta \, g \, H_n}{1 + \frac{1}{2} \cdot \frac{D_e}{D_a} \cdot \frac{F_e}{F_a} \cdot \frac{\operatorname{tg}\beta_e}{\operatorname{tg}\beta_a} - \frac{1}{2}\left(\frac{D_e}{D_a}\right)^2}} \quad . \quad 150.$$

Aus Gl. 148 bestimmt sich die Geschwindigkeit w_r und erhält man dann wieder aus der Gleichung $Q = F_e \cdot w_r$ die Fördermenge.

Da der Eintritts- und Austrittsquerschnitt konstant bleiben sollte, wird sich die relative Eintritts- und Austrittsgeschwindigkeit proportional der Wassermenge ändern müssen. Die relative Eintrittsgeschwindigkeit bestimmt sich aus der Beziehung

$$v_e = \frac{w_r}{\sin \beta_a} \quad \ldots \ldots \ldots \ldots \quad 151.$$

Und die relative Austrittsgeschwindigkeit aus der Gleichung

$$v_a = \frac{v_r}{\sin \beta_a} \quad \ldots \ldots \ldots \ldots \quad 152.$$

Mit w_r und v_r ändert sich der Winkel δ_e und δ_a, somit auch die Querschnitte am Leitapparat beim Austritt und, soweit ein solcher vorhanden, am Leitapparat beim Eintritt.

Der Winkel δ_a kann nach Bestimmung von u_a aus der Gleichung bestimmt werden (siehe Fig. 31)

$$\operatorname{tg}\delta_a = \frac{v_r}{u_a + \dfrac{v_r}{\operatorname{tg}\beta_a}} \quad \ldots \ldots \ldots \ldots \quad 153.$$

und der Winkel δ_e aus der Beziehung (siehe Fig. 32)

$$\operatorname{tg}\delta_e = \frac{w_r}{u_e - \dfrac{w_r}{\operatorname{tg}\beta_a}} \quad \dots \dots \dots \ 154.$$

Für die absolute Austrittsgeschwindigkeit w_a findet sich aus Fig. 31

$$w_a = \sqrt{v_r^2 + \left(u_a + \frac{v_r}{\operatorname{tg}\beta_a}\right)^2} \quad \dots \dots \ 155.$$

und für die absolute Eintrittsgeschwindigkeit w_e aus Fig. 32

$$w_e = \sqrt{w_r^2 + \left(u_e - \frac{w_r}{\operatorname{tg}\beta_e}\right)^2} \quad \dots \dots \ 156.$$

Zweckmäßiger wird ·man natürlich diese Größen durch Aufzeichnung der Diagramme graphisch ermitteln, und ist eine rechnerische Bestimmung meist nicht nötig.

Da die letzthin aufgestellten Gleichungen nicht ohne weiteres die Abhängigkeit der einzelnen Größen im Eintritts- und Austrittsdiagramm von der Wassermenge erkennen lassen, wurde, um ein klares Bild zu bekommen, wieder eine graphische Darstellung gewählt, indem für einige Beispiele die Geschwindigkeiten aus den angegebenen Gleichungen berechnet und die entsprechenden Geschwindigkeitshöhen über den Wassermengen als Ordinaten aufgeteilt wurden. Berücksichtigung fand bei dieser Aufteilung die erste Form der Hauptgleichung (Gl. 10), welche lautete

$$\frac{w_a^2}{2g} + \frac{v_e^2}{2g} + \frac{u_a^2}{2g} = \eta\, H_n + \frac{w_e^2}{2g} + \frac{v_a^2}{2g} + \frac{u_e^2}{2g} \quad \dots \ (10.)$$

Um den Einfluß des Laufradwinkels β_a auf diese Größen zu zeigen, wurden drei Beispiele durchgerechnet, und zwar für

I.　$\beta_a = 45°$　　　II.　$\beta_a = 90°$　　　III.　$\beta_a = 135°$.

Es wurden dieselben Annahmen gemacht wie in dem früheren Rechenbeispiele

$$\sqrt{\eta\, g\, H_n} = 10, \quad \text{also} \quad \eta\, H_n = 10,2\,\text{m}, \quad D_a = 0,4\,\text{m}, \quad D_e = 0,2\,\text{m}.$$

Es soll für $v_r = 2,0\,\text{m}$ und $w_r = 3,0\,\text{m}$: $\delta_e = 90°$ sein.

Bei den verschiedenen Laufradwinkeln β_a wird sich nach Gl. 142 die Konstante C_1 ändern. Ebenfalls wird auch abhängig von β_a der Winkel β_e verschiedene Größe annehmen. Zur Bestimmung von β_e wird für den Spezialfall $\delta_e = 90°$ nach Gl. 58 die Umfangsgeschwindigkeit bestimmt, worauf sich dann aus der Beziehung $\operatorname{tg}\beta_e = \dfrac{w_r}{u_e}$ der jeweilige Winkel β_e ermitteln läßt.

Die Konstante C_2 ist unabhängig vom Winkel β_a, hat also für die drei Rechenbeispiele gleiche Größe.

Für die verschiedenen Wassermengen bestimmen sich die Umfangsgeschwindigkeiten nach Gl. 144.

Es wurde für die drei Beispiele die Wassermenge für $\delta_e = 90°$ mit 1,0 bezeichnet und dann die verschiedenen Geschwindigkeiten für die Wassermengen in den Grenzen 0,5—1,5 ermittelt.

Die für die Geschwindigkeitshöhen gefundenen Werte sind für die drei Beispiele $\beta_a = 45°$, $\beta_a = 90°$, $\beta_a = 135°$ in Fig. 1, 2, 3, Tafel II nach Gl. 10 über die zugehörigen Wassermengen als Ordinaten aufgeteilt und die so erhaltenen Punkte durch Linienzüge verbunden. In Fig. 4, 5, 6 wurden die Geschwindigkeiten über den Wassermengen als Ordinaten aufgetragen.

Aus dem Verlauf dieser Kurven ist sehr klar die Abhängigkeit der verschiedenen Größen von der Wassermenge zu erkennen. Für die Ausführung hauptsächlich brauchbar wird die Wassermenge in den Grenzen 0,5 bis 1,0 sein. Bei Wassermengen größer als 1 wird die relative, sowie die absolute Eintrittsgeschwindigkeit und dementsprechend auch der auftretende Reibungsverlust zu groß werden. Wo in Fig. 4, 5 und 6 die w_e- die v_e-Kurve schneidet, ist $w_e = v_e$, also $\delta_e = \beta_e$.

Ganz besonderes Interesse hat noch in Fig. 1, 2 und 3 der Verlauf der $\dfrac{w_a^2}{2g}$-Kurve. Ohne Berücksichtigung des Rotationsparaboloids war nach Gl. 23 der Spaltüberdruck $H_{sp} = \eta\, H_n - \dfrac{w_a^2}{2g}$. Die Größe des jeweiligen Spaltüberdruckes zeigt sich nun direkt in diesen Figuren. Es ist zu ersehen, daß derselbe für $\beta_a = 135°$ sehr stark mit der Wassermenge abnimmt, während er für $\beta_a = 45°$ für die verschiedenen Wassermengen annähernd konstant bleibt. Bei Hochdruck-Zentrifugalpumpen nimmt man fast ausschließlich aus noch näher anzugebenden Gründen den Winkel $\beta_a > 90°$ an und wird in diesem Falle, wenn der Winkel $\delta_e < 90°$, der Spaltdruck und damit der Spaltverlust nicht unwesentlich verringert werden. Außer daß bei $\delta_e < 90°$ die relative Eintrittsgeschwindigkeit und so die Reibungsverluste im ersten Teile des Schaufelkanales durch Vergrößerung der Eintrittsquerschnitte des Schaufelkanales sich verringern, hat man bei dieser Annahme noch den weiteren Vorteil in der Verkleinerung des Spaltverlustes, was sehr beachtenswert ist.

Es sollen hier noch für die drei Beispiele die Winkel β_e und die Konstanten C_1 angegeben werden, wie sich dieselben aus der angestellten Rechnung ergaben:

$$\begin{array}{llll}
\text{I.} & \beta_a = \ \ 45° & \beta_e = 33°\,35' & C_1 = 0{,}946 \\
\text{II.} & \beta_a = \ \ 90° & \beta_e = 31° & C_1 = 0{,}556 \\
\text{III.} & \beta_a = 135° & \beta_e = 28°\,30' & C_1 = 0{,}1728
\end{array}$$

16. Konstruktion des Eintritts- und Austrittsdiagramms und Bestimmung der Saugrohrgeschwindigkeit für $\delta_e \lessgtr 90^\circ$.

Im Kapitel 13 war bei der Bestimmung des Eintrittsdiagrammes von der Saugrohrgeschwindigkeit ausgegangen worden. Nach Festlegung der Saugrohrgeschwindigkeit w_s' wurde die absolute Eintrittsgeschwindigkeit w_e graphisch ermittelt, und zwar war in diesem Fall $\delta_e = 90^\circ$. Wenn nun nach Gl. 125 für $\delta_e \lessgtr 90^\circ$ die Umfangsgeschwindigkeit berechnet wird, so muß die Vertikalkomponente w_r der absoluten Eintrittsgeschwindigkeit w_e angenommen und dann rückwärts die Saugrohrgeschwindigkeit bestimmt werden. Bei $\delta_e \lessgtr 90^\circ$ wird das Wasser beim Fortlassen des Leitapparates am Laufradeintritt in spiralförmiger Bahn das Saugrohr durchfließen. Der Berechnung des Saugrohrquerschnittes muß die Vertikalkomponente dieser Geschwindigkeit zugrunde gelegt werden und soll dieselbe kurz mit Saugrohrgeschwindigkeit bezeichnet werden. Unter Saugrohrgeschwindigkeit ist also diejenige Geschwindigkeit zu verstehen, die den Saugrohrquerschnitt senkrecht durchfließen würde.

Es war gezeigt worden, daß sich die Saugrohrgeschwindigkeit infolge Einflusses der Spaltwassermenge vor dem Laufradeintritt um die Größe $w_s' = w_s \cdot \dfrac{Q + Q_{sp}}{Q}$ Gl. 110 vermehrt. Die Geschwindigkeit w_s' war auf die um die Spaltwassermenge erhöhte Fördermenge bezogen worden, so daß man aus dem Eintrittsdiagramm erst die Größe w_s' und dann die um den Betrag $\dfrac{Q}{Q + Q_{sp}}$ kleinere Geschwindigkeit w_s ermitteln kann, welche dann zur Bestimmung des freien Saugrohrquerschnitts genommen wird.

Das Eintrittsdiagramm konstruiert sich nach Festlegung der Umfangsgeschwindigkeit mit Hilfe eines Winkelmessers, indem der Winkel δ_e an u_e abgetragen und zu u_e im Abstande w_r eine Parallele gezogen wird, die den freien Schenkel des Winkels δ_e in c trifft, so daß dann $a\,c = w_e$ (siehe Fig. 35). Das Parallelogramm $\overline{a\,b\,c\,d}$ ist dann das verlangte Eintrittsdiagramm.

Hat man einen Winkelmesser nicht zur Hand, so bestimme man die Größe $\dfrac{w_r}{\operatorname{tg}\delta_e}$, die dann an $u_e = \overline{a\,b}$ abgetragen wird (siehe Fig. 35), so daß $a\,e = \dfrac{w_r}{\operatorname{tg}\delta_e}$. Das in e auf $\overline{a\,b}$ errichtete Lot trifft die wiederum im Abstande w_r zu $\overline{a\,b}$ gezogene Parallele im Punkte c, so daß $\overline{a\,c} = w_e$ ist. Letztere Bestimmung des Eintrittsdiagrammes ist wegen der Genauigkeit der Konstruktion mit Antragen des Winkels δ_e vorzuziehen.

Wenn so auf die eine oder andere Art das Eintrittsdiagramm aufgezeichnet ist, ermittelt man am zweckmäßigsten graphisch die Eintrittsweite $a_e + s_e$. Nach Annahme der Schaufelzahl z_e bestimmt man die Teilung t_e und dann unter Berücksichtigung der Gl. 113 $\sin\beta_e = \dfrac{a_e + s_e}{t_e}$ graphisch die Größe $a_e + s_e$ (siehe Fig. 35). Die Saugrohrgeschwindigkeit w_s' vor dem Laufradeintritt kann aus der Beziehung $w_s = w_r \cdot \dfrac{a_e}{a_e + s_e}$ analytisch oder noch einfacher graphisch bestimmt werden, wenn man

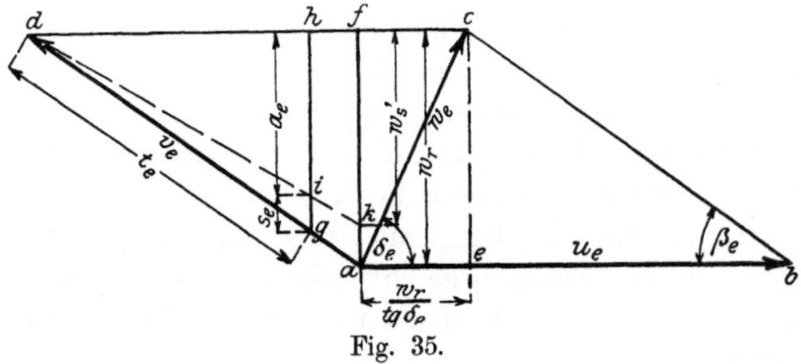

Fig. 35.

nach Ermittlung von $a_e + s_e$ [$a\,e = h\,i$, $s_e = i\,g$] (siehe Fig. 35) d mit i verbindet und $d\,i$ über i hinaus verlängert bis zum Schnittpunkt k der Strecke $af = w_r$. Es ist dann $\overline{fk} = w_s'$, denn es verhält sich $\dfrac{\overline{fk}}{\overline{fa}} = \dfrac{\overline{hi}}{\overline{hg}}$, mithin $\dfrac{w_s'}{w_r} = \dfrac{a_e}{a_e + s_e}$.

Die Saugrohrgeschwindigkeit w_s bestimmt sich nach Gl. 110 zu

$$w_s = w_s' \cdot \frac{Q}{Q + Q_{sp}}.$$

Für den Spezialfall $v_e = w_e$, mithin $\beta_e = \delta_e$ ist zur Bestimmung der Umfangsgeschwindigkeit nach Gl. 136 nur die Annahme des Verhältnisses $\dfrac{D_e}{D_a}$ nötig, es darf also in diesem Falle die radiale Eintrittsgeschwindigkeit w_r unabhängig von der radialen Austrittsgeschwindigkeit v_r gewählt werden. Wie früher, kann jetzt die Saugrohrgeschwindigkeit w_s angenommen und nach Bestimmung der Umfangsgeschwindigkeit u_e die Geschwindigkeit w_e und die Größe $a_e + s_e$ leicht auf folgende Weise graphisch bestimmt werden.

Man zeichnet (siehe Fig. 36) erst das rechtwinklige Dreieck $df\,k$, in welchem $\overline{df} = \dfrac{u_e}{2}$ und $\overline{fk} = w_s'$ ist, und macht $\overline{ke} = s_e$ der angenommenen Schaufelstärken. Der mit der Teilung t_e um d beschriebene Kreis trifft die durch e zu $d\,k$ gezogene Parallele im Punkte g. Die Verlängerung von $d\,g$ über g hinaus trifft die Verlängerung von $\overline{fk}$

im Punkte a. Es wird dann $\overline{ab} = u_e$ parallel $\overline{df}$ gezogen. Das in $\dfrac{u_e}{2}$ auf $\overline{ab}$ errichtete Lot trifft die Verlängerung von $\overline{df}$ über f in c, so daß das Parallelogramm $\overline{abcd}$ das verlangte Eintrittsdiagramm ist.

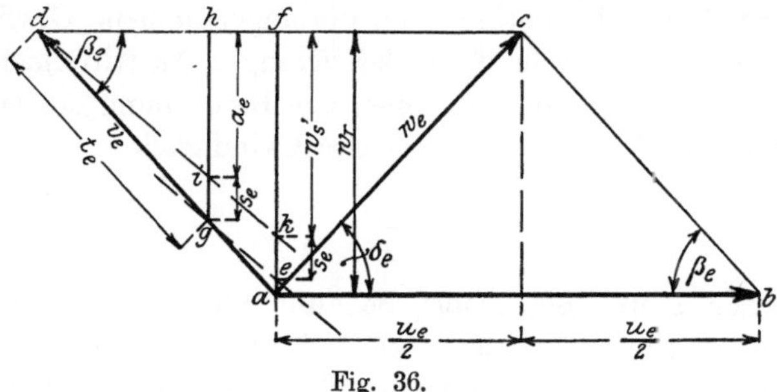

Fig. 36.

Das Lot gh gibt dann die Größe $a_e + s_e$ und af die Größe der radialen Eintrittsgeschwindigkeit w_r an.

In dem so gefundenen Diagramme sind die Bedingungen erfüllt

$$\sin\beta_e = \frac{a_e + s_e}{t_e} \quad \text{und} \quad \frac{w_r}{w_s'} = \frac{a_e + s_e}{a_e}.$$

Ähnlich wie das Eintrittsdiagramm bestimmt sich auch das Austrittsdiagramm (Fig. 37). Nach Berechnung der Umfangsgeschwindigkeit u_a trägt man an $u_a = \overline{ab}$ den Winkel β_a ab, dessen freier Schenkel die im Abstande v_r zu u_a gezogene Parallele im Punkte d trifft. Das Parallelogramm $\overline{abcd}$ ist dann das verlangte Antrittsdiagramm.

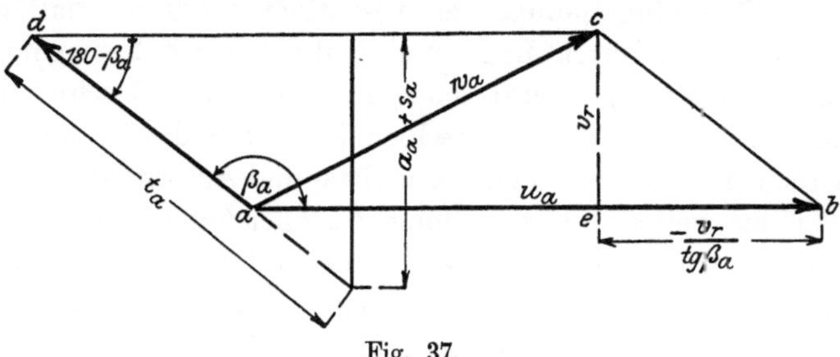

Fig. 37.

Ohne Winkelmesser wird man graphisch das Diagramm genauer konstruieren können, indem die Größe $\dfrac{v_r}{\operatorname{tg}\beta_a} = be$ bestimmt und dieselbe, wenn positiv an die Verlängerung von $u_a = \overline{ab}$ über b hinaus, wenn negativ an $u_a = \overline{ab}$ von b aus abgetragen wird (siehe Fig. 37). Das in e errichtete Lot trifft die im Abstande v_r zu $\overline{ab}$ gezogene Parallele in c, so daß dann wieder das Parallelogramm $\overline{abcd}$ das verlangte Eintrittsdiagramm ist.

Nach Annahme der Schaufelzahl z_a bestimmt man t_a und dann unter Berücksichtigung der Gleichung $\sin \beta_a = \dfrac{a_a + s_a}{t_a}$ am einfachsten wieder graphisch die Schaufelweite $a_a + s_a$.

Das Austrittsdiagramm war nun auf einen Punkt direkt vor dem Austritt aus dem Laufrade, mithin auch die angenommene Geschwindigkeit auf die durch die Schaufelstärke verengte Austrittsfläche F_a bezogen worden, so daß genau genommen zur Berechnung der eigentlichen Austrittsfläche $F_a' = D_a \pi b_a$ eine Geschwindigkeit

$$v_r' = v_r \cdot \frac{a_a}{a_a + s_a} \qquad \ldots \ldots \ldots \quad 157.$$

genommen werden muß. Bei großer Schaufelteilung kann man der Einfachheit halber ohne nennenswerten Fehler $v_r = v_r'$ setzen. Bei kleiner Schaufelteilung und dementsprechender kleiner Austrittsweise a_a empfiehlt es sich, die Geschwindigkeit v_r' zu bestimmen und dann nach der Gleichung

$$b_a = \frac{Q + Q_{sp}}{D_a \pi \cdot v_r'} \qquad \ldots \ldots \ldots \quad 158.$$

die Laufradhöhe b_a zu berechnen (siehe Gl. 75).

17. Die Evolvente für die Lauf- und Leitradschaufeln.

a) Allgemeines über die Verwendung der Evolvente.

Wie die erste allgemeine Hauptgleichung (Gl. 10) zeigt, beruht die Theorie der Zentrifugalpumpe im wesentlichen darauf, daß das Wasser beim Durchtritt durch Lauf- und Leitrad durch Formgebung der Schaufelkanäle gezwungen wird, eine ganz bestimmte Geschwindigkeit anzunehmen. Die Richtung derselben ist durch die Zusammensetzung der Geschwindigkeiten zu dem Eintritts- und Austrittsdiagramm festgelegt. Bei der weiteren Entwicklung der Gleichungen wurde angegeben, wie groß diese Geschwindigkeit, ferner unter welchem Winkel die Lauf- und Leitradschaufeln geneigt sein müssen, um bei einer bestimmten Tourenzahl gewisse Förderhöhen und Fördermengen zu bewältigen. Damit die aufgestellten Gleichungen erfüllt werden können, ist die erste Bedingung, daß man den Lauf- und Leitradkanälen eine Form gibt, bei der die errechneten Geschwindigkeiten mit ihren Richtungen sich richtig einstellen können.

Ein großer Fehler wurde beim Bau der Zentrifugalpumpe gemacht und ist derselbe heute noch bei sehr vielen Konstruktionen zu finden, daß die aus den zur Berechnung benutzten Gleichungen sich ergebenden Querschnitte bei der Konstruktion der Schaufelungen nicht eingehalten wurden. Die Folge davon war, daß die ermittelten Diagramme sich

nicht einstellen konnten und die Pumpe bei der errechneten Umlaufzahl falsch förderte. Auf einer Versuchsstation wurde die zur Erreichung
der Förderhöhe nötige Umlaufszahl festgelegt und dann die Behauptung
aufgestellt, daß die in der Theorie aufgestellten Gleichungen keine
richtigen Resultate ergeben. Hauptsächlich mit Hilfe einer solchen
Versuchsstation wurden die Umlaufszahlen für bestimmte Fördermengen und Förderhöhen bestimmt und so eine Pumpe nach der
anderen gebaut, bis man eine Serie geschaffen hatte, die die gestellten
Bedingungen einigermaßen erfüllte. Es soll hier kurz eine solche fehler-
hafte Konstruktion angegeben werden, wie dieselbe leider noch heute
in Lehrbüchern zu finden ist.

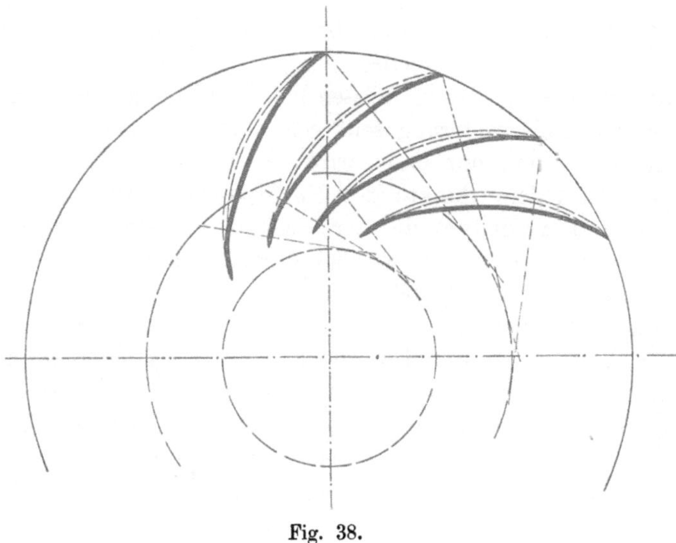

Fig. 38.

Aus Gleichungen von ähnlicher Form, wie dieselben hier ermittelt
wurde das Eintritts- und Austrittsdiagramm bestimmt. Die Haupt-
faktoren zur Festlegung der Schaufelform waren die Laufradwinkel β_e
und β_a und der Leitradwinkel δ_a. Nach Festlegung des äußeren und
inneren Durchmessers D_a bzw. D_e wurde zur Konstruktion der Laufradschaufeln geschritten. Das wurde einfach so gemacht, daß an den
Peripherien der Kreise mit den Durchmessern D_a bzw. D_e die Winkel β_a
bzw. β_e abgetragen und die freien Schenkel der Winkel durch einen
Kreisbogen von möglichst großem Krümmungsradius verbunden wurden.
Neuere Lehrbücher geben sogar noch an, um welchen Drehwinkel man
die Scheitel dieser Winkel verschieben muß, um einen günstigen Ver-
bindungskreisbogen zu erhalten.

In Fig. 38 sind Schaufeln falscher Form, wie sich dieselben aus der
eben angeführten Konstruktion ergeben, punktiert eingezeichnet.

Warum diese Form falsch, soll im Vergleich mit der in derselben Figur stark ausgezogenen richtigen Schaufelform gezeigt werden.

Im allgemeinen müssen bei der Formgebung der Schaufeln und der Schaufelkanäle folgende Bedingungen streng erfüllt werden:

Die Schaufelkanäle müssen am Anfang und Ende so ausgebildet sein, daß die sich nach Festlegung der relativen Geschwindigkeit ergebende Eintritts- und Austrittsfläche auch wirklich in der Ausführung vorhanden ist, daß ferner die Richtung der Wassergeschwindigkeiten, wie dieselben durch die Winkel β_e bzw. β_a festgelegt sind, senkrecht zur Eintritts- und Austrittsfläche ist. Es muß folgende Gleichung erfüllt sein:

$$z \cdot a_e \cdot b_e \cdot v_e = z \cdot a_a \cdot b_a \cdot v_a = Q + Q_{sp} \quad \ldots \quad 159.$$

$a_e \cdot b_e$ und $a_a \cdot b_a$ ist die Eintritts- bzw. Austrittsfläche für jeden Schaufelkanal, z die Anzahl derselben.

Die Schaufelweiten a_e und a_a müssen bei Vermeidung einer Strahlverengung oder Strahlerweiterung senkrecht auf den beiden benachbarten Schaufeln stehen, nur dann wird die Richtung der Wassergeschwindigkeit in jedem Punkte der Eintritts- und Austrittsfläche senkrecht sein und werden so die der Rechnung zugrunde gelegten relativen Geschwindigkeiten auch wirklich auftreten und die angenommenen Diagramme sich richtig bilden können.

Damit diese Bedingungen erfüllt werden, müssen die Schaufeln am Ein- und Austritt als äquidistante Kurven ausgebildet werden, die im Abstande der Schaufelweite a_e bzw. a_a voneinander verlaufen und die ferner in dem Durchmesser D_e und D_a einen Peripheriewinkel β_e bzw. β_a haben. Für eine solche Kurve eignet sich am zweckmäßigsten die Evolvente.

Die in Fig. 38 stark ausgezogenen Schaufeln sind am Eintritt und Austritt als Evolventen ausgebildet und stimmen bei den Schaufelkanälen die Eintritts- und Austrittsquerschnitte mit denen aus der Rechnung sich ergebenden genau überein. Bei der Gegenüberstellung mit der punktierten Schaufel sieht man sehr deutlich, wie bei letzterer die Querschnitte am Ein- und Austritt falsch werden, indem der Eintrittsquerschnitt zu groß, der Austrittsquerschnitt zu klein wird. Durch solche Bemessung der Querschnitte werden sich andere als in den Diagrammen angegebene relative Geschwindigkeiten bilden und so die Pumpe, da die der Berechnung zugrunde gelegten Diagramme sich überhaupt nicht einstellen können, bei einer anderen als durch Rechnung festgelegten Tourenzahl die verlangte Förderhöhe oder Fördermenge erreichen.

Genau derselbe Fehler wie bei den Laufradschaufeln wurde auch bei den Leitradschaufeln gemacht, soweit solche zur Verwendung kamen. Auch bei der Konstruktion der Leitschaufeln wird es am

zweckmäßigsten sein, den Anfang der Schaufeln als Evolvente auszubilden.

Im folgenden soll nun die Ausbildung der Evolvente am Laufradeintritt, Laufradaustritt und am Leitapparat näher angegeben werden.

b) Die Evolvente am Laufradeintritt.

Für die Bedingung des stoßfreien Eintritts muß die Schaufel
beim Eintritt um den Winkel β_e gegen u_e geneigt sein. Der Durchmesser D_e, auf welchen sich das Eintrittsdiagramm bezieht, soll in der
Mitte der Eintrittsweite, also in $\dfrac{a_e}{2}$ liegen. Wie später gezeigt wird,
ändern sich die einzelnen Diagramme über der Eintrittsweite a_e und
nimmt man zum Ausgleich das der Berechnung zugrunde gelegte
Diagramm in der Mitte von a_e an. Zur Vermeidung einer Strahlen-
verengung oder Strahlenerweiterung muß die Schaufelweite a_e senkrecht
auf den benachbarten Schaufeln stehen, ferner wird verlangt, daß im
Durchmesser D_e die Schaufel einen Peripheriewinkel β_e hat. Es soll
nun die Schaufel am Eintritt als Evolvente ausgebildet und diese
Kurve auf ihre Verwendbarkeit untersucht werden.

Ist z_e die Anzahl der Laufradschaufeln, so bestimmt sich der Durchmesser d_e des Erzeugungskreises für die Evolvente aus der Beziehung

$$d_e = \frac{z_e \cdot (a_e + s_e)}{\pi} \quad \ldots \ldots \ldots \quad 160.$$

Es soll vorerst der Einfachheit halber angenommen werden, daß
die Radkränze des Laufrades, soweit die Schaufel verläuft, parallel
sind, daß also die Eintrittshöhe b_e gleich der Austrittshöhe b_a ist. Nach
Annahme von D_e und z_e sei das Eintrittsdiagramm und damit auch
$a_e + s_e$ ermittelt worden und soll nun die Eintrittsevolvente konstruiert
werden.

Man bestimmt nach Gl. 160 den Durchmesser des Erzeugungskreises. Auf den Kreis mit dem Durchmesser D_e trägt man, um gleich
zwei Schaufelkanäle zu erhalten, sechsmal die halbe Teilung $\dfrac{t_e}{2}$ ab
(siehe Fig. 39). Durch die Teilpunkte, die fortlaufend mit 1 und 2
bezeichnet sind, werden Tangenten an den Erzeugungskreis gezogen.
In den Punkten 1 wird an dieser Tangente nach oben und nach unten
das Stück $\dfrac{a_e}{2}$ und das Stück $\dfrac{a_e}{2} + s_e$ abgetragen, in den Punkten 2
nach beiden Seiten $\dfrac{s_e}{2}$. Man erhält so für jede Schaufel 6 Punkte a, b, c
und d, e, f. Das Evolventenstück $a\,b\,c$ kann durch einen Kreisbogen
ersetzt werden, dessen Mittelpunkt annähernd in dem Schnittpunkt

von 2 Tangenten liegt, die durch je 2 benachbarte Punkte 1 an den Erzeugungskreis gezogen werden. Es ist zweckmäßig, zur Sicherung der Wasserführung die Evolvente beim Punkte c noch um ca. 10 mm zu verlängern. Das Stück $\overline{d\,e\,f}$ wird bei Blechschaufeln parallel $\overline{a\,b\,c}$ gezogen, während es bei Gußschaufeln eine zur vorteilhaften Gestaltung des Schaufelkanals angemessene Form erhält.

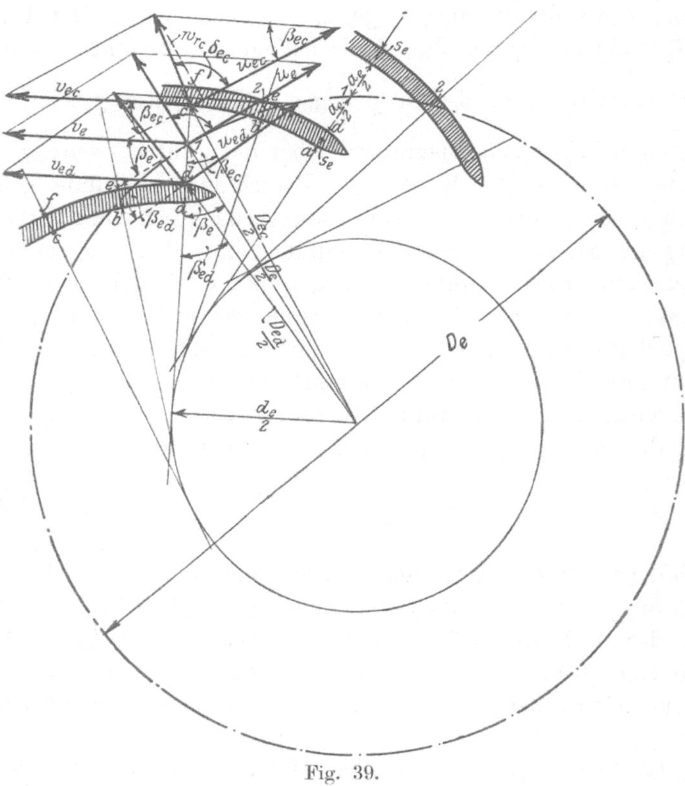

Fig. 39.

Aus der Fig. 39 ist zu ersehen und bedarf wohl keines Beweises, daß der momentane Ablenkungswinkel der Evolvente im Durchmesser D_e gleich dem Laufradeintrittswinkel β_e ist. Aus der Figur ergibt sich dann

$$\sin\beta_e = \frac{d_e}{D_e} \quad \ldots \ldots \ldots \ldots \quad 161.$$

oder auch

$$d_e = D_e \cdot \sin\beta_e \quad \ldots \ldots \ldots \ldots \quad 162.$$

Aus dieser Gleichung könnte, wenn β_e bekannt, der Durchmesser des Erzeugungskreises und dann nach Annahme von z_e aus Gl. 160 die Größe $a_e + s_e$ unmittelbar bestimmt werden.

Die Diagramme werden nun beim Eintritt über der Schaufelweite a_e, da die Durchmesser, sowie die Umfangsgeschwindigkeiten nicht die gleichen, verschieden sein. Es soll jetzt der Beweis geführt werden, daß trotz Änderung von u_e, β_e und w_e die relative Geschwindigkeit v_e bei Verwendung der Evolvente über der ganzen Schaufelweite a_e gleiche Größe und Richtung hat.

Die Größen im Punkte c und d sollen mit entsprechenden Indices bezeichnet werden. Die Umfangsgeschwindigkeit im Punkte c wird, da die Umfangsgeschwindigkeiten sich wie die zugehörigen Durchmesser verhalten, die Größe haben

$$u_{e_c} = u_e \cdot \frac{D_{e_c}}{D_e} \ldots \ldots \ldots \quad 163.$$

Der Ablenkungswinkel der Evolvente wird jetzt, wie aus der Figur ersichtlich, einen größeren Wert annehmen.

Es ist

$$\sin \beta_{e_c} = \frac{d_e}{D_{e_c}} \ldots \ldots \ldots \quad 164.$$

Dividiert man Gl. 164 durch Gl. 161, so ergibt sich

$$\frac{\sin \beta_e}{\sin \beta_{e_c}} = \frac{D_{e_c}}{D_e} \ldots \ldots \ldots \quad 165.$$

Es verhalten sich also die sinus der Eintrittswinkel umgekehrt wie die zugehörigen Durchmesser.

Da die Radbreite dieselbe bleiben soll, so werden sich auch die Vertikalkomponenten w_r der absoluten Eintrittsgeschwindigkeit w_e umgekehrt verhalten, wie die zugehörigen Durchmesser, so daß also

$$\frac{w_r}{w_{r_c}} = \frac{D_{e_c}}{D_e} \ldots \ldots \ldots \quad 166.$$

Durch die drei Größen u_e, β_e und w_r ist das jeweilige Eintrittsdiagramm bestimmt. In dem mittleren Diagramm läßt sich für den Punkt 1 die relative Eintrittsgeschwindigkeit ausdrücken durch die Beziehung

$$v_e = \frac{w_r}{\sin \beta_e}$$

und ähnlich mit entsprechenden Indices für den Punkt c

$$v_{e_c} = \frac{w_{r_c}}{\sin \beta_{e_c}}.$$

Dividiert man diese beiden Gleichungen, so findet sich unter Berücksichtigung der Gl. 165 und 166

$$\frac{v_e}{v_{e_c}} = 1, \quad \text{also} \quad v_{e_c} = v_e.$$

Ebenso wird natürlich auch für den Punkte d $v_{e_d} = v_e$.

Es ist somit der Beweis geführt, daß bei Verwendung der Evolvente für den Beginn der Schaufel die relative Eintrittsgeschwindigkeit v_e über der ganzen Eintrittsweite a_e gleich groß ist.

c) Die Evolvente am Laufradaustritt.

Wie beim Eintritt, so bildet man auch am Laufradaustritt die Schaufelenden aus angeführten Gründen am zweckmäßigsten als Evolventen aus. Es sei a_a die Schaufelweite, s_a die Schaufelstärke, ferner z_a die Anzahl der Schaufeln am Laufradaustritt. Der Durchmesser des Erzeugungskreises für die Evolvente wird sich jetzt ergeben zu

$$d_a = \frac{(a_a + s_a) \cdot z_a}{\pi} \quad \dots \dots \dots \ 167.$$

oder auch (siehe Fig. 40)

$$d_a = D_a \cdot \sin\beta_a \ . \dots \dots \dots \ 168.$$

Die Größe $a_a + s_a$ berechnet sich dann aus der Gleichung

$$a_a + s_a = \frac{D_a \, \pi \cdot \sin\beta_a}{z_a} \quad \dots \dots \ 169.$$

Die Konstruktion der Evolvente ergibt sich genau so wie beim Eintritt. Es bedarf wohl weiter keines Beweises, daß auch beim Austritt die relative Geschwindigkeit v_a bei Verwendung der Evolvente über der ganzen Austrittsweite gleich groß sein wird, ferner daß auch hier die allgemeinen Beziehungen bestehen

$$\frac{\sin\beta_a}{\sin\beta_a'} = \frac{D_a'}{D_a} = \frac{u_a'}{u_a} = \frac{v_r}{v_r'} \quad \dots \dots \ 170.$$

Die Diagramme ändern sich über der Austrittsweite und ergeben sich die verschiedenen Größen u_a, β_a und v_r für dieselben aus Gl. 170. Nur das der Berechnung der Pumpe zugrunde gelegte Austrittsdiagramm wird die für die Umfangsgeschwindigkeit aufgestellten Gleichungen erfüllen. Alle anderen Diagramme über der Schaufelweite a_a geben für die tatsächlich vorhandenen Winkel β_a und δ_a falsche Umfangsgeschwindigkeit, indem die für dieselben berechneten Umfangsgeschwindigkeiten nach innen, also dem kleineren Durchmesser zunehmen müßten, was natürlich nicht möglich. Wie aus Gl. 170 ersichtlich (siehe auch Fig. 40), wird der Winkel β_a mit dem Durchmesser kleiner. Der Winkel δ_a wird aber nach innen zunehmen, und zwar in solchem Maße, daß trotz kleinerem Winkel β_a, die für β_a und δ_a gerechnete Umfangsgeschwindigkeit größer als die mittlere wird, also nach innen zunimmt. Und umgekehrt wird es nach außen hin sein. Die jeweilige Tangente des Winkels δ_a ergab sich aus der Gl. 153 zu

$$\operatorname{tg}\delta_a = \frac{v_r}{u_a + \dfrac{v_r}{\operatorname{tg}\beta_a}} \quad\ldots\ldots\ldots \text{(153.)}$$

Diese Gleichung gibt nun keine gute Übersicht über Ab- bzw. Zunahme von δ_a, da auf der rechten Seite zwei veränderliche Größen stehen.

Um ein klares Bild der Abhängigkeit der Winkel β_a und δ_a vom jeweiligen Durchmesser zu bekommen, sollen für ein Rechenbeispiel

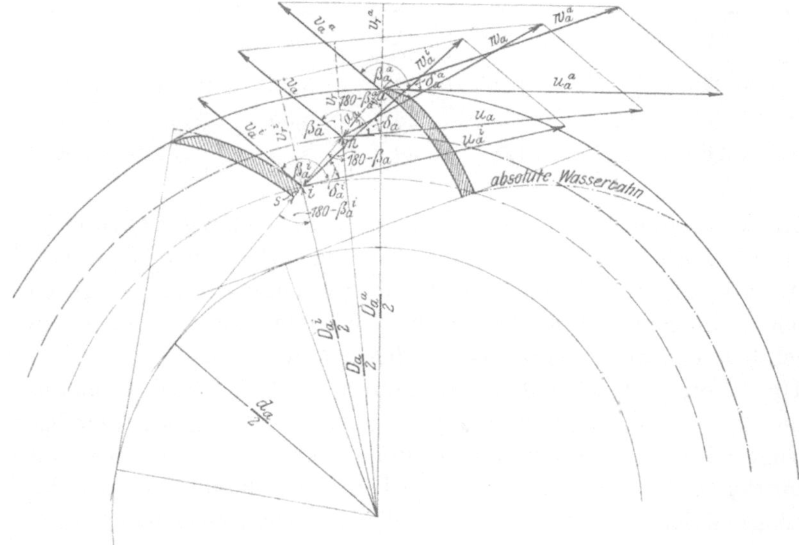

Fig. 40.

die Größen der Austrittsdiagramme für verschiedene Durchmesser bestimmt werden. Aus nachher angeführten Gründen wurde das der Berechnung der Umfangsgeschwindigkeit zugrunde gelegte Diagramm für den Durchmesser D_a in $\dfrac{a_a}{2}$ bestimmt.

Es sei wieder angenommen

$$\sqrt{\eta\, g\, H_n} = 10,$$

ferner der Durchmesser in $\dfrac{a_a}{2}$, $D_a = 0,3$ m. Für diesen Durchmesser sei der Laufradwinkel $\beta_a = 135°$, der Leitradwinkel $\delta_a = 25°$.

Aus den $\varkappa$-Kurven (siehe Tafel I) ergibt sich für $\beta_a = 135°$ und $\delta_a = 25°\ \varkappa = 1{,}21$, so daß also für die Annahme $\delta_e = 90°$, $u_a = 10 \cdot 1{,}21 = 12{,}1$ m ist. Aus der λ-Kurve bestimmt sich für $\delta_a = 25°$ und $\varkappa = 1{,}21$ die radiale Austrittsgeschwindigkeit zu $v_r = 3{,}85$ m.

Bei der Annahme von 12 Schaufeln am Laufradaustritt ergibt sich aus Gl. 169 $a_a + s_a = 55{,}5$ mm. Es sei $s_a = 5{,}5$ mm, somit $a_a = 50$ mm. Aus Gl. 167 oder 168 erhält man für die Evolvente den Durchmesser des Erzeugungskreises $d_a = 212$ mm.

In Fig. 40 wurden die Evolventen eingezeichnet. Graphisch ergab sich der äußere Laufraddurchmesser $D_a^a = 0{,}336$ m, ferner der Durchmesser bei Beginn der Evolvente $D_a^i = 0{,}268$ m.

Die für die Diagramme in den 3 Punkten a, m, i ermittelten Größen sind in nachstehender Tabelle zusammengestellt:

	D_a	u_a	β_a	δ_a	v_a	w_a	(u_a)
a	0,336	13,55	141°	20°	5,35	10,05	12,0
m	0,300	12,1	135°	25°	5,35	9,2	12,1
i	0,266	10,72	128°	30°	5,35	8,7	12,4

In der letzten Reihe der Tabelle sind die Umfangsgeschwindigkeiten eingeschrieben, wie sich dieselben bei den vorhandenen Winkeln β_a und δ_a für stoßfreies Arbeiten unter Berücksichtigung der Gl. 58 ergeben würden. Man sieht, daß die so berechneten Umfangsgeschwindigkeiten beträchtlich von den wirklich vorhandenen abweichen.

Um diesen Fehler in den Diagrammen nach Möglichkeit auszugleichen, ist es notwendig, das zur Berechnung der Umfangsgeschwindigkeit zugrunde gelegte Diagramm nicht auf den äußeren, sondern auf den mittleren Durchmesser D_a zu beziehen. Eine Pumpe, bei der das rechnungsmäßige Diagramm auf den äußeren Durchmesser bezogen ist, wird zu langsam laufen und erst bei einer höheren, als der durch die Berechnung festgelegten Tourenzahl, die verlangte Fördermenge auf die bestimmte Förderhöhe liefern.

Man sucht nun meist zu erreichen, daß der äußere Laufraddurchmesser D_a^a, der ja für die Ausführung in der Werkstatt maßgebend ist, eine runde Zahl erhält. Es muß sodann der äußere Durchmesser angenommen und der mittlere nach Annahme des äußeren Laufradwinkels β_a^a berechnet werden. Rechnerisch bestimmt sich nach Annahme des äußeren Durchmessers D_a^a und des äußeren Laufradwinkels β_a^a der mittlere Durchmesser aus folgender Gleichung (siehe Fig. 40 cosinus-Satz)

$$\frac{D_a^2}{4} = \frac{D_a^{a2}}{4} + \frac{a_a^2}{4} - \frac{2\,a_a\,D_a^a \cdot \cos(180 - \beta_a^a)}{4}$$

oder

$$D_a = \sqrt{D_a^{a2} + a_a^2 + 2\,a_a\,D_a^a \cdot \cos\beta_a^a} \ \ . \ . \ . \ . \ . \ \text{171.}$$

Der Winkel β_a bestimmt sich dann aus Gl. 170.

Ist der mittlere Durchmesser D_a gegeben, so ergibt sich der äußere D_a'' aus der Beziehung (siehe Fig. 40)

$$\frac{D_a^{a2}}{4} = \frac{D_a^2 \cdot \sin^2\beta_a}{4} + \left(\frac{a_a}{2} - \frac{D_a}{2} \cdot \cos\beta_a\right)^2$$

oder

$$D_a^a = \sqrt{D_a^2 + a_a^2 - 2\,a_a\,D_a\cos\beta_a} \ \ \ldots \ldots \ 172.$$

Schneller als durch Rechnung wird sich jedoch die Ermittlung des äußeren und inneren Durchmessers graphisch ausführen lassen.

Ist der äußere Durchmesser D_a^a und nach Annahme der Umlaufszahl die Umfangsgeschwindigkeit u_a'' gegeben, so wird man nach Annahme von β_a^a und z_a die Austrittsevolvente konstruieren. Berechnung des Durchmessers des Erzeugungskreises nach Gl. 168. Aus Gl. 171 oder einfacher graphisch bestimmt man den mittleren Durchmesser D_a und aus Gl. 170 den Winkel β_a. Für den Fall $\delta_e = 90°$ ermittelt man $\varkappa$ aus der Gl. $\varkappa = \dfrac{u_a}{\sqrt{\eta\,g\,H_n}}$ und liest aus den $\varkappa$-Kurven (siehe Tafel I) die zu dem ermittelten Winkel β_a zugehörigen Winkel δ_a ab. Mit Hilfe der λ-Kurve berechnet man die entsprechende radiale Austrittsgeschwindigkeit v_r. Die Laufradhöhe b_a bestimmt sich dann nach Gl. 158. Ist die Höhe b_a für das Laufradprofil nicht geeignet, so macht eine entsprechende andere Annahme für den Winkel β_a.

Wenn der mittlere Durchmesser gegeben, so bestimmt sich der äußere Durchmesser auf ähnliche Art.

Ein Übelstand bei Verwendung der Evolvente ist, daß die Größe der absoluten Austrittsgeschwindigkeit w_a, wie aus der Tabelle auf Seite 62 ersichtlich, sich über der Austrittsweite a_a ändert. Es fragt sich, ob es nicht vielleicht zweckmäßiger ist, die absolute Austrittsgeschwindigkeit gleich groß anzunehmen, d. h. in einer äquidistanten Kurve, also in der Evolvente verlaufen zu lassen, bei welcher Annahme sich dann aber die relative Austrittsgeschwindigkeit über der Austrittsweite ändern wird.

In Fig. 41 wurde für das vorher angegebene Beispiel zunächst der absolute Wasserweg als Evolvente gezeichnet und nach Berechnung der Diagramme für die einzelnen Punkte rückwärts der relative Wasserweg bestimmt. In diesem Falle wird sich die relative Austrittsgeschwindigkeit über der Austrittsweite ändern. Die Wasserführung im Schaufelkanal wird jetzt nicht mehr eine so gute sein wie bei Verwendung der Evolvente als relative Wasserbahn, man hat aber den Vorteil, daß die absolute Austrittsgeschwindigkeit nach einer Evolvente verläuft und so die Überführung dieser Geschwindigkeit in den Leitapparat, der, wie gleich gezeigt wird, auch mit Evolventen ausgebildet ist, eine bessere sein wird. Wenn die Relativgeschwindigkeit nach einer Evolvente geführt wird, so wird die absolute Wasserbahn keine Evolvente, sondern irgendeine derselben ähnliche Kurve ergeben (siehe Fig. 40). Führt man in diesem Falle das Wasser in dem Leitkanal in Evolventen, so wird die absolute Austrittsgeschwindigkeit gezwungen, von der einmal angenommenen Bahn in die Evolvente überzugehen, was mit kleinen Verlusten verbunden sein wird.

In der nachstehenden Tabelle sind die Größen der einzelnen Diagramme in den Punkten a, m, i aufgeführt, wie sich dieselben bei der Annahme, die absolute Wasserbahn sei eine Evolvente, ergeben. Die

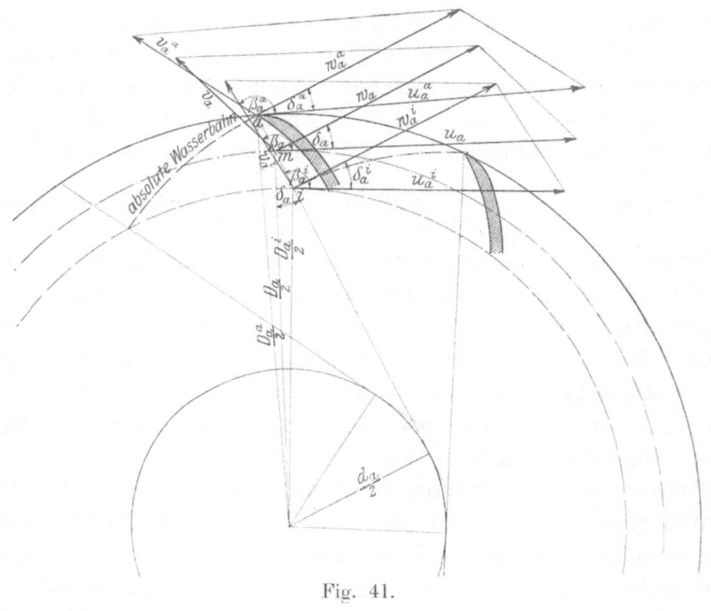

Fig. 41.

letzte Kolonne gibt wieder die Umfangsgeschwindigkeiten an, wie sich dieselben für die vorhandenen Winkel β_a und δ_a nach Gl. 58 einstellen müßten.

	D_a	u_a	β_a	δ_a	v_a	w_a	(u_a)
a	328	13,2	144°	23°	5,9	9,2	12,6
m	300	12,1	135°	25°	5,35	9,2	12,1
i	270	10,9	123°	28°	5,0	9,2	11,16

Bei einem Vergleich dieser Werte mit der in der Tabelle auf Seite 62 angeführten ist zu ersehen, daß in letzterem Falle der Unterschied zwischen den mit den Winkeln β_a und δ_a berechneten und den tatsächlich vorhandenen Umfangsgeschwindigkeiten nicht mehr so bedeutend ist. Es werden sich also die Diagramme richtiger einstellen, wenn die absolute Wasserbahn in einer Evolvente verläuft, als wenn diese Annahme für die relative Wasserbahn gemacht wird.

Durch die angeführten Punkte wird eventuell bei Verwendung der Evolvente für die absolute Wasserbahn sich der Nutzeffekt der Pumpe ein wenig erhöhen, was vielleicht durch sehr exakt ausgeführte Versuche nachzuweisen wäre. Nun ist aber letztere Ausführung in ihrer Konstruktion etwas sehr umständlich, und es soll dem gewissenhaften Konstrukteur überlassen werden, dieselbe einmal durchzuführen. Im folgenden wurde der Einfachheit halber die Evolvente für die relative Wasserbahn angenommen.

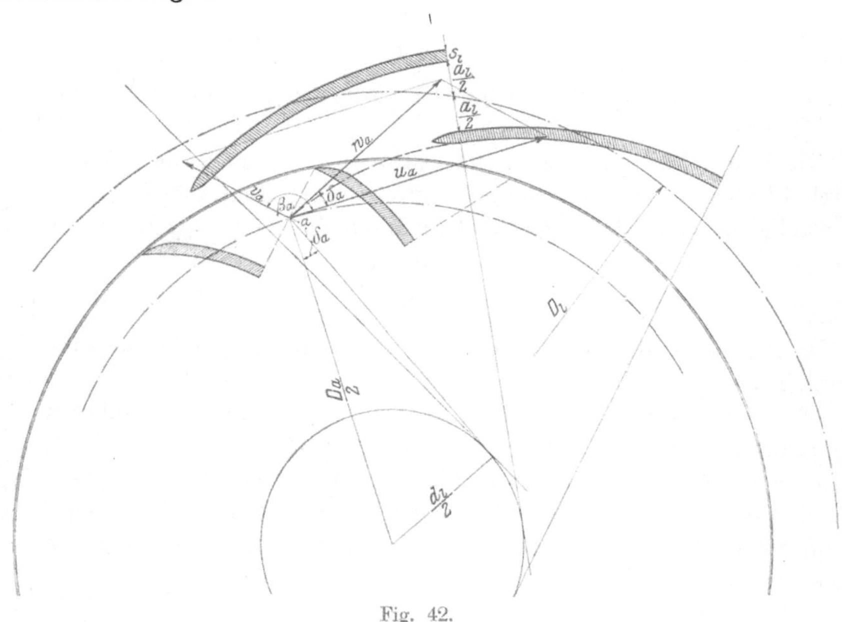

Fig. 42.

d) Die Evolvente am Leitradeintritt.

Die absolute Austrittsgeschwindigkeit w_a, welche unter dem Winkel δ_a das Laufrad verläßt, wird nach dem Austritt aus demselben eine kleinere Geschwindigkeit w_a' annehmen von der Größe

$$w_a' = w_a \frac{a_a}{a_a + s_a} \quad \ldots \ldots \ldots \ldots \text{173.}$$

Es werde angenommen, daß der mittlere Wasserfaden, welcher vom Punkte a ausgehen soll, bis vor dem Eintritt in die Leitschaufeln die Geschwindigkeit w_a' beibehält, so daß die Bahn desselben eine Evolvente sein wird, die im Punkte a mit dem Durchmesser D_a den Neigungswinkel δ_a hat (siehe Fig. 42). In dieser Evolvente soll dann die Geschwindigkeit w_a' in den Leitapparat eingeführt werden. Es wird der Durchmesser des Erzeugungskreises sich aus der Beziehung ergeben

$$d_l = D_a \cdot \sin \delta_a \quad \ldots \ldots \ldots \quad 174.$$

Die Schaufelweite der Leitschaufeln sei a_l, die Schaufelstärke beim Eintritt s_l und die Anzahl der Schaufeln z_l, so ergibt sich die Größe $a_l + s_l$ aus der Gleichung

$$a_l + s_l = \frac{d_l \pi}{z_l} \quad \ldots \ldots \ldots \ldots \quad 175.$$

Ist die Laufradhöhe b_a am Austritt festgelegt, so kann man die Schaufelweite auch bestimmen aus der Beziehung

$$a_l + s_l = \frac{Q}{w_a' \cdot b_a \cdot z_l} \quad \ldots \ldots \ldots \quad 176.$$

und dann rückwärts den Erzeugungskreisdurchmesser der Evolvente aus Gl. 175.

Nach dem Eintritt in den Leitapparat wird die Geschwindigkeit w_a' durch Einfluß der Schaufelstärke vergrößert und stellt sich diese Geschwindigkeit w_l in den Leitschaufeln durch die Beziehung dar

$$w_l = w_a' \cdot \frac{a_l + s_l}{a_l} \quad \ldots \ldots \ldots \quad 177.$$

In Fig. 42 ist die Konstruktion der Evolvente für die Leitschaufel angegeben.

Es wird sich empfehlen, die Schaufeln $5 \div 20$ mm vom äußeren Laufradkranz beginnen zu lassen, damit die unter falschem Winkel δ_a austretenden absoluten Geschwindigkeiten einen größeren Weg haben, um bis zum Eintritt in die Leitschaufeln die Richtung der Evolvente anzunehmen, denn es wird ja nur für den mittleren Wasserfaden die angenommene Evolventenbahn annähernd richtig sein.

18. Das Leitradgehäuse.

Um das aus den Leitschaufeln austretende Wasser dem Druckrohr in richtiger Richtung und Geschwindigkeit zuführen zu können, umgibt man den Leitapparat am zweckmäßigsten mit einem sogenannten Spiralgehäuse. Am meisten findet ein solches Gehäuse bei der Niederdruck-Zentrifugalpumpe Verwendung. Bei mehrstufigen Hochdruckpumpen wird nur das Leitrad der letzten Stufe mit einem solchen Gehäuse umgeben, während die anderen Leiträder Gehäuse erhalten, deren Form durch die Konstruktion der Pumpe bedingt ist. Ein solches Spiralgehäuse wird nun in rechteckiger oder in runder Form ausgeführt Erstere Form ist in der Gießerei leichter herzustellen, während die letztere, in der Ausführung kostspieliger, gefälliger aussieht.

Bei der rechteckigen Form wird die äußere Begrenzungskurve als Evolvente ausgeführt, indem man die Bedingung stellt, daß die mittlere Wassergeschwindigkeit im Gehäuse überall gleich groß bleiben soll. Es sei A die Höhe des Gehäuses bei dem größten Querschnitt, B die Breite (siehe Fig. 43), w_d die mittlere Geschwindigkeit. Bei konstanter Breite B muß die jeweilige Höhe A, um gleiche Geschwindigkeit w_d zu erhalten, am Umfang nach einer Geraden abnehmen, welche Bedingung die Evolvente als äußere Begrenzungskurve für das Gehäuse erfüllt. Der Erzeugungskreisdurchmesser dieser Evolvente bestimmt sich aus der Gleichung

$$d = \frac{A}{\pi} \quad . \quad . \quad 178.$$

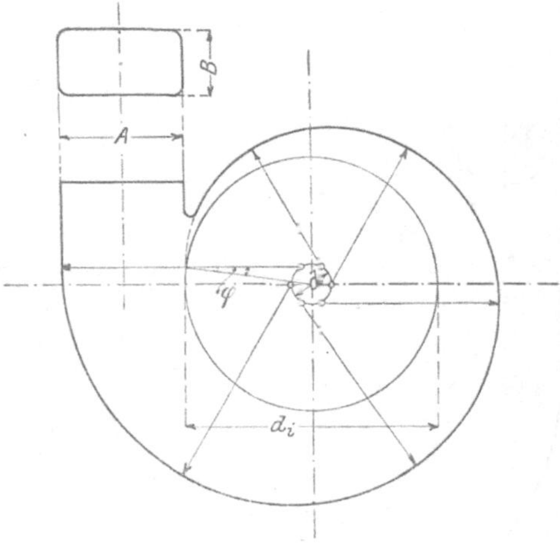

Fig. 43.

Der Durchmesser, an welchem die Evolvente zu beginnen hat, werde mit d_i bezeichnet. Der Winkel φ, unter dem das Wasser von der Peripherie dieses Kreises abgelenkt wird, ergibt sich aus der Gleichung

$$\sin \varphi = \frac{d}{d_i} \quad . \quad . \quad . \quad . \quad . \quad . \quad . \quad . \quad 179.$$

Um das Wasser in richtiger Richtung und Geschwindigkeit dem Gehäuse zuführen zu können, muß man das Ende der Leitschaufeln möglichst so neigen, daß der Wasserstrahl in seiner Fortsetzung im Durchmesser d_i unter dem Winkel φ in das Gehäuse eintritt.

Die mittlere Wassergeschwindigkeit im Gehäuse nehme man möglichst kleiner als ein Drittel der Umfangsgeschwindigkeit u_a. Beim Austritt aus dem Spiralgehäuse wird das Wasser durch ein konisches Anschlußrohr der Druckleitung zugeführt, in welcher meistens kleinere Wassergeschwindigkeiten angenommen werden. Häufig wird auch der Auslauf des Gehäuses selbst konisch ausgebildet.

Bei einem Gehäuse mit kreisförmigem Querschnitt müssen die einzelnen Kreisquerschnitte, um gleiche mittlere Geschwindigkeit zu erhalten, ebenfalls nach einer Geraden abnehmen, und zwar läßt man am zweckmäßigsten bei der Konstruktion der Begrenzungskurve des Gehäuses die einzelnen Hilfskreise an einem gemeinsamen Kreis mit dem Halbmesser r_i, welcher sich beim Aufzeichnen der Pumpe von selbst ergibt, tangieren (siehe Fig. 44). Bei dieser Annahme läßt sich auch für die Begrenzungskurve eines solchen Gehäuses eine Gleichung aufstellen.

Die Wassermenge und somit, da die mittlere Wassergeschwindigkeit überall konstant bleiben soll, die Inhalte der Kreise sind proportional dem jeweiligen Drehwinkel ψ'. Bezeichnet man die Durchmesser der einzelnen Kreise mit d_1, d_2 usw., die die einzelnen Querschnitte durchfließenden Wassermengen entsprechend mit Q_1, Q_2 usw., so wird folgende Beziehung bestehen

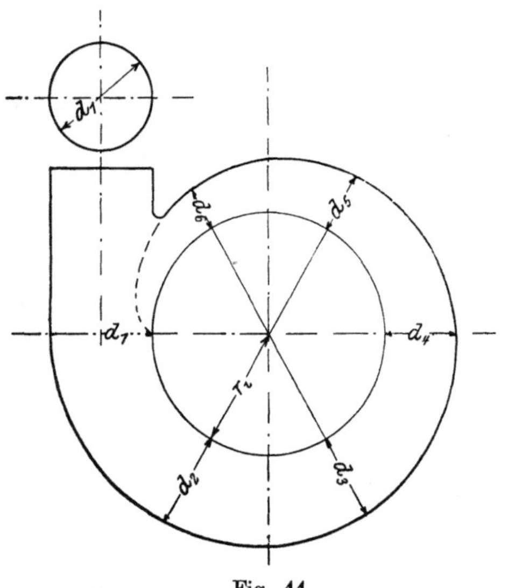

Fig. 44.

$$\frac{Q_1}{Q_2} = \frac{d_1^2}{d_2^2} = \frac{\psi'_1}{\psi'_2} \quad . \quad 180.$$

somit

$$\frac{d_1^2}{\psi'_1} = \frac{d_2^2}{\psi'_2} = C \quad 181.$$

und allgemein

$$d = \sqrt{C \cdot \psi} \quad . \quad . \quad 182.$$

Die einzelnen Kreise sollen nun alle an einem gemeinsamen Kreise mit dem Halbmesser r_i tangieren, so daß die jeweilige Polarkoordinate r_a für die Begrenzungskurve des Gehäuses die Größe hat

$$r_a = \sqrt{C \cdot \psi} + r_i \quad 183.$$

Dies ist die Polargleichung einer um r_i verschobenen parabolischen Spirale.

Häufig wird nun auch, der billigen Ausführung wegen, das Gehäuse in runder Form hergestellt, also einfach zentrisch um den Leitapparat herum gesetzt (siehe Fig. 45). Bei dieser Ausführung ist zu achten, daß der Querschnitt des Gehäuses recht reichlich bemessen wird. Es findet sich

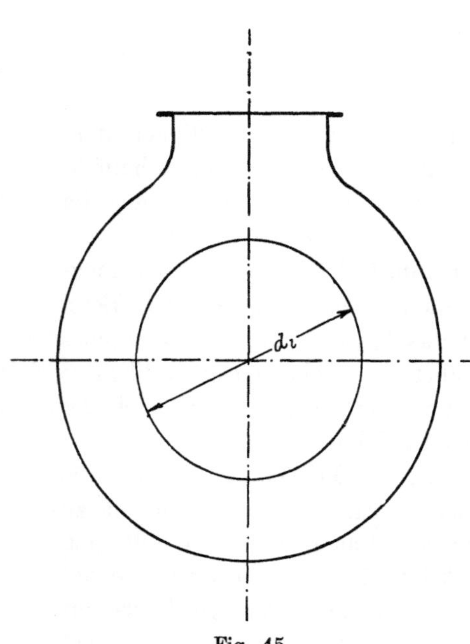

Fig. 45.

eine Stelle im Gehäuse, wo die Fließrichtung sich teilen wird, und es werden, wenn der Querschnitt zu klein bemessen, an dieser Stelle sehr starke Stöße auftreten. Bei einem solchen Gehäuse ist es vorteilhaft, das Wasser möglichst radial aus den Leitschaufeln zu führen.

Ganz zu verwerfen ist die exzentrische Anordnung des Leitapparates in einem runden Gehäuse. An der engsten Stelle werden sehr starke Stöße und Wirbel auftreten, da hier das Wasser seine Fließrichtung plötzlich umkehren muß, was den Nutzeffekt der Pumpe in hohem Maße beeinträchtigen kann.

19. Der Axialschub.

Wie schon früher angegeben, werden in den Räumen zwischen den Laufradböden und dem das Laufrad umschließenden Gehäuse sich bestimmte Drücke einstellen, welche, wenn sie nicht mit gleicher Größe auf gleich große Flächen wirken, eine axiale Verschiebung der Welle verursachen. Diese Drücke werden erstens erzeugt durch den Spaltüberdruck, zweitens durch das infolge Wirkung von Zentrifugalkräften sich bildende Rotationsparaboloid.

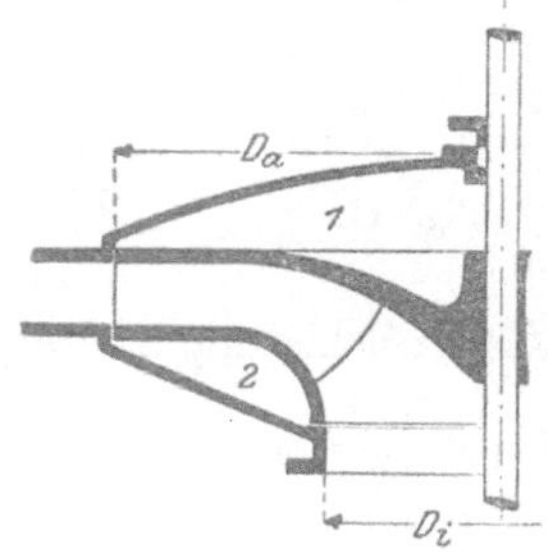

Es soll nun untersucht werden, wie sich die Drucke in den Räumen 1 und 2 bei einem Laufrade, wie in Fig. 46 dargestellt, einstellen werden und wie groß der resultierende Axialschub wird.

Fig. 46.

Der Raum 1 sei nicht mit dem Raum vor dem Laufradeintritt verbunden, so daß sich bei Vernachlässigung des Rotationsparaboloids der

Spaltdruck mit dem vollen Betrag von $H_{sp} = \eta\, H_n - \dfrac{w_a^2}{2\,g}$ einstellen

wird. Ohne Berücksichtigung der Wellenstärke würde das Laufrad in dem Raume 1 demnach belastet werden mit einem Druck

$$p = \frac{D_a^2\,\pi}{4} \cdot \left(\eta\, H_n - \frac{w_a^2}{2\,g} \right).$$

Nach dem Gesetz der kommunizierenden Röhren wird auch mit Einwirkung des Rotationsparaboloides der Spaltüberdruck mit gleicher

Größe $\eta\, H_n - \dfrac{w_a^2}{2\,g}$ sich einstellen. Nimmt man wieder an, daß das

Rotationsparaboloid infolge der Reibungsverluste mit einer Geschwindigkeit $\varphi \cdot u_a$ im äußeren Durchmesser rotiert, so wird die Belastung des Laufrades um das Volumen des sich bildenden Rotationsparabo-

loides von dem Betrage $V = \dfrac{1}{2}\dfrac{D_a^2\,\pi}{4} \cdot \varphi^2 \cdot \dfrac{u_a^2}{2\,g}$ abnehmen, so daß die

Belastung P_1 auf dem Laufradboden im Raum 1 jetzt nur die Größe hat

$$P_1 = \frac{D_a^2 \pi}{4} \cdot \left(\eta\, H_n - \frac{w_a^2}{2g} - \frac{\varphi^2}{2} \cdot \frac{u_a^2}{2g} \right) \quad \ldots \ldots \ 184.$$

Um diese Erscheinung verständlicher zu machen, denke man sich ein hohles zylindrisches Gefäß bis an den Rand mit Wasser gefüllt (siehe Fig. 47). Die Höhe des Zylinders sei h, der Durchmesser des Grundkreises D. Der Spurzapfen wird außer dem Eigengewicht des Zylinders noch mit einem Wassergewicht von der Größe

$$p = h \cdot \frac{D^2 \pi}{4}$$

belastet. Setzt man jetzt das Gefäß mit einer äußeren Umfangsgeschwindigkeit u_a in Rotation, so wird durch Wirkung der Fliehkraft eine Wassermenge herausgeschleudert werden gleich dem Inhalt des sich bildenden Rotationsparaboloides. Der Spurzapfen wird um den

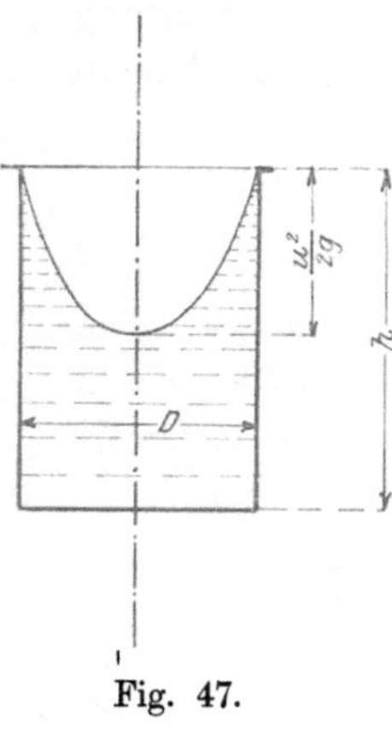

Fig. 47.

Betrag $\dfrac{1}{2} \cdot \dfrac{D^2 \pi}{2} \cdot \dfrac{u_a^2}{2g}$ dem Inhalte des Rotationsparaboloides, entlastet werden, so daß jetzt die Zapfenbelastung P durch das im Zylinder befindliche Wasser nur noch die Größe hat $P = \left(h - \dfrac{u_a^2}{2g} \cdot \dfrac{1}{2} \right) \cdot \dfrac{D^2 \pi}{4}$. Ganz ähnlicher Art finden sich die Verhältnisse in dem Raum 1.

In dem Raum 2 wird sich am inneren Schleifrand mit Berücksichtigung der Gl. 29 und 42 ein Druck einstellen von der Größe

$$p_i = \frac{\eta\, H_n - \dfrac{w_a^2}{2g} - \varphi^2 \cdot \left(\dfrac{u_a^2 - u_i^2}{2g} \right)}{1 + \left(\dfrac{f_i}{f_a} \right)^2} \quad \ldots \ldots \ 185.$$

f_a war die äußere, f_i die innere Spaltfläche.

Bei der Annahme, daß der Druck im Raum 2 überall die Größe p_i hat, würde das Laufrad eine Belastung erhalten

$$P_i = \frac{\eta\, H_n - \dfrac{w_a^2}{2g} - \varphi^2 \cdot \left(\dfrac{u_a^2 - u_i^2}{2g} \right)}{1 + \left(\dfrac{f_i}{f_a} \right)^2} \cdot (D_a^2 - D_i^2) \cdot \frac{\pi}{4} \quad . \ 186.$$

Jetzt wird nun aber der Druck p_i von D_i bis D_a durch das sich bildende Rotationsparaboloid nach einer Parabel zunehmen, welche im Durchmesser D_i die Höhe $\varphi^2 \cdot \dfrac{u_i^2}{2g}$ und im Durchmesser D_a die Höhe

$\varphi^2 \cdot \dfrac{u_a^2}{2g}$ hat. Die Belastung des Laufrades wird also noch vergrößert durch das Gewicht des parabolischen Stumpfes, dessen Inhalt J sich darstellt durch die Beziehung

$$J = \frac{\varphi^2}{2}\left(\frac{u_a^2}{2g} \cdot \frac{D_a^2 \pi}{4} - \frac{u_i^2}{2g} \cdot \frac{D_i^2 \pi}{4}\right) \cdot \quad \ldots \ldots \ 187.$$

so daß jetzt die Belastung des Laufrades im Raum 2 die Größe hat

$$P_2 = P_i + J = \frac{\eta\, H_n - \dfrac{w_a^2}{2g} - \varphi^2 \cdot \left(\dfrac{u_a^2 - u_i^2}{2g}\right)}{1 + \left(\dfrac{f_i}{f_a}\right)^2} \cdot (D_a^2 - D_i^2)\frac{\pi}{4}$$

$$+ \frac{\varphi^2}{2}\left(\frac{u_a^2}{2g} \cdot \frac{D_a^2 \pi}{4} - \frac{u_i^2}{2g} \cdot \frac{D_i^2 \pi}{4}\right) \quad \ldots \ldots \ 188.$$

Bei der in Fig. 46 wiedergegebenen Anordnung wird der Druck $P_1 > P_2$ sein, so daß sich ein resultierender Axialschub A einstellen wird von der Größe

$$A = P_1 - P_2 \ldots \ldots \ldots \ldots \ 189.$$

Die Werte für P_1 und P_2 aus Gl. 184 bzw. 188 eingesetzt, so ergibt sich der resultierende Axialschub zu

$$A = \left(\eta\, H_n - \frac{w_a^2}{2g} - \varphi^2 \cdot \frac{u_a^2}{2g}\right)\frac{D_a^2 \pi}{4}$$

$$- \frac{\eta\, H_n - \dfrac{w_a^2}{2g} - \varphi^2 \cdot \left(\dfrac{u_a^2 - u_i^2}{2g}\right)}{1 + \left(\dfrac{f_i}{f_a}\right)^2} \cdot (D_a^2 - D_i^2)\frac{\pi}{4}$$

$$- \frac{\varphi^2}{2}\left(\frac{u_a^2}{2g} \cdot \frac{D_a^2 \pi}{4} - \frac{u_i^2}{2g} \cdot \frac{D_i^2 \pi}{4}\right) \quad \ldots \ldots \ldots \ 190.$$

Man hat nun auf die verschiedenste Art und Weise versucht, diesen lästigen Axialschub zu beseitigen. Bei der Besprechung der einzelnen Typen der Zentrifugalpumpen soll dies noch eingehender gezeigt werden.

20. Die mehrstufige Zentrifugalpumpe.

Mit Rücksicht auf Erzielung eines möglichst hohen Nutzeffektes ist die Anordnung einer einstufigen Pumpe, also Ausführung mit einem Laufrade, beschränkt. Größere Förderhöhen wird man in verschiedene gleiche Stufen teilen, so daß dann mehrere Laufräder auf einer Welle hintereinander geschaltet werden, die je einen gleichen Bruchteil der Förderhöhe zu überwinden haben. Die Anordnungen solcher mehrstufigen Pumpen sind sehr verschieden. Dieselben sollen später noch eingehender besprochen werden, es mag nur hier auf die Anordnung einer vierstufigen Hochdruckpumpe (Fig. 48) hingewiesen werden in der Ausführung von Jäger-Leipzig.

Die Begrenzung der Förderhöhe ist in der Beeinträchtigung des Nutzeffektes durch zu großen Spalt- und Reibungsverlust gegeben. Die praktisch für eine Stufe verwendbare Förderhöhe bedingt meist eine Umfangsgeschwindigkeit des Laufrades in erlaubten Grenzen.

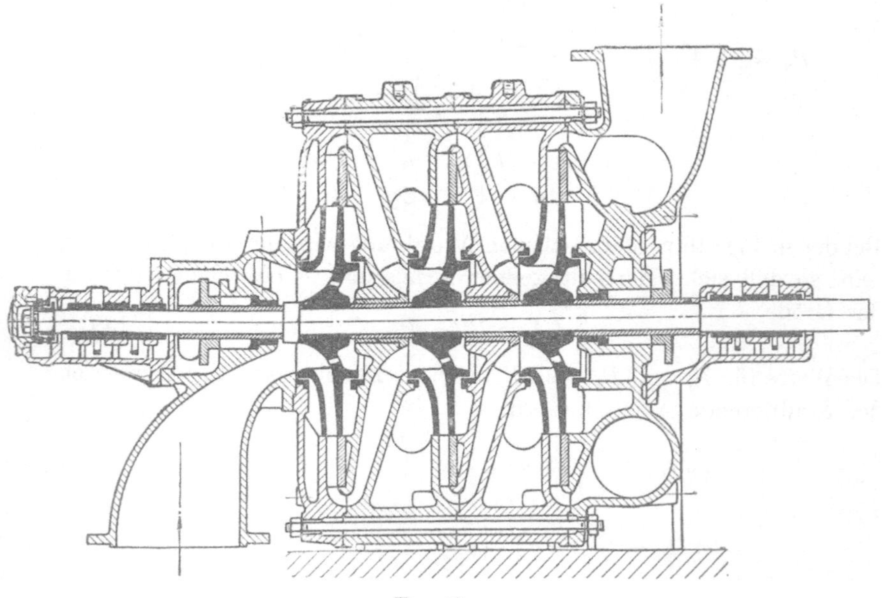

Fig. 48.

Bei gleichbleibender Spaltfläche wird bei Anwendung eines Schleifrandes der Spaltverlust bei größerer Förderhöhe nach dem Verhältnis

$$\sqrt{\frac{\eta\, H_n - \dfrac{w_a^2}{2g}}{\eta\, H_n' - \dfrac{w_a'^2}{2g}}}$$

zunehmen $(H_n > H_n')$. Nun ist man aber oft bei größerer Förderhöhe gezwungen, zur Verringerung der Tourenzahl den äußeren Laufraddurchmesser D_a und damit auch die Spaltfläche zu vergrößern. Es würde sodann der Spaltverlust mit Berücksichtigung

der größer werdenden Spaltfläche um den Betrag $\dfrac{D_a}{D_a'}\sqrt{\dfrac{\eta\, H_n - \dfrac{w_a^2}{2g}}{\eta\, H_n' - \dfrac{w_a'^2}{2g}}}$

zunehmen. Teilt man die zu große Förderhöhe in mehrere Stufen, so wird bei der jetzt kleineren Förderhöhe einerseits der Spaltüberdruck geringer, andererseits kann für gleiche Umlaufzahl der äußere Laufraddurchmesser und damit die Spaltfläche kleiner genommen werden.

Eine weitere bedeutende Verringerung des hydraulischen Nutzeffektes tritt bei größeren Förderhöhen durch schnelle Zunahme der Reibungsverluste auf. Mit der Erhöhung der Relativgeschwindigkeit werden, gleiche Fördermengen vorausgesetzt, die Leit- und Laufradquerschnitte verkleinert. Bezeichnet a die Weite, b die Höhe eines Kanalquerschnittes und v die Geschwindigkeit in demselben, so ist allgemein die Reibungshöhe h, die zur Überwindung der Reibungsverluste auf eine Kanallänge l nötig,

$$ h = \lambda \cdot \frac{(a + b)}{2\,a \cdot b} \cdot \frac{v^2}{2\,g} \cdot l \,. $$

Die Reibungshöhe ist also proportional dem Quadrate der Geschwindigkeit und der Größe $\dfrac{a + b}{2\,a \cdot b}$, welche in den meisten Fällen mit abnehmendem Leit- und Laufradquerschnitt wächst. Um also die Reibungsverluste möglichst gering zu bekommen, müssen die Geschwindigkeiten v möglichst klein und entsprechend die Kanalquerschnitte möglichst groß gewählt werden, was bei größeren Förderhöhen durch Teilung derselben in eine Anzahl Stufen erreicht wird.

Ein anderer Grund zur Begrenzung der Förderhöhe für eine Stufe kann auch der sein, daß bei stark mit Sand zersetztem Wasser durch die großen Wassergeschwindigkeiten eine zu rasche Abnutzung der Kanalwände stattfinden würde.

Was den Nutzeffekt der mehrstufigen Pumpe betrifft, so wird sich derselbe höher einstellen als bei einer einstufigen Pumpe mit gleicher Fördermenge und der Förderhöhe von nur einer Stufe der mehrstufigen Pumpe. Bei der mehrstufigen Pumpe wird die erste Stufe infolge Verluste im Saugrohr (siehe Kapitel 4) den kleinsten Nutzeffekt haben, während derselbe bei den folgenden Stufen, wo an Stelle des Saugrohres ein kleiner Überführungskanal vom Leitapparataustritt der einen bis zum Laufradeintritt der anderen Stufe vorhanden, kleiner sein wird, bis auf die letzte Stufe, wo noch Verluste im Leitradgehäuse hinzukommen. Bei einer einstufigen Pumpe entfallen diese Verluste im Saugrohr und Leitradgehäuse auf eine Stufe, während sich dieselben bei mehrstufigen Pumpen, wenn man den Gesamtnutzeffekt in Betracht zieht, auf die Anzahl der Stufen verteilen und somit, bezogen auf die gesamte Förderhöhe, geringer ausfallen werden. Ähnlich ist es auch mit den mechanischen Verlusten, hervorgerufen durch Stopfbüchsen- und Lagerreibung. Ob ein oder mehrere Stufen, man braucht ein oder zwei Stopfbüchsen und zwei Lager, und werden diese mechanischen

Verluste annähernd dieselben sein, sich aber bei mehrstufigen Pumpen auf die Zahl der Stufen verteilen.

Die Grenze der Förderhöhe für eine Stufe läßt sich nicht ohne weiteres angeben, da dieselbe abhängig ist von der Fördermenge, also auch der Größe der Pumpe. Je größer die Fördermenge, um so größere Förderhöhe wird man für eine Stufe zulassen können.

Die Berechnung der Stufenpumpen gestaltet sich genau so wie die der einstufigen, nur daß jetzt die Bruttoförderhöhe $\eta\,H_n$ durch die Anzahl der Stufen zu dividieren und mit diesem Bruchteil die Berechnung von Leit- und Laufrad durchzuführen ist.

21. Die Zentrifugalpumpe ohne Leitapparat.

Es war bis jetzt immer die Voraussetzung gemacht worden, daß das mit der absoluten Geschwindigkeit w_a aus dem Laufrade austretende Wasser in einen Leitapparat geführt wird, dem die Aufgabe zufiel, zur geregelten Druckumsetzung eine allmähliche Abnahme dieser Geschwindigkeit zu bewirken.

Auf die Bedeutung des Leitapparates ist man erst beim Bau von mehrstufigen Hochdruck-Zentrifugalpumpen aufmerksam geworden, während man früher stets Zentrifugalpumpen ohne Leitapparat ausführte. — Auch heute führt man die Niederdruck-Zentrifugalpumpen bis Förderhöhen von 25 m meist ohne Leitapparat aus. Ausführliche Versuche haben gezeigt, daß bei Förderhöhen bis ca. 15 m bei richtiger Ausbildung des das Laufrad umgebenden Gehäuses mit einem Leitapparat ein wesentlich höherer Nutzeffekt nicht zu erreichen ist, während jedoch bei größeren Förderhöhen mit dem Leitapparat günstigere Resultate erzielt werden.

In Betracht kommen für den Bau von Zentrifugalpumpen ohne Leitapparat fast ausschließlich nur die Niederdruckpumpen, während diese Art der Ausführung bei mehrstufigen Hochdruckpumpen überhaupt nicht am Platze ist.

Die Berechnung der Pumpe ohne Leitapparat wird mit denselben Gleichungen wie früher erfolgen können, nur daß jetzt zur Bestimmung der Umfangsgeschwindigkeit eine kleinere Nutzeffektszahl eingesetzt werden muß. Die Verluste beim Durchtritt des Wassers durch das Laufrad werden, ob die Pumpe ein Leitrad besitzt oder nicht, gleich groß bleiben. Wenn man Fig. 9 betrachtet, so würde bei beiden Ausführungen, also bei einer Pumpe mit oder ohne Leitapparat, die Druckhöhe h_a im Punkte a gleich sein. Größer werden die Verluste auf dem Wege vom Austritt aus dem Laufrad bis zum Austritt aus dem Gehäuse werden, mit anderen Worten: man wird bei einer Pumpe ohne Leitapparat einen kleineren Prozentsatz der Geschwindigkeitshöhe $\dfrac{w_a^2}{2g}$ in Druck umsetzen können als bei einer Pumpe mit Leitapparat.

Trotzdem bei einer Pumpe ohne Leitapparat die Reibungsverluste an den Wänden der Leitschaufeln fortfallen, sind die Stoß- und Wirbelverluste so bedeutend, daß der gesamte Verlust vom Austritt des Laufrades bis zum Austritt aus dem Gehäuse bei solchen Pumpen größer sein muß. Das mit der Geschwindigkeit w_a ausströmende Wasser muß sich erst seinen Weg suchen und es wird die Geschwindigkeitsabnahme, mithin die Druckumsetzung, nicht eine so geregelte sein.

Die Überlegung, daß der Verlust bis am Laufradaustritt, ob die Pumpe einen Leitapparat besitzt oder nicht, gleich groß sein wird, führt dazu, die Druckhöhe h_a möglichst groß, also die Geschwindigkeitshöhe $\dfrac{w_a^2}{2\,g}$ möglichst klein zu machen. Hierbei werden die Verluste nach dem Austritt aus dem Laufrade nicht mehr so ins Gewicht fallen. Andererseits wächst aber mit der Druckhöhe h_a auch der Spaltüberdruck und somit der Spaltverlust.

Bei Niederdruckpumpen mit großen Wassermengen kann man neben dem Winkel β_a auch den Winkel δ_a vergrößern und es ist hierdurch möglich, Umfangsgeschwindigkeiten zu erhalten, bei denen die dem Spaltdruck entgegenarbeitende Druckhöhe des sich bildenden Rotationsparaboloides eine solche Größe erhält, daß der Spaltüberdruck und somit der Spaltverlust aufgehoben wird. Es möge hier auf Kapitel 9 und speziell auf Fig. 22 verwiesen werden. Eine dankbare Aufgabe für eine Versuchsstation wäre es, dies einmal genauer zu untersuchen.

Für den guten Nutzeffekt der Pumpe ohne Leitapparat ist die Form des das Laufrad umgebenden Gehäuses maßgebend und wird hierfür nur die Spiralform in Betracht kommen. Die absolute Geschwindigkeit w_a verläßt unter einem bestimmten Winkel δ_a das Laufrad. Das Spiralgehäuse wird man nun jetzt so konstruieren, daß der Ablenkungswinkel der Begrenzungskurve desselben (in Fig. 43 mit φ bezeichnet) nicht allzusehr von dem Winkel δ_a abweicht, damit die Geschwindigkeit w_a in ihrer Richtung möglichst wenig abgelenkt wird. Vom Laufrad aus erweitert man die Breite des Gehäuses konisch, damit die Abnahme der Geschwindigkeit w_a, mithin die Druckumsetzung, in diesem Teil des Gehäuses erfolgen kann.

II. Kraftbedarf und Wirkungsgrad.

22. Allgemeines über Kraftbedarf und Wirkungsgrad.

Um die Zentrifugalpumpe wirtschaftlich zu machen, war es vor allem nötig, durch geeignete Konstruktion den Wirkungsgrad möglichst zu erhöhen. Unter dem Wirkungsgrad oder Nutzeffekt einer Pumpe, der mit dem Koeffizienten ξ bezeichnet werden soll, versteht man allgemein das Verhältnis der gewonnenen zur eingeleiteten Arbeit.

Die gewonnene Arbeit A_w, auch Wasserarbeit genannt, bestimmt sich, in Pferdestärken ausgedrückt, aus der pro Sekunde gehobenen Wassermenge und der erreichten Förderhöhe aus der Beziehung

$$A_w = \frac{Q \cdot H_n \cdot \gamma}{75} \quad \ldots \ldots \ldots \ldots \text{191.}$$

γ das spezifische Gewicht der Flüssigkeit, Q die Wassermenge in Litern pro Sekunde, H_n die verlangte Förderhöhe in m.

A_e sei die in die Pumpenwelle eingeleitete Arbeit. Der Wirkungsgrad ξ stellt sich dann durch die Beziehung dar

$$\xi = \frac{A_w}{A_e} \, .$$

Die in die Pumpenwelle eingeleitete Arbeit bestimmt sich aus der Gleichung

$$A_e = \frac{Q \cdot H_n \cdot \gamma}{\xi \cdot 75} \quad \ldots \ldots \ldots \ldots \text{192.}$$

Der Wirkungsgrad ist nun abhängig von der Größe der hydraulischen und mechanischen Verluste. Wie die hydraulischen Verluste entstehen, wie man dieselben möglichst niedrig, mithin den hydraulischen Wirkungsgrad möglichst groß machen kann, war im Kapitel 4 zum Teil schon angegeben worden.

Die hydraulischen Verluste setzen sich zusammen aus dem Reibungsverlust und den Verlusten durch Stoß und Wirbelung. Letztere lassen sich auf ein Minimum reduzieren, wenn sich für die vorgeschriebene Tourenzahl die Diagramme, wie sie der Rechnung zugrunde gelegt sind, richtig einstellen, was man am ruhigen Gang der Pumpe erkennen kann.

Läuft die Pumpe mit einer falschen Tourenzahl, so macht sich dies sofort an dem polternden Geräusch im Innern der Pumpe bemerkbar. Bei einer bloßen Berührung des Pumpengehäuses ist dies schon zu erkennen. Stellen sich die Diagramme richtig ein, so hört man im Innern der Pumpe nur ein gleichmäßiges Geräusch des strömenden Wassers.

Für eine verlangte Fördermenge werden sich nur bei einer ganz bestimmten Förderhöhe die Diagramme richtig einstellen, und liegt es in der Geschicklichkeit des Konstrukteurs, diese Zusammengehörigkeit von Fall zu Fall zu erreichen. Hierzu gehört vor allem die gewissenhafte Ausführung der Schaufelung der Pumpe, wie dieselbe noch im folgenden angeführt werden wird. Bis zu seiner Fertigstellung hat das Laufrad so viele Stufen der Bearbeitung durchzumachen, daß, wenn schon auf dem Konstruktionsbureau Fehler unterlaufen, man jegliche Kontrolle über richtige Ausführung des Laufrades verliert. In der Tischlerei und Formerei ist darauf zu achten, daß die angegebenen Eintritts- und Austrittsquerschnitte mit entsprechenden Neigungswinkeln genau eingehalten werden.

Zur Verkleinerung des Spaltwasserverlustes muß man den Spalt zwischen den Schleifrändern auf ein Minimum reduzieren.

Gewissenhafteste Behandlung auf dem Konstruktionsbureau, sauberste Ausführung in der Werkstatt, das sind die Hauptbedingungen für einen guten hydraulischen Nutzeffekt der Zentrifugalpumpe.

Bei der Berechnung einer Pumpe darf streng genommen nur der hydraulische Wirkungsgrad in Rechnung gezogen werden, wie derselbe in Gl. 11 und den folgenden angegeben wurde. Zur Bestimmung der Antriebskraft der Pumpe muß außer dem hydraulischen auch der mechanische Verlust und der Spaltverlust berücksichtigt werden.

Für den Leerlauf der Pumpe ist eine gewisse Arbeit nötig, die einen bestimmten Bruchteil der gesamten Antriebskraft ausmachen wird. Wie bei allen Kraftmaschinen, so wird auch hier, je größer das Aggregat und damit die Antriebskraft, um so kleiner der Prozentsatz der Leerlaufarbeit von der zum Antrieb der Pumpe nötigen Arbeit sein, weswegen der Gesamtnutzeffekt einer Zentrifugalpumpe mit der Größe der Antriebskraft steigen wird.

Die Leerlaufarbeit, somit der mechanische Verlust, kann durch einzelne Umstände sehr vergrößert werden. Die Reibungsarbeit der Wellenlager ist bei guter Schmierung sehr gering, da ja die Belastung durch Welle und Laufrad nicht groß ist. Wird die Pumpe nicht direkt mittels Motors, sondern durch Riemen angetrieben, so wird die Lagerbelastung infolge Riemenzuges erhöht.

Sehr unangenehm kann sich die Stoffbüchsenreibungsarbeit bemerkbar machen. Durch schlechte Konstruktion der Stopfbüchse, durch zu festes oder ungleichmäßiges Anziehen derselben können die mechanischen Verluste bedeutend erhöht werden. Viele Fälle wären anzuführen, in denen die Stopfbüchse Veranlassung zum vollständigen Versagen der Pumpe gab. Bei hohen Drucken wird man gezwungen sein, durch irgendeine geeignete Vorrichtung die Stopfbüchse zu entlasten, indem man auf dieselben nur einen kleinen Teil des Gesamtdruckes wirken läßt.

Eine weitere Reibungsarbeit, die mehr oder minder groß, entsteht durch die Reibung des Drucklagers, das den etwa vorhandenen Axialschub aufnehmen soll. Dieses Lager findet in den verschiedensten Ausführungen als Ringspur-, Vollspur- und Kugelspurlager Verwendung.

Als man mit dem Bau von Hochdruck-Zentrifugalpumpen begann und eine möglichst vollständige Entlastung der Welle vom Axialschub noch nicht genügend vorgesehen wurde, war es hauptsächlich das Drucklager, welches die Betriebssicherheit der Zentrifugalpumpe sehr in Frage stellte. Sollte aber die Zentrifugalpumpe in Bergwerken Verwendung finden, so war die Betriebssicherheit die erste Bedingung. Bei sämtlichen Systemen von Hochdruck-Zentrifugalpumpen versucht man nun, wie noch gezeigt werden wird, durch geeignete Vorrichtung den axialen Schub möglichst gleich Null zu machen und es ist diejenige Pumpe die betriebssicherste zu nennen, wo diese Entlastung am vollkommensten erreicht wird. Bei den hier in Betracht kommenden hohen Tourenzahlen können diese Drucklager, auch wenn dieselben noch so gut gearbeitet sind, allzu hohen Drücken nicht widerstehen.

Im heutigen Zentrifugalpumpenbau hat man bei den verschiedenen Systemen eine fast vollständige axiale Entlastung der Welle erreicht und damit das Drucklager so genügend entlastet, daß dasselbe kaum mehr zu Störungen Veranlassung gibt.

Bei Niederdruckpumpen mit kleinen Förderhöhen wird sich auch der Austrittsverlust aus dem Pumpengehäuse unangenehm bemerkbar machen. Man braucht, um das Wasser von der Pumpe fortzuschaffen, eine bestimmte Geschwindigkeitshöhe $\dfrac{w_d^2}{2g}$, die nach Gl. 8 als ein Bruchteil α des Nettogefälles H_n dargestellt wurde. Bei größeren Förderhöhen hat nun α einen Wert von $0,005 \div 0,01$, bei kleineren Förderhöhen und größeren Wassermengen jedoch eine Größe von $0,06 \div 0,08$. Im letzteren Falle wird man bei Annahme des Koeffizienten η auf α besonders Rücksicht nehmen müssen.

Bei der Angabe des Nutzeffektes einer Zentrifugalpumpe lassen sich die hydraulischen von den mechanischen Verlusten nicht gut trennen und zeigen die später folgenden Nutzeffektkurven den Gesamtwirkungsgrad der Pumpen.

23. Wirkungsgrad bei Änderung der Umlaufszahl.

Es soll jetzt eine Untersuchung darüber angestellt werden, wie sich die hydraulischen und mechanischen Verluste, also auch der Gesamtverlust, bei ein und derselben Pumpe ändern, wenn dieselbe mit verschiedenen Umlaufszahlen läuft. Ein richtiges Einstellen der Diagramme und somit ein stoßfreies Arbeiten wird für jede Umlaufszahl nur bei einer bestimmten Förderhöhe und Fördermenge möglich sein.

Es sei der Einfachheit halber angenommen, daß das Laufrad parallele Kränze habe, und daß die Schaufeln beim Ein- und Austritt in einer Evolvente mit einem gemeinsamem Erzeugungskreise verlaufen, wie Fig. 49 andeutet. Die konstante Schaufelweite werde mit a, die Schaufelstärke mit b bezeichnet, die gesamte Länge des Schaufelkanales mit l.

Es soll zuerst untersucht werden, wie sich die Reibungsverluste, bezogen auf die jeweilige Förderhöhe, ändern werden. Für den Laufradkanal ergibt sich der hydraulische Radius R aus der Beziehung

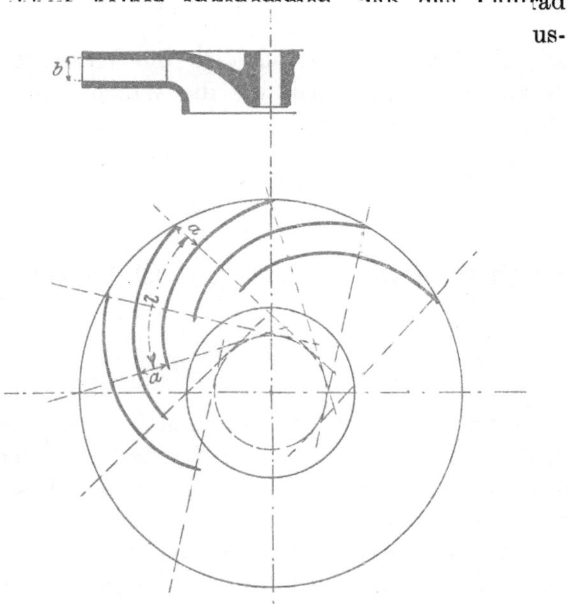

Fig. 49.

$$R = \frac{a \cdot b}{2 \cdot (a + b)}$$

Wird mit v die Geschwindigkeit im Laufradkanal bezeichnet, so hat die Reibungshöhe h, d. i. die durch Reibung beim Durchtritt des Wassers durch den Schaufelkanal nötige Druckhöhe, die Größe

$$h = \lambda \cdot \frac{a + b}{2\,a \cdot b} \cdot \frac{v^2}{2g} \cdot l \quad \ldots \ldots \ldots \quad 194.$$

Die Umlaufszahlen der Pumpe werden nun so gewählt, daß sich die Geschwindigkeiten v in den Grenzen von 10 bis 20 m bewegen.

Weißbach hat die Werte für λ nach Versuchen mit Rohrleitungen mit Kreisquerschnitten bestimmt und es bewegt sich danach dieser Koeffizient λ für Geschwindigkeiten von 10 bis 20 m in den Grenzen 0,174÷0,165. Wenn auch anzunehmen ist, daß λ bei viereckigen Querschnitten, wie solche stets die Lauf- und Leitradkanäle aufweisen, größer ausfallen wird, so wird wahrscheinlich auch hier für Geschwindigkeiten in den angegebenen Grenzen der Wert für λ nicht große Unterschiede aufweisen.

Keinen großen Fehler wird man bei der Annahme machen, daß λ für die hier in Betracht kommenden Geschwindigkeiten gleich groß ist.

Bei gleicher Größe von λ werden sich die Reibungshöhen h für gleiche Kanäle bei verschiedenen Durchflußmengen verhalten wie die Quadrate der Geschwindigkeiten, es wird sein

$$\frac{h_1}{h_2} = \frac{v_1^2}{v_2^2} \quad \ldots \ldots \ldots \ldots 195.$$

Die Fördermengen, sowie auch die Wassergeschwindigkeiten in den Kanälen verhalten sich wie die Wurzeln aus den Förderhöhen, so daß man schreiben kann

$$\frac{v_1}{v_2} = \frac{\sqrt{H_{n_1}}}{\sqrt{H_{n_2}}} \quad \ldots \ldots \ldots \ldots 196.$$

Setzt man diesen Wert für $\dfrac{v_1}{v_2}$ in Gl. 195 ein, so ergibt sich

$$\frac{h_1}{h_2} = \frac{H_{n_1}}{H_{n_2}} \quad \ldots \ldots \ldots \ldots 197.$$

Es werden sich also die Reibungshöhen verhalten wie die Förderhöhen, d. h. in ein und demselben Laufrad wird der Reibungsverlust, in Prozenten der jeweiligen Förderhöhe ausgedrückt, für Förderhöhen in ziemlich weiten Grenzen gleich groß sein.

Es ist wohl leicht einzusehen, daß dies auch zutrifft, wenn der Schaufelkanal eine andere als die in Fig. 49 dargestellte Form hat. Wie im Laufrade, so werden sich auch die Reibungsverluste im Leitrad bei verschiedenen Förderhöhen verhalten.

Weitere Verluste treten im Lauf- und Leitrad noch dadurch auf, daß das Wasser beim Ein- und Austritt infolge Einflusses der Schaufelstärke durch ziemlich plötzliche Geschwindigkeitszu- bzw. -abnahme Stößen ausgesetzt ist.

Nach Versuchen von Weißbach und Fliegner an Röhren mit plötzlichen und allmählichen Erweiterungen ergab sich, daß die durch den Stoß verbrauchten Widerstandshöhen annähernd proportional dem Quadrate der Geschwindigkeiten sind. Dasselbe wird auch bei den Lauf- und Leitradkanälen zutreffen, wenn der Wassereintritt oder -austritt in Richtung der Schaufeln erfolgen kann, was bei stoßfreiem Arbeiten der Pumpe der Fall ist.

Es werden also auch die Stoßverluste beim Austritt oder Eintritt des Laufrades, in Prozenten der Förderhöhe ausgedrückt, für alle Förderhöhen gleich groß sein.

Die Geschwindigkeitshöhe $\dfrac{w_d^2}{2\,g}$, die nötig ist, um das Wasser von der Pumpe fortzuschaffen, war in Gl. 8 durch die Beziehung dargestellt

$$\frac{w_d^2}{2\,g} = \alpha\,H_n \quad\ldots\ldots\ldots\ldots \text{(8.)}$$

Die Geschwindigkeiten w_d beim Austritt aus dem Pumpengehäuse werden sich, bei Änderung der Fördermenge, da der durchflossene Querschnitt derselbe bleibt, verhalten wie die Wurzeln aus den Förderhöhen. Es wird demnach der Koeffizient α für alle Förderhöhen gleiche Größe haben.

Faßt man das Resultat der Untersuchung zusammen, so ergibt sich, daß die Reibungs-, Stoß- und Austrittsverluste, in Prozenten der jeweiligen Förderhöhe ausgedrückt, unabhängig von derselben sind. **Der hydraulische Nutzeffekt wird bei einer Zentrifugalpumpe innerhalb weiter Grenzen der Förderhöhe annähernd konstant bleiben, wenn die Pumpe mit einer der jeweiligen Förderhöhe entsprechenden richtigen Tourenzahl läuft, so daß die Diagramme ohne Stoß sich einstellen können.**

Es soll jetzt noch untersucht werden, wie sich unter gleichen Verhältnissen die Antriebskräfte zur Überwindung der mechanischen Verluste einstellen werden.

Die gesamte zum Antrieb der Pumpe nötige Arbeitskraft N_a setzt sich zusammen aus der Antriebskraft zur Überwindung der Wasserarbeit N_w, der hydraulischen Reibungsarbeit N_h und der mechanischen Reibungsarbeit N_m, so daß

$$N_a = N_w + N_h + N_m \quad\ldots\ldots\ldots \text{198.}$$

ist. Es werde nun gesetzt

$$N_h = \varphi \cdot N_w \quad\ldots\ldots\ldots \text{199.}$$

und

$$N_m = \psi \cdot N_w \quad\ldots\ldots\ldots \text{200.}$$

Aus der vorhergehenden Betrachtung folgt, daß der jeweilige Bruchteil für die hydraulische Reibungsarbeit von der Wasserarbeit unabhängig von der Förderhöhe, mithin der Koeffizient φ konstant ist.

Für den Koeffizienten ψ liegen die Verhältnisse nun anders. Nimmt man an, daß die Lager- und Zapfenbelastung usw. für die verschiedenen Förderhöhen gleich groß ist, so werden die Antriebskräfte zur Überwindung der jeweiligen Reibungsarbeit sich verhalten wie die Umfangsgeschwindigkeiten oder Umlaufszahlen.

Es wird sein

$$\frac{N_{m_1}}{N_{m_2}} = \frac{\psi_1 \cdot N_{w_1}}{\psi_2 \cdot N_{w_2}} = \frac{n_1}{n_2} \quad\ldots\ldots\ldots \text{201.}$$

Die Wasserarbeiten verhalten sich nun wie die Wurzeln aus der dritten Potenz der Förderhöhen und die Tourenzahl wie die Wurzeln aus den Förderhöhen, mithin

$$\frac{N_{w_1}}{N_{w_2}} = \frac{\sqrt[2]{H_{n_1}^3}}{\sqrt[3]{H_{n_2}^3}} \quad \ldots \ldots \; 202\,\text{a.} \quad \text{und} \quad \frac{n_1}{n_2} = \frac{\sqrt{H_{n_1}}}{\sqrt{H_{n_2}}} \quad \ldots \ldots \; 202\,\text{b.}$$

Berücksichtigt man dies in Gl. 201, so erhält man

$$\frac{\psi_1}{\psi_2} = \frac{H_{n_2}}{H_{n_1}} \quad \ldots \ldots \ldots \ldots \; 203.$$

Die Bruchteile für mechanische Reibungsarbeit von der jeweiligen Wasserarbeit verhalten sich also umgekehrt wie die zugehörigen Förderhöhen. Je größer die Förderhöhe, mithin auch die Antriebskraft, um so kleiner wird der Koeffizient ψ.

Während die Größe der Reibungs- und Stoßverluste, bezogen auf die Förderhöhe, unabhängig von derselben war, wird der mechanische Verlust mit zunehmender Förderhöhe, auf dieselbe bezogen, abnehmen, was an einem Rechenbeispiel jetzt näher gezeigt werden soll.

Gegeben sei eine vierstufige Hochdruck-Zentrifugalpumpe, die bei einer Antriebskraft von $N_{a_1} = 100$ PS, 0,0563 cbm pro Sekunde auf $H_n = 100$ m fördert.

Die Wasserarbeit N_{w_1} beträgt 75 PS.

Es soll angenommen werden, daß durch Versuche sich herausgestellt habe, daß der Wirkungsgrad $\xi = \dfrac{N_{w_1}}{N_{a_1}} = 0,75$ und die Antriebskraft zur Überwindung der mechanischen Reibungsarbeit $N_{m_1} = 5$ PS betrage. Wie groß wird sich jetzt der Nutzeffekt einstellen, wenn dieselbe Pumpe nur auf $H_{n_2} = 50$ m fördert?

Bei $H_{n_1} = 100$ m und $N_{a_1} = 100$ PS betrug die Antriebskraft zur Überwindung der hydraulischen Verluste $N_{h_1} = 20$ PS, mithin der Koeffizient $\varphi_1 = \dfrac{N_{h_1}}{N_{w_1}} = 0,2665$, ferner die Antriebskraft für die mechanische Reibungsarbeit $N_{m_1} = 5$ PS, also $\psi_1 = \dfrac{N_{m_1}}{N_{w_1}} = 0,0666$.

Die Wasserarbeit N_{w_2} vermittelt sich aus der Beziehung (Gl. 202a)

$$N_{w_2} = N_{w_1} \cdot \sqrt{\frac{H_{n_2}^3}{H_{n_1}^3}} \quad \text{zu} \quad N_{w_2} = 26,5 \text{ PS},$$

$$\varphi_1 = \varphi_2 \qquad \psi_2 = \psi_1 \cdot \frac{H_{n_1}}{H_{n_2}} = 0,0666 \cdot \frac{100}{50} = 0,1332,$$

demnach

$$N_{h_2} = \varphi_1 \cdot N_{w_2} = 0,2665 \cdot 26,5 = 7,07 \text{ PS}$$

und

$$N_{m_2} = \psi_2 \cdot N_{w_2} = 0,1332 \cdot 26,5 = 3,53 \text{ PS},$$

mithin die Gesamtantriebskraft

$$N_{a_2} = N_{w_2} + N_{h_2} + N_{m_2} = 37{,}01 \text{ PS},$$

also

$$\xi_2 = \frac{N_{w_2}}{N_{a_2}} = 0{,}713.$$

Infolge des im Verhältnis zur Wasserarbeit größer auftretenden mechanischen Verlustes wird also für dieselbe Pumpe, wenn sie nur auf 50 m Druckhöhe arbeitet, der Nutzeffekt auf 71,3% heruntergehen.

24. Verminderung der Reibungshöhe im Laufrad durch Verringerung der Schaufelzahl.

Wie aus der Hydraulik bekannt, ist die Reibungshöhe abhängig von der Größe des Durchflußquerschnittes und der berührten Fläche. Man wird also versuchen, die Querschnitte der Kanäle von Leit- und Laufrad möglichst groß, ferner die Schaufelweite a möglichst gleich der Schaufelweite b zu machen. Letzteres bei der Überlegung, daß von allen Rechtecken mit gleichen Querschnitten das Quadrat den kleinsten Umfang hat.

Soweit es mit einer guten Wasserführung vereinbar ist, wird man, um Kanäle mit recht großem Querschnitt zu bekommen, eine möglichst kleine Schaufelzahl im Lauf- und Leitrad wählen. Häufig sieht man Schaufelräder mit unnütz vielen Schaufeln, deren Zahl leicht um die Hälfte verringert werden könnte.

Es sei wieder ein Laufrad, wie Fig. 49 darstellt, angenommen. Die Schaufelzahl sei einmal z und hierfür die Schaufelweite gleich a, es sei aber auch möglich, bei noch guter Wasserführung die Schaufelzahl auf $\dfrac{z}{2}$ zu vermindern, so daß für gleiche Laufradwinkel die Eintrittsweite gleich $2\,a$ wird, während die Schaufelhöhe b dieselbe bleiben soll. h_z sei die Reibungshöhe bei z, $h_{\frac{z}{2}}$ bei $\dfrac{z}{2}$ Schaufeln pro Schaufelkanal. Es wird dann, da v konstant bleiben soll, bei gleicher Größe von λ, die Beziehung bestehen (siehe Gl. 194)

$$\frac{h_z}{h_{\frac{z}{2}}} = \frac{2 \cdot (a + b)}{2\,a + b} \, .$$

Nimmt man z. B. an, daß die Schaufelweite a bei z Schaufeln 15 mm, bei $\dfrac{z}{2}$ Schaufeln also 30 mm, die der Laufradhöhe b in beiden Fällen 40 mm beträgt, so wird $h_z = 1{,}43 \, \dfrac{h_z}{2}$, somit würde also die

Reibungshöhe pro Schaufelkanal bei Annahme von z Schaufeln 1,43 mal so groß werden, als bei $\dfrac{z}{2}$ Schaufeln.

Die Reibungshöhe bezog sich auf einen Schaufelkanal, da aber die Anzahl der Schaufelkanäle für das erste Laufrad doppelt so groß, so wird die gesamte Reibungshöhe 2,86 mal so groß sein.

Mit der Verringerung der Schaufelzahl wird auch die durch den Schaufelstoß auftretende Reibungshöhe verkleinert. Die Widerstandshöhe h_S durch plötzliche Querschnittserweiterung oder Verengung kann durch die Beziehung dargestellt werden

$$h_S = \frac{\xi\,(v - v')^2}{2\,g} \qquad \dots \dots \dots \dots \ 204.$$

oder wenn man $v' = v \cdot \dfrac{a}{a + s}$ setzt (s sei die Schaufelstärke)

$$h_S = \xi\,v^2 \cdot \left(1 - \frac{a}{a + s}\right)^2,$$

so daß also, wenn der Koeffizient ξ gleich groß angenommen wird,

$$\frac{h_{S_1}}{h_{S_2}} = \frac{\left(1 - \dfrac{a_1}{a_1 + s}\right)^2}{\left(1 - \dfrac{a_2}{a_2 + s}\right)^2} \qquad \dots \dots \dots \dots \ 205.$$

ist. Geht man wieder auf das oben angeführte Beispiel zurück und nimmt die Schaufelstärke s für beide Laufräder mit 4 mm an, so erhält man

$$h_{S_z} = 3{,}06\,h_{S_{\frac{z}{2}}} .$$

Diese Reibungshöhe bezog sich auf einen Schaufelkanal, so daß also die gesamte Widerstandshöhe infolge Schaufelstoßes 6,12 mal so groß bei dem Laufrade mit z Schaufeln als bei dem Laufrade mit $\dfrac{z}{2}$ Schaufeln wird.

Das angeführte Beispiel zeigt deutlich, welchen Gewinn an Reibungshöhe und somit an Nutzeffekt man mit Verkleinerung der Schaufelzahl erzielen kann. Man wird für Laufrad und Leitrad nur so viel Schaufeln nehmen, als für eine gute Wasserführung unbedingt nötig ist.

25. Erhöhung des hydraulischen Wirkungsgrades bei der Annahme $\delta_e = \beta_e$ und Anordnung eines Leitapparates vor dem Laufradeintritt.

Noch durch ein anderes Mittel läßt sich der Reibungsverlust verringern und es ist angebracht, sich desselben zu bedienen, wenn man eine Zentrifugalpumpe mit höchstem Nutzeffekt ausführen will.

Im Kapitel 14 war schon angeführt worden, wie man durch Verkleinerung des Winkels δ_e die relative Eintrittsgeschwindigkeit herabmindern kann. In Fig. 33 ist diese Abnahme von v_e mit dem Winkel δ_e deutlich zu erkennen. Es waren hier über den einzelnen Winkeln δ_e als Ordinaten die zugehörigen Geschwindigkeiten aufgetragen worden. Um den Weg des Wassers im Saugrohr zu verkürzen, mußte bei der Annahme $\delta_e \gtrless 90°$ vor dem Eintritt in das Laufrad ein Leitapparat angeordnet werden, welcher zwei Aufgaben zu erfüllen hatte. Er sollte erstens das Wasser im Saugrohr in axialer Richtung führen, zweitens der absoluten Eintrittsgeschwindigkeit vor dem Laufradeintritt Größe und Richtung geben.

Bei $\delta_e = 90°$ fiel dieser Leitapparat fort, da hier der senkrechte Eintritt des Wassers in das Laufrad von selbst eine axiale Führung des Wassers im Saugrohr bewirkt.

Durch Anordnung eines Leitapparates vor dem Laufradeintritt wird zwar die Konstruktion der Pumpe etwas kostspieliger, man gewinnt jedoch bei größeren Geschwindigkeiten, wie dieselben bei Hochdruck-Zentrifugalpumpen auftreten, einen nicht unbedeutenden Betrag an Reibungshöhe, was im folgenden gezeigt werden soll.

Mit Änderung des Winkels δ_e wird auch die Umfangsgeschwindigkeit beeinflußt werden, jedoch soll bei der folgenden Betrachtung der Einfachheit halber dieselbe konstant angenommen werden.

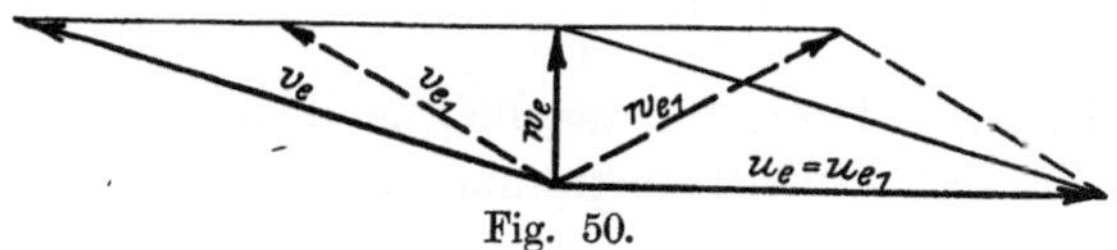

Fig. 50.

Fig. 50 zeigt stark ausgezogen das Eintrittsdiagramm für $\delta_e = 90°$, punktiert dasselbe für den Fall $\beta_e = \delta_e$, wobei ja $v_e = w_e$ wird. Die Geschwindigkeitsgrößen für $\delta_e = 90°$ sind u_e, w_e, v_e für $\delta_e = \beta_e$, u_{e_1}, w_{e_1}, v_{e_1}. Es soll nun untersucht werden, in welchem Verhältnis die Reibungshöhen zueinander stehen.

Die Eintrittshöhe b_e sei für beide Fälle gleich groß, so daß die Eintrittsweiten, die mit a_e und entsprechend mit a_{e_1} bezeichnet sind, im umgekehrten Verhältnis stehen, wie die Relativgeschwindigkeiten, es ist also

$$\frac{a_{e_1}}{a_e} = \frac{v_e}{v_{e_1}} \quad \ldots \ldots \ldots \ldots \quad 206.$$

Für $\delta_e = 90°$ hat die Reibungshöhe nach Gl. 194 die Größe

$$h_e = \lambda \cdot \frac{a_e + b_e}{2\,a_e \cdot b_e} \cdot \frac{v_e^2}{2\,g} \cdot l \quad \ldots \ldots \ldots \quad (194).$$

Beim Vorhandensein eines Leitapparates wird bei der Annahme $\delta_e = \beta_e$ das Wasser zwei Kanäle mit der Geschwindigkeit $v_{e_1} = w_{e_1}$ zu durchlaufen haben. Die Reibungshöhe in jedem Kanal sei h_{e_1}, die sich durch die Beziehung darstellt

$$h_{e_1} = \lambda \cdot \frac{a_{e_1} + b_e}{2\,a_{e_1} \cdot b_e} \cdot \frac{v_{e_1}^2}{2\,g} \cdot l \quad\ldots\ldots\ldots \text{207.}$$

Bei der Annahme, daß die Kanallänge l und der Koeffizient λ gleich groß, ergibt sich durch Division der Gl. 194 und 207

$$\frac{h_e}{h_{e_1}} = \frac{a_e + b_e}{a_{e_1} + b_e} \cdot \frac{a_{e_1}}{a_e} \cdot \frac{v_e^2}{v_{e_1}^2} \quad\ldots\ldots\ldots \text{208.}$$

Die Reibungshöhe h_{e_1} tritt nun zweimal auf, erstens im Leitapparat beim Austritt, zweitens im Laufrad beim Eintritt. Außerdem geht noch eine kleinere Reibungshöhe verloren beim Durchtritt des Wassers durch den anderen Teil des Leitapparates. Da hier die Querschnitte größer, mithin die Geschwindigkeiten kleiner sind, soll angenommen werden, daß diese Reibungshöhe $0{,}5\,h_{e_1}$ beträgt, so daß die Summe sämtlicher Reibungshöhen $2{,}5\,h_{e_1}$ ist. Berücksichtigt man dies und setzt ferner nach Gl. 206 $\dfrac{a_{e_1}}{a_e} = \dfrac{v_e}{v_{e_1}}$ und $a_{e_1} = a_e \cdot \dfrac{v_e}{v_{e_1}}$, so erhält Gl. 208 die Form

$$\frac{h_e}{2{,}5\,h_{e_1}} = \frac{a_e + b_e}{2{,}5\left(a_e \cdot \dfrac{v_e}{v_{e_1}} + b_e\right)} \cdot \frac{v_e^3}{v_{e_1}^3} \quad\ldots\ldots \text{209.}$$

Für ein im Kapitel 31 angeführtes Beispiel I waren für $\beta_e = \delta_e$ folgende Größen für das Eintrittsdiagramm und den Laufradeintritt gefunden worden

$$w_e = v_e = 8{,}52 \text{ m}, \quad a_e = 19 \text{ mm}, \quad s_e = 4 \text{ mm}, \quad b_e = 21{,}8 \text{ mm}.$$

Bei der Annahme $\delta_e = 90°$ ergaben sich folgende Werte

$$w_e = 3{,}86 \text{ m}, \quad v_e = 16{,}1 \text{ m}, \quad a_e = 10 \text{ mm}, \quad s_e = 4 \text{ mm}, \quad b_e = 21{,}8 \text{ mm}.$$

Diese Werte in Gl. 209 eingesetzt, so erhält man

$$\frac{h_e}{2{,}5\,h_1} = 2{,}1 \,.$$

Es wird also die Reibungshöhe hervorgerufen durch auftretende Reibungsverluste $2{,}1$ mal so groß sein für die Annahme $\delta_e = 90°$ als bei der Ausführung $\beta_e = \delta_e$.

Auch die Widerstandshöhen infolge von Stoßverlusten, die durch die Geschwindigkeitszunahme oder Abnahme beim Eintritt oder Austritt durch Einfluß der Schaufelstärken auftreten, werden, trotzdem dieselben bei Anordnung des Leitapparates dreimal vorkommen, wesentlich verringert.

Die durch diesen Stoß auftretende Widerstandshöhe werde dargestellt durch die Beziehung

$$h_S = k \cdot \frac{(v_e - v_e')^2}{2\,g} \quad \ldots \ldots \ldots \text{210.}$$

und zwar sei hierin $v_e' = v_e \cdot \dfrac{a_e}{a_e + s_e}$, so daß man auch schreiben kann

$$h_S = k \cdot \frac{v_e^2 \cdot \left(1 - \dfrac{a_e}{a_e + s_e}\right)^2}{2\,g} \quad \ldots \ldots \ldots \text{211.}$$

und entsprechend für den Fall $\delta_e = \beta_e$

$$h_{S_1} = k_1 \cdot \frac{v_{e_1}^2 \cdot \left(1 - \dfrac{a_{e_1}}{a_{e_1} + s_e}\right)^2}{2\,g} \quad \ldots \ldots \ldots \text{212.}$$

Es ist demnach, wenn $k = k_1$ gesetzt wird,

$$\frac{h_S}{h_{S_1}} = \frac{v_e^2}{v_{e_1}^2} \cdot \frac{\left(1 - \dfrac{a_e}{a_e + s_e}\right)^2}{\left(1 - \dfrac{a_{e_1}}{a_{e_1} + s_e}\right)^2} \quad \ldots \ldots \ldots \text{213.}$$

Es soll wieder das vorhin angeführte Beispiel in Betracht gezogen werden. Setzt man die angeführten Werte in Gl. 213 ein, so ergibt sich

$$\frac{h_S}{h_{S_1}} = 9{,}56 \; .$$

Durch die Anordnung des Leitapparates wird am Austritt aus demselben eine gleiche Widerstandshöhe wie beim Laufradeintritt sich einstellen, ferner am Leitapparateintritt eine zweite kleinere Höhe, da hier die Querschnitte größer und demnach die Geschwindigkeiten entsprechend kleiner sind. Nimmt man wieder an, daß diese Widerstandshöhe 0,5 derjenigen am Austritt aus dem Leitapparat betragen wird, so ist $\dfrac{h_S}{2{,}5\,h_{S_1}} = 3{,}82$. Es wird demnach die Widerstandshöhe, hervorgerufen durch sämtliche Stoßverluste für die Ausführung $\delta_e = \beta_e$ mit Leitapparat 3,82 mal kleiner werden als für den Fall $\delta_e = 90°$, wo nur die Widerstandshöhe sich auf den einen Stoßverlust beim Eintritt in das Laufrad bezog.

Hiermit ist wohl genügend Beweis geführt, daß durch Anordnung $\delta_e < 90°$, speziell für den Fall $\delta_e = \beta_e$, trotz Vorhandenseins des Leitapparates die Reibungs- und Stoßverluste am Eintritt in das Laufrad um einen ziemlichen Betrag verringert werden können, und daß es sich trotz der Mehrarbeit lohnen wird, hauptsächlich bei Hochdruck-Zentrifugalpumpen einen Leitapparat vor dem Laufradeintritt anzuordnen, wenn man einen höchsten hydraulischen Nutzeffekt erreichen will.

Ähnlich wie bei dem Laufradeintritt liegen die Verhältnisse beim Eintritt in den Leitapparat, man wird hier versuchen, die Summe der Quadrate $w_a^2 + v_a^2$ möglichst klein zu machen.

26. Vergleich der Größe der Reibungshöhen bei einer Zentrifugalpumpe mit einem Laufradwinkel von $\beta_a = 135°$, $\beta_a = 90°$, $\beta_a = 45°$ und Einfluß der Schaufelkrümmung auf den Wirkungsgrad.

Die Reibungsverluste beim Durchtritt des Wassers durch Lauf- und Leitrad sind, wie schon im Kapitel 4 angegeben, auch abhängig von der Schaufelform und der Ausbildung des Schaufelgefäßes. Bei praktischen Versuchen hat sich herausgestellt, daß den besten Nutzeffekt die nach vorwärts gekrümmte Schaufel mit $\beta_a > 90°$ gibt. Den schlechtesten Effekt hatte die stark zurückgekrümmte Schaufel mit $\beta_a < 90°$. Auch die Schaufel mit $\beta_a = 90°$ bleibt hinsichtlich des Nutzeffektes gegen die Schaufel mit $\beta_a > 90°$ zurück. So werden denn heute im Zentrifugalpumpenbau fast ausschließlich die nach vorn gekrümmten Schaufeln ausgeführt, also der Winkel $\beta_a > 90°$ genommen.

Es wurde versucht, dieses Verhalten der verschiedenen Typen der Schaufelformen zum Nutzeffekt einmal näher zu untersuchen. Natürlich wird es nicht möglich sein, die Größe der Reibungshöhen beim Durchtritt durch die Kanäle für die einzelnen Laufräder zu bestimmen, da hierzu die Koeffizienten fehlen, welche sich nur durch Versuche ermitteln lassen. Man kann jedoch das Verhältnis der einzelnen Reibungshöhen nach einer Gleichung ähnlich der Gl. 208 bestimmen, wenn man die Reibungskoeffizienten und die Kanallängen gleich groß annimmt. Die hier in Betracht kommenden Geschwindigkeiten bewegen sich in solchen Grenzen, daß mit dieser Annahme kein nennenswerter Fehler gemacht wird.

Fig. 51, 52, 53 zeigen drei Laufräder mit Leiträdern für folgende Laufradwinkel

$$\text{I} \quad \beta_a = 135°$$

$$\text{II} \quad \beta_a = 90°$$

$$\text{III} \quad \beta_a = 45°.$$

Es wurde die schon früher angegebene Annahme gemacht:

$$D_a = 0{,}4 \text{ m}, \quad D_e = 0{,}2 \text{ m}, \quad v_r = 2{,}0 \text{ m}, \quad w_r = 3{,}0 \text{ m},$$

$$\sqrt{\eta\, g\, H_n} = 10,$$

ferner wurde der Fall angenommen $\beta_e = \delta_e$.

Für den Fall $\beta_e = \delta_e$ ermitteln sich die Umfangsgeschwindigkeiten aus der Gl. 136. Die anderen Geschwindigkeitsgrößen und Schaufelweiten wurden teils analytisch, teils graphisch ermittelt. Wie das am zweckmäßigsten auszuführen ist, soll noch in einem späteren Kapitel gezeigt werden. In den nachstehenden Tabellen 1 und 2 (S. 90) wurden die für die drei Lauf- und Leiträder ermittelten Werte zusammengestellt.

Die Laufräder I und II, also $\beta_a = 135°$ und $\beta_a = 90°$ haben zehn Schaufeln. Bei Laufrad III mit $\beta_a = 45°$ mußten 14 Schaufeln genommen werden, weil bei einer kleineren Schaufelzahl kein Anschluß für die Eintritts- mit der Austrittsevolvente zu erreichen war. Dieses Laufrad konnte auch nicht mit Schaufeln gleicher Wandstärke ausgeführt werden, weil man hierbei zu starke Schaufelkrümmungen und damit ein vollständig unbrauchbares Schaufelgefäß bekommen hätte. Alle drei Leiträder haben 9 Leitschaufeln.

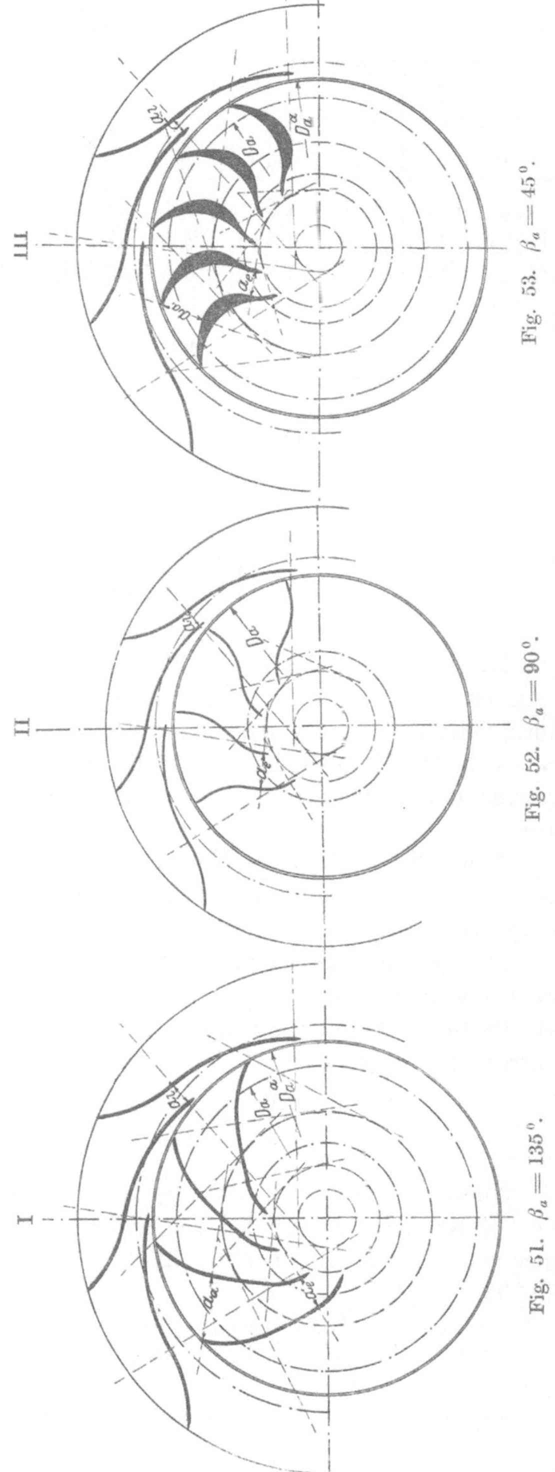

Tabelle 1.

Laufrad	Eintritt				Austritt			
	v_e' m	v_e m	a_e mm	b_e mm	v_a' m	v_a m	a_a mm	b_a mm
I $\beta_a = 135°$	4,26	4,68	40,3	33,3	2,86	2,99	85	25
II $\beta_a = 90°$	4,03	4,43	42,7	33,3	2,00	2,07	124	25
III $\beta_a = 45°$	3,84	4,32	31	33,3	2,86	3,05	59,5	25

Tabelle 2.

Leitrad	Eintritt			
	w_a' m	w_l m	a_l mm	b_l mm
I $\beta_a = 135°$	10,46	11,75	23,8	25
II $\beta_a = 90°$	10,91	12,95	21,6	25
III $\beta_a = 45°$	11,75	14,1	19,9	25

Mit $h_{e\mathrm{I}}$, $h_{e\mathrm{II}}$, $h_{e\mathrm{III}}$ sind die Widerstandshöhen, bedingt durch Reibungsverluste, mit $\lambda_{e\mathrm{I}}$, $\lambda_{e\mathrm{II}}$, $\lambda_{e\mathrm{III}}$ die Widerstandshöhen, hervorgerufen durch Stoßverluste für den Laufradeintritt, entsprechend den Laufrädern I, II, III bezeichnet. Für die Widerstandshöhen am Laufradaustritt und Leitradeintritt setze man statt des Index e den Index a bzw. l.

Sämtliche Widerstandshöhen des Laufrades I mögen die Größe 1,0 haben und sollen dieselben mit entsprechenden Widerstandshöhen der anderen Laufräder zum Vergleich gebracht werden.

Zur Bestimmung der durch Reibungsverluste auftretenden Widerstandshöhen benutzt man am einfachsten eine Gleichung ähnlich der Gl. 208 bzw. 209, die nach Umänderung der Indices für den Laufradeintritt jetzt lautet

$$\frac{h_{e\mathrm{II}}}{h_{e\mathrm{I}}} = \frac{(a_{e\mathrm{II}} + b_e)}{(a_{e\mathrm{I}} + b_e)} \cdot \frac{v_{e\mathrm{II}}^3}{v_{e\mathrm{I}}^3} \quad \ldots \ldots \ldots \quad 214.$$

Nicht zu verwenden ist diese Gleichung für Laufrad III, weil hier 14 Kanäle, während bei den anderen Laufrädern nur 10 Kanäle angenommen wurden. Hierfür lautet die Beziehung nach Art der Gl. 208

$$\frac{h_{e\mathrm{III}}}{h_{e\mathrm{I}}} = \frac{(a_{e\mathrm{III}} + b_e)}{(a_{e\mathrm{I}} + b_e)} \cdot \frac{a_{e\mathrm{I}}}{a_{e\mathrm{III}}} \cdot \frac{v_{e\mathrm{III}}^2}{v_{e\mathrm{I}}^2} \cdot \frac{14}{10} \quad \ldots \ldots \quad 215.$$

Das Verhältnis der Widerstandshöhe durch Stoß bestimmt sich für den Laufradeintritt, wenn der Koeffizient k gleich groß angenommen wird aus der Beziehung (siehe Gl. 210)

$$\frac{\lambda_{e_{II}}}{\lambda_{e_I}} = \frac{(v_{e_{II}} - v'_{e_{II}})^2}{(v_{e_I} - v'_{e_I})^2} \quad\ldots\ldots\ldots\quad 216.$$

Beim Laufrad III ist die rechte Seite dieser Gleichung wieder mit dem Verhältnis der Schaufelzahl, also mit $\frac{14}{10}$ zu multiplizieren.

Genau nach denselben Gleichungen, nur mit entsprechenden Indices, ermitteln sich auch die Verhältnisse der Widerstandshöhen für den Laufradaustritt und Laufradeintritt.

Auch der Spaltverlust wird für die drei Laufräder nicht gleich sein, da durch Änderung der absoluten Austrittsgeschwindigkeit der jeweilige Spaltüberdruck $\eta\, H_n - \dfrac{w_a^2}{2\,g}$ verschieden groß ist.

Es wurde auch hier wieder die Größe des Spaltverlustes q_{sp} für Laufrad I mit 1,0 bezeichnet und untersucht, in welchem Verhältnis zu demselben die Spaltverluste vom Laufrad II und III stehen.

Gleiche Reibungskoeffizienten vorausgesetzt, wird die Beziehung bestehen

$$\frac{q_{sp_{II}}}{q_{sp_I}} = \sqrt{\frac{\eta\, H_n - \dfrac{w_{a_{II}}^2}{2\,g}}{\eta\, H_n - \dfrac{w_{a_I}^2}{2\,g}}} \quad\ldots\ldots\quad 217.$$

und ähnlich das Verhältnis $\dfrac{q_{sp_{III}}}{q_{sp_I}}$.

In der untenstehenden Tabelle sind die für die verschiedenen Verhältnisse ermittelten Werte zusammengestellt.

	Laufradeintritt		Laufradaustritt		Leitradeintritt		Spalt- verlust
	Reibg.	Stoß	Reibg.	Stoß	Reibg.	Stoß	
I $\beta_a = 135°$	1,00	1,00	1,00	1,00	1,00	1,00	1,00
II $\beta_a = 90°$	0,86	0,7	0,34	0,29	1,26	1,21	0,79
III $\beta_a = 45°$	1,25	2,37	1,61	2,93	1,57	1,42	0,70

Nach dieser Tabelle würde z. B. die Widerstandshöhe durch Reibungsverluste am Leitapparateintritt bei Leitrad III 1,57 mal größer sein als bei Leitrad I. Die Widerstandshöhen fallen bei Laufrad III $\beta_a = 45°$ an jeder Stelle bedeutend größer aus als bei Laufrad I, nur wird hier der Spaltverlust geringer, der aber die anderen größer auftretenden Verluste nicht aufwiegen wird. Der Gesamtnutzeffekt bei der zurückgekrümmten Schaufel wird demnach auf jeden Fall geringer ausfallen als bei der nach vorwärts gekrümmten und der radial gerichteten Schaufel.

Bei dem Laufrad II $\beta_a = 90°$ sind die Widerstandshöhen am Laufradeintritt und -austritt kleiner, beim Laufradeintritt jedoch größer als beim Laufrad I, während der Spaltverlust geringer ausfällt. In Betracht muß jedoch gezogen werden, daß die Widerstandshöhe beim Eintritt in den Leitapparat den größten Prozentsatz der Gesamtwiderstandshöhe ausmachen wird, da hier die größten Geschwindigkeiten auftreten. Kleiner wird die Widerstandshöhe am Laufradeintritt und am kleinsten am Laufradaustritt sein. Man kann wohl mit Recht annehmen, daß der Gewinn an Reibungshöhe am Laufradein- und -austritt dem größeren Verlust an Reibungshöhe am Leitradeintritt nahezu gleichkommt, so daß bei der radial gerichteten Schaufel gegenüber der nach vorn gekrümmten Schaufel noch ein Gewinn an Nutzeffekt, soweit man die bis jetzt stattgefundene Untersuchung in Betracht zieht, nur durch kleineren Spaltverlust auftritt.

Außer den bis jetzt angegebenen Faktoren, wie Reibungs- und Stoßverluste, muß bei der Beurteilung des hydraulischen Nutzeffektes der drei angegebenen Laufräder noch die Form der Schaufelkanäle berücksichtigt werden.

Bei der Formgebung des Schaufelkanals ist darauf zu achten, daß der Übergang der relativen Eintrittsgeschwindigkeit zur relativen Austrittsgeschwindigkeit allmählich erfolgt, wenn möglich nach einer geraden Linie, ferner daß die Schaufelkrümmung möglichst große Radien erhält.

Diese Bedingung erfüllt am besten ein Schaufelkanal mit nach vorn gekrümmter Schaufel, also Laufrad I. Hier ist es ohne große Schwierigkeiten möglich, die Schaufeln mit größten Krümmungsradien auszuführen, ferner den Schaufelkanal so auszubilden, daß der Übergang von v_e auf v_a mithin die Querschnittsänderung der Laufradkanäle möglichst geradlinig erfolgt. Wie sich der Konstrukteur überzeugen wird, ist dies bei der radialen Schaufel, also Laufrad II, nicht gut möglich. In dem ersten Teil des Schaufelkanales wird die Querschnittserweiterung schneller erfolgen, als im letzten Teil zum Laufradaustritt hin, so kommt es, daß die Geschwindigkeitsabnahme bei der radialen Schaufel nach ähnlicher Kurve erfolgt, wie dieselbe in Fig. 54 punktiert angegeben ist. Die stark ausgezogene Linie zeigt die ideale Abnahme der Geschwindigkeit, wie dieselbe bei der nach vorwärts gekrümmten Schaufel zu erreichen ist, in welchem Falle die Druckumsetzung der Geschwindigkeit stoßloser erfolgen wird.

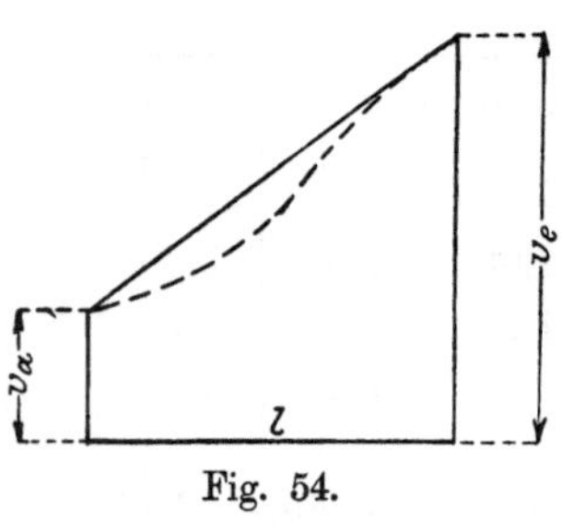

Fig. 54.

Wesentlich kann auch noch eine scharfe Schaufelkrümmung den Nutzeffekt beeinflussen, was im folgenden kurz gezeigt werden soll.

Allgemein bekannt ist, daß der Durchflußwiderstand durch einen Krümmer mit abnehmendem Krümmungsradius zunimmt. Es sind aber nicht allein die größeren Reibungsverluste, die bei einer scharfen Schaufelkrümmung auftreten, sondern eine andere sehr unangenehme Erscheinung, nämlich die des sog. kreisenden Wassers[1]).

Es soll hier auf die von Isaachen im „Zivil-Ingenieur" in den Jahren 1894 und 1896 veröffentlichten sehr interessanten Aufsätze hingewiesen werden.

Isaachen führt dort einen Beweis, daß in einem Krümmer mit rechteckigem Querschnitt die Geschwindigkeiten in radialen Schichten sich umgekehrt verhalten wie die zugehörigen Krümmungsradien, so daß, wenn mit r_a der äußere, mit r_i der innere Krümmungsradius und

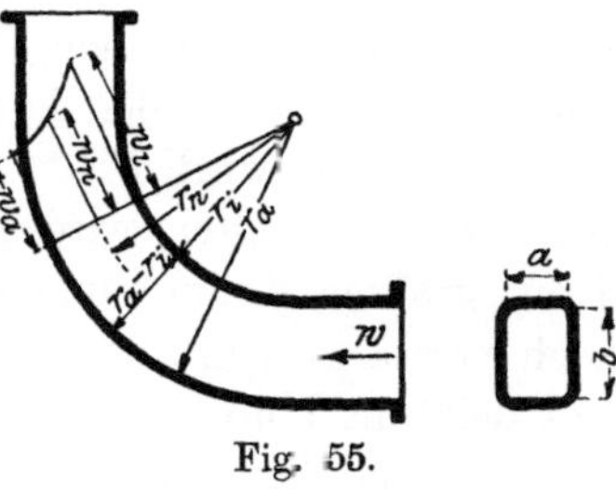

Fig. 55.

die in diesen Radien auftretenden Geschwindigkeiten mit w_a bzw. w_i bezeichnet werden, siehe Fig. 55, die Beziehung besteht

$$\frac{w_a}{w_i} = \frac{r_i}{r_a} \quad \dots \dots \dots \dots \quad 218.$$

oder

$$w_a \cdot r_a = w_i \cdot r_i = w_n r_n = C \quad \dots \dots \dots \quad 219.$$

Es werden sich die Geschwindigkeiten in radialen Schichten eines Krümmers nach einer gleichseitigen Hyperbel einstellen.

Zur Bestimmung der Konstanten C ermittelt man denjenigen Radius, in welchem sich eine Geschwindigkeit w_n einstellt, die gleiche Größe hat, wie die mittlere Geschwindigkeit im geraden Teil des Kanals. Dieser Radius, den Pfarr den neutralen Radius nennt, bestimmt sich nach Isaachen aus der Gleichung:

$$r_n = \frac{r_a - r_i}{\ln \dfrac{r_a}{r_i}} \quad \dots \dots \dots \dots \quad 220.$$

Da r_a und r_i bekannt, läßt sich aus dieser Gleichung der neutrale Radius r_n ermitteln, wonach dann nach Gl. 219 die Konstante C bestimmt werden kann.

Die Erscheinung, daß sich die Geschwindigkeiten in einer radialen Schicht eines Krümmers nach einer Hyperbel einstellen, wird sich auch

---

[1]) Pfarr, Darmstadt, behandelte die Erscheinung des von ihm benannten „Kreisenden Wassers" in seinem Kolleg über Wasserkraftmaschinen besonders an der Francis-Turbine sehr eingehend.

im Laufradkanal finden und kann sich hier bei kleinen Krümmungsradien sehr unangenehm bemerkbar machen. Das Wasser hat im Schaufelkanal nach Durchtritt durch die Schaufelkrümmung nur noch einen sehr kleinen, annähernd geradlinigen Weg bis zum Austritt aus dem Laufrad zurückzulegen und wird auf demselben ein Ausgleich der relativen Geschwindigkeit nicht stattfinden können, derart, daß die in der Schaufelkrümmung nach einer Hyperbel sich einstellenden Geschwindigkeiten bis zum Laufradaustritt über der ganzen Weite a_a wieder gleiche Größen annehmen. Die Folge davon wird sein, daß sich die aus Rechnung gefundenen Diagramme über der ganzen Austrittsweite nicht richtig einstellen können, wodurch ein stoßfreies Arbeiten der Pumpe gestört wird.

Nach dem Gesagten wird man versuchen, stets einen Schaufelkanal mit größten Krümmungsradien auszuführen, was am besten bei der nach vorwärts gekrümmten Schaufel zu erreichen ist. Hier kann man oft den Anschluß der Eintritts- mit der Austrittsevolvente durch eine Gerade herstellen, so daß der Krümmungsradius im mittleren Teil der Schaufel unendlich groß wird.

Bei der Schaufel von Laufrad II wird sich die Krümmungsrichtung notwendigerweise umkehren, wodurch sicherlich auch wieder größere Verluste entstehen als bei einer nach einer Richtung gekrümmten Schaufel von Laufrad I. Außerdem wird man letztere Schaufel stets mit größeren Krümmungsradien ausführen können.

Wenn dies berücksichtigt wird, so ist man wohl berechtigt, zu sagen, daß die Verluste beim Durchtritt des Wassers durch den mittleren Teil des Schaufelkanales und die Verluste, die dadurch entstehen, daß durch Einfluß einer mehr oder minder großen Schaufelkrümmung nicht über der ganzen Austrittsweite des Laufrades der Austritt aus demselben und der Eintritt in das Leitrad stoßfrei erfolgt, bei der vorwärts gekrümmten Schaufel geringer ausfallen werden als bei der radial gerichteten.

Bei der Betrachtung der Reibungs-, Stoß- und Spaltverluste war man zu dem Resultat gekommen, daß die beiden erstgenannten Verluste für die vorwärts gekrümmte und radial gerichtete Schaufel ziemlich gleich groß sind, während der Spaltverlust bei der vorwärts gekrümmten Schaufel größer ausfällt. Dieser größere Verlust wird nun durch die vorteilhafte Gestaltung des Schaufelkanales wieder reichlich aufgehoben werden.

Praktische Versuche haben ergeben, daß mit der vorwärts gekrümmten Schaufel der beste Wirkungsgrad zu erreichen ist und so werden denn heute fast ausschließlich die Laufradschaufeln in derartiger Form ausgeführt.

Bei dem Laufrad III machen sich die Verluste durch die starke Schaufelkrümmung an dem Gesamtnutzeffekt sehr bemerkbar, so daß diese Art der Schaufelung für die Zentrifugalpumpe wohl überhaupt nicht am Platze ist.

27. Der Wirkungsgrad an Hand von Versuchsergebnissen.

Nachdem im vorhergehenden gezeigt worden ist, auf welche Punkte bei dem Bau von Zentrifugalpumpen zur Erreichung eines höchsten Nutzeffektes besonders zu achten ist, sollen jetzt noch einige Daten über die Größe des Gesamtwirkungsgrades angegeben werden. Man wird sich hierbei nur an Versuchsresultate von ausgeführten Pumpen halten können, und es soll besonders vermerkt werden, daß die hier wiedergegebenen guten Versuchsresultate nur durch die gewissenhafteste Behandlung der Zentrifugalpumpe auf dem Konstruktionsbureau und durch tadellose Ausführung in der Werkstatt entstanden sind.

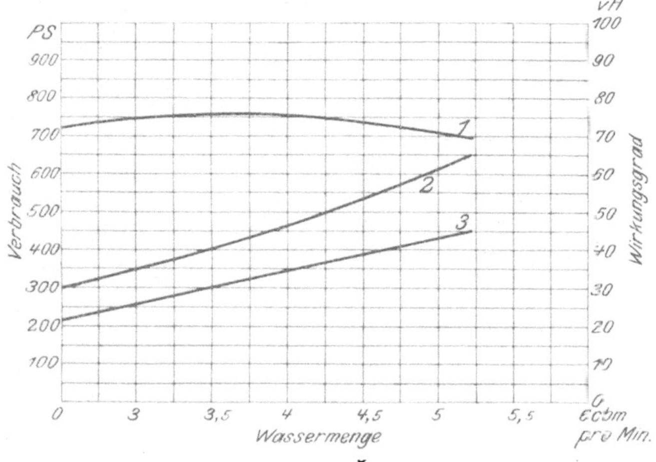

Fig. 56. Versuchsergebnisse in Horcaja nach einjährigem Betrieb.
Kurve 1: Wirkungsgrad der Pumpen. Kurve 2: An die Pumpen abgegebene Leistung. Kurve 3: Theoretische Pumpenarbeit.

Besondere Beachtung verdienen die an Sulzer-Pumpen gemachten Versuche von der Wasserhaltung Horcoja-Spanien, die noch später eingehender beschrieben wird. Die Versuchsergebnisse sind in Fig. 56 und 57 veranschaulicht[1]). Bei beiden Versuchen war die Fördermenge die gleiche, während jedoch die manometrische Förderhöhe bei den Versuchen nach einjährigem Betrieb 389 m, bei denen nach 5jährigem Betrieb 480 m betrug. Bei 389 m manometrischer Förderhöhe arbeitete die Wasserhaltung mit drei Pumpensätzen, also jede Pumpe auf etwa 130 m manometrischer Förderhöhe, während bei 480 m noch eine weitere Pumpe mit 109 m manometrischer Förderhöhe eingeschaltet wurde. Die angegebenen Versuchsresultate beziehen sich also auf 3 bzw. 4 Pumpen, welche vierstufig gebaut sind. Die mittlere Umdrehungs-

---

[1]) Herzog, Elektrische Bahnen und Betriebe, 1905.

zahl war in beiden Fällen 870 pro Minute. Wie die Nutzeffektskurven zeigen, betrug der Wirkungsgrad der Pumpen bei einer mittleren Leistung von 420 PS 76%, nach 5jährigem Betrieb bei einer der größeren Förderhöhe entsprechenden Leistung von 500 PS wiederum 76%. Nach 5jährigem fast ununterbrochenem Betrieb (nach Angabe der Betriebsleitung waren die Pumpen durchschnittlich im Monat nur 16 Stunden außer Betrieb) hat also eine Abnahme des Wirkungsgrades nicht stattgefunden. Hiermit ist ein schlagender Beweis geliefert, daß die oft fälschlich zu ungunsten angeführte schnelle Abnutzung des Lauf- und Leitrades durch die hohen Wassergeschwindigkeiten bei diesen Pumpen nicht eingetreten ist. Dieses äußerst günstige Resultat ist nur durch sachgemäße Ausführung herbeigeführt worden, bei welcher durch rich-

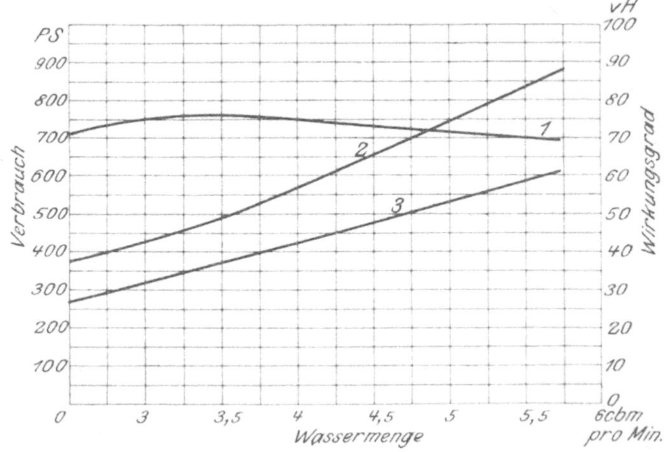

Fig. 57. Versuchsergebnisse in Horcajo nach fünfjährigem Betrieb.
Kurve 1: Wirkungsgrad der Pumpen. Kurve 2: An die Pumpen abgegebene Leistung. Kurve 3: Theoretische Pumpenarbeit.

tiges Verhältnis der Winkel und Querschnitte und Tourenzahl zur Förderhöhe und Fördermenge ein vollständig stoßfreies Arbeiten dieser Pumpe erreicht wurde.

Die in Fig. 58 wiedergegebenen Ergebnisse einer zweistufigen Senkpumpe mit vertikaler Welle zeigen, daß mit der Größe der Pumpe der Wirkungsgrad derselben steigt. Diese Pumpe förderte bei einer minutlichen Tourenzahl von 1025 pro Minute 16 cbm auf eine manometrische Förderhöhe von 45 m. Für die garantierte Leistung ergab sich hier ein Wirkungsgrad von 83%, der, wie die Kurven zeigen, unter anderen Betriebsverhältnissen auf 84% steigt.

Wohl gleich gute Resultate erreichen die von der Firma C. H. Jaeger & Co., Leipzig, ausgeführten Hochdruck - Zentrifugalpumpen. Fig. 59 zeigt Versuchsresultate einer sechsstufigen Pumpe, die auf 110 m

manometrischer Förderhöhe bei 1400 Umdrehungen pro Minute 2,0 cbm
in der Minute fördert. Die Abszissen stellen die minutlichen Förder-

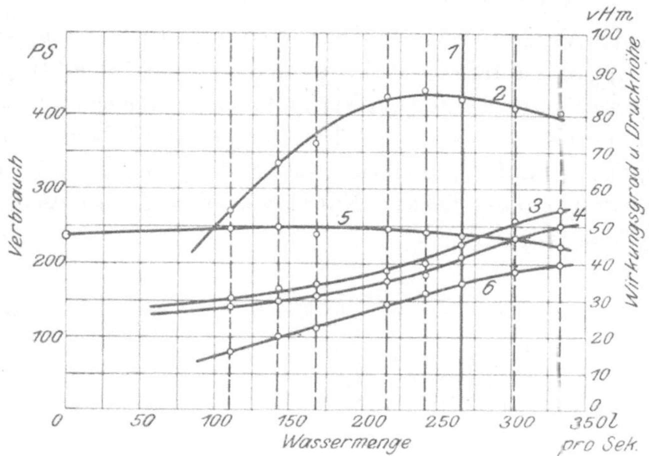

Fig. 58. Versuchsergebnisse einer Senkpumpe.
Kurve 1: Normale Leistung. Kurve 2: Wirkungsgrad der Pumpe.
Kurve 3: Verbrauch des Motors. Kurve 4: Verbrauch der Pumpe.
Kurve 5: Druckhöhe. Kurve 6: Theoretische Pumpenarbeit.

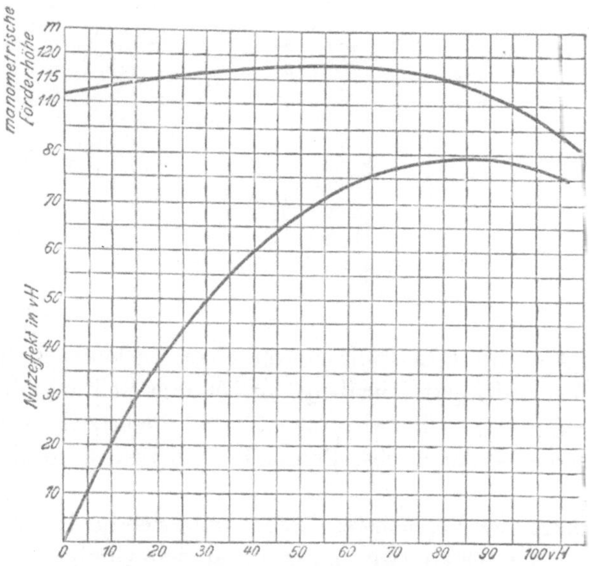

Fig. 59. Versuchsergebnisse einer sechsstufigen Pumpe.
2000 ltr/min. gegen 110 m.

mengen in 100 Teilen der normalen Fördermengen dar, die obere Kurve
zeigt die durch Drosselung hervorgebrachte Förderhöhe, die untere,
vom Nullpunkt ausgehende Kurve die Wirkungsgrade bezogen auf die

abgedrosselte Förderhöhe. Auch hier wurde für die garantierte Leistung ein Wirkungsgrad von 76—77% erreicht, während bei geringerer Drosselung derselbe bis auf 79% stieg.

Fig. 60 zeigt Versuchsresultate einer einstufigen Evolventenpumpe (300 mm l. W.) mit Laufrad D. R. P. (siehe S. 196) der Amag-Hilpert, Nürnberg. Diese Pumpe wurde vom Verfasser selbst eingehend probiert und Nutzeffekte bis 83% erreicht. Die Pumpe hat natürlich einen Leitapparat; sie war auf das Sauberste ausgeführt, die Laufräder und Leiträder aus Bronze innen poliert. Nur so war es möglich, diesen sehr hohen Nutzeffekt zu erreichen.

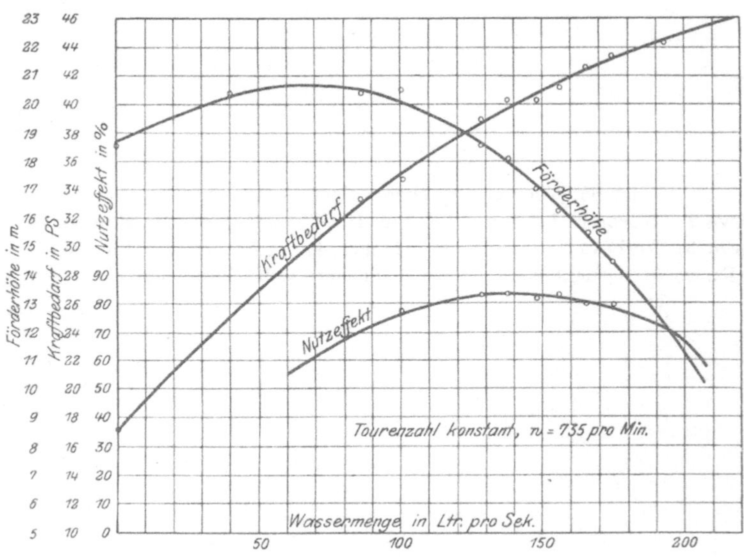

Fig. 60.

Fig. 60a zeigt noch die Leistungskurven einer Niederdruck-Zentrifugalpumpe der Amag-Hilpert, Nürnberg, für 350 mm Rohranschluß. — Trotzdem die Pumpe keinen Leitapparat hat, sind die erreichten Nutzeffekte sehr günstige. — Auch diese Pumpe hat ein Laufrad nach Ausführung S. 196.

Aus den vorliegenden Versuchsresultaten ergibt sich für Hochdruck-Zentrifugalpumpen ein Gesamtwirkungsgrad in den Grenzen von 70 bis 80% je nach Größe und Leistung der Pumpe. Solche hohe Zahlen für den Wirkungsgrad sind, wie wiederholt gesagt, nur bei sachgemäßer Ausführung zu erreichen.

Wie eingangs erwähnt, setzte sich der Gesamtverlust zusammen aus den hydraulischen und den mechanischen Verlusten. Bei den hydraulischen Verlusten ist zu trennen der Reibungs-, Stoß- und Austrittsverlust von dem Spaltverlust. Die ersteren haben Einfluß auf die Förderhöhen, indem zur Überwindung derselben bestimmte Druckhöhen nötig sind, während der Spaltverlust eine Mehrarbeit bedingt, indem von der Pumpe noch die Spaltwassermenge gefördert werden muß.

Zur Berechnung der Umfangsgeschwindigkeit, Tourenzahl usw. sind nur die Verluste in Rechnung zu stellen, welche die Förderhöhe beeinträchtigen, mithin ist die Nettoförderhöhe mit den Koeffizienten

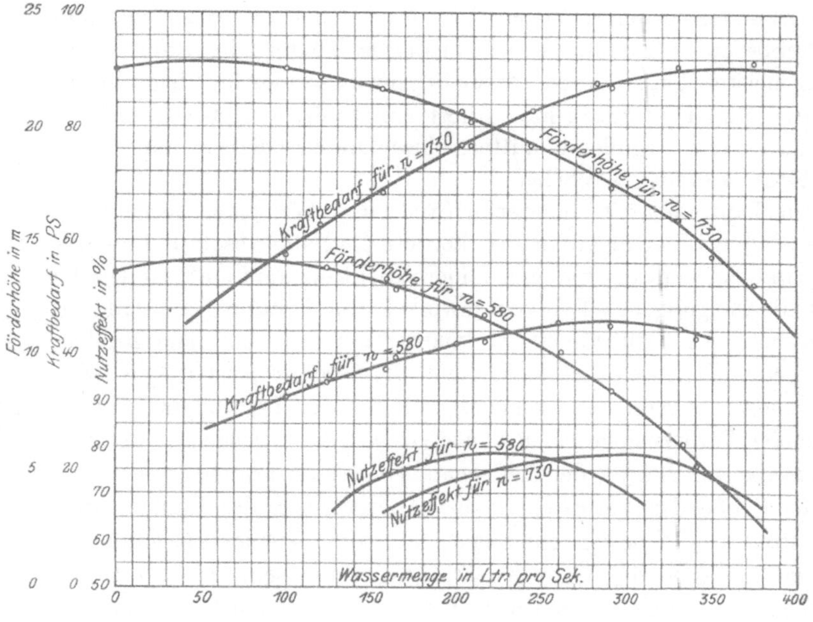

Fig. 60a.

$\eta = 1 + \varrho + \alpha$ (siehe Gl. 11) zu multiplizieren. Bei der Größenbestimmung der Laufradkanäle ist die Spaltwassermenge mit in Rechnung zu stellen.

Der Spaltverlust und der mechanische Verlust ist nun mit ca. 6% des gesamten Verlustes in Rechnung zu stellen und danach der Koeffizient η zu bestimmen. Man tut jedoch gut, diesen Koeffizient nicht zu klein zu nehmen, um für die normale Leistung noch einen kleinen Überschuß an Förderhöhe zu haben.

III. Die Regulierung der Zentrifugalpumpen.

28. Regulierung der Fördermenge durch Drosselung. Einfluß der Fördermenge auf die Förderhöhe und Verluste bei Drosselung.

Es war nachgewiesen worden, daß die Zentrifugalpumpe für eine bestimmte Umlaufszahl nur bei einem einzigen Zusammenhang von Förderhöhe und Fördermenge stoßfrei arbeitet, für welchen Fall dann der Wirkungsgrad den höchsten Wert erreichen wird. Wenn man nun die Pumpe auf Fördermenge bei konstanter Tourenzahl reguliert, was in den meisten Fällen durch Drosselung mittels eines im Steigrohr eingebauten Schiebers geschieht, so hört ein stoßfreies Arbeiten auf. Es wird also jedes Regulieren mittels eines Drosselschiebers auf Kosten des Wirkungsgrades geschehen.

Am Laufradeintritt entstehen Stoß- und Wirbelungsverluste dadurch, daß bei Verringerung der Fördermenge die absolute Eintrittsgeschwindigkeit am Laufrad eine andere Richtung annimmt, als dieselbe durch die Neigung des Evolventenwinkels am Leitapparataustritt bestimmt ist. Am Laufradaustritt könnte sich wohl ein richtiges Diagramm einstellen, wenn jetzt nicht hier die absolute Austrittsgeschwindigkeit, also die Eintrittsgeschwindigkeit für den Leitapparat, bei abnehmender Fördermenge einen kleineren Winkel δ_a gegen u_a annimmt, als derselbe am Beginn der Leitschaufelevolvente festgelegt ist.

Die Größe der Verluste, die bei Abdrosselung der Pumpe durch nicht stoßfreies Arbeiten entstehen, läßt sich rechnerisch kaum bestimmen. Aufgabe der Versuchsstationen wird es sein, darüber Untersuchungen anzustellen. Es wurde hier nur der Versuch gemacht, zu zeigen, wodurch die Verluste bei Abdrosselung hauptsächlich entstehen und wie man dieselben eventuell durch geeignete Konstruktion verringern kann.

Voraussichtlich werden die Verluste beim Eintritt und Durchtritt des Wassers durch den äußeren Leitapparat am größten ausfallen.

Man denke sich einmal eine Pumpe mit unendlich großem Durchmesser, so daß sich die Laufrad- und Leitradschaufeln, wie in Fig. 61 dargestellt, zeigen. Die Evolventenstücke werden jetzt, da auch der Erzeugungskreisdurchmesser unendlich groß, geradlinig. Stark ausgezogen ist das normale, der Berechnung der Pumpe zugrunde gelegte Diagramm. Die Leitschaufel ist am Anfang unter dem Winkel δ_a geneigt.

Bei Abdrosselung der Fördermenge wird der Winkel δ_a einen kleineren Wert annehmen. In der Figur ist punktiert ein zweites Diagramm eingezeichnet, wie es sich bei Verringerung der Fördermenge eventuell einstellen könnte. Die absolute Geschwindigkeit w_a' trete jetzt unter dem Winkel δ_a' in die Leitschaufel. Der Wasserstrahl wird nicht mehr parallel der Leitschaufel in den Schaufelkanal eintreten, sondern durch Einfluß des kleineren Winkels δ_a' auf die eine Schaufel-

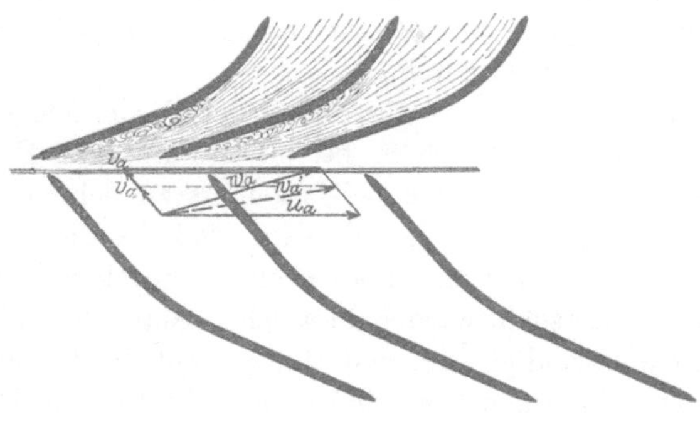

Fig. 61.

wand stoßen, während er die andere überhaupt nicht trifft. In Fig. 61 wurde versucht, dies anschaulich darzustellen. Durch den Stoß auf die eine Schaufelfläche werden starke Wirbel entstehen, die eine geregelte Druckumsetzung der absoluten Austrittsgeschwindigkeit sehr schädlich beeinflussen.

Je kleiner die Fördermenge, je größer also die Abweichung des Winkels δ_a' von dem feststehenden Leitradwinkel, desto kräftiger wird der Stoß der absoluten Austrittsgeschwindigkeit gegen die eine Schaufelfläche sein, womit die Wirbelbildung und die hierdurch auftretenden Verluste sich vergrößern.

Einen kleineren Betrag werden die Verluste bei Änderung der Fördermenge am Laufradeintritt ausmachen. Ist auch dort ein Leitapparat angeordnet, so wird der Geschwindigkeit in dem Raume zwischen Leit- und Laufrad durch den Winkel am Leitapparataustritt eine ganz bestimmte Richtung gegeben. Mit abnehmender Wassermenge muß nun für den stoßfreien Eintritt auch der Winkel δ_e kleiner werden, da sonst die relative Eintrittsgeschwindigkeit v_e nicht mehr unter dem Laufradwinkel β_e, also in Richtung der Laufradschaufel, in die Laufradkanäle eintreten kann. Ist nun der Schaufelspalt, also der Zwischenraum zwischen Leitradaustritt und Laufradeintritt sehr klein, so wird der falsche Richtungswinkel δ_e ein richtiges Einstellen des Eintrittsdiagramms unmöglich machen, die relative Geschwindigkeit v_e wird unter einem kleineren Winkel β_e' in das Laufrad eintreten und hier ähnliche Wirbelungsverluste veranlassen, wie das für den Eintritt in den Leitapparat am Austritt gezeigt wurde. Gibt man dagegen dem Schaufelspalt eine genügende Größe, so wird durch Einfluß der Umfangsgeschwindigkeit und der Relativgeschwindigkeit v_e, die bestrebt ist, unter dem Winkel β_e in das Laufrad einzutreten, die absolute Geschwindigkeit im Schaufelspalt ihre Richtung voraussichtlich ändern können, so daß der Winkel β_e am Laufradeintritt noch die richtige Größe erhält. Durch einen genügend großen Schaufelspalt wird es also vielleicht möglich sein, für Fördermengen in weiten Grenzen am Laufradeintritt ein fast stoßfreies Diagramm zu erhalten.

Drosselt man die Pumpe ab, so wird neben der Fördermenge auch noch mehr oder weniger die Förderhöhe beeinflußt. Bei dem Entwurf der Schaufelung einer Pumpe ist hierauf besonders zu achten, da in den meisten Fällen die Bedingung gestellt wird, daß die Pumpe auch bei Abdrosselung noch die normale Förderhöhe mindestens erreicht. Im folgenden soll nun untersucht werden, in welchem Maße die einzelnen Rechnungsgrößen, Geschwindigkeiten und Winkel, auf die Förderhöhe bei Verringerung der Wassermenge Einfluß haben. Um die bei Drosselung auftretenden Stoßverluste usw. nicht in Rechnung zu ziehen, denke man sich die Pumpe mit auswechselbaren Leitapparaten eingerichtet, entsprechend den jeweiligen Fördermengen, so daß man den Koeffizienten η für verschiedene Fördermengen für die hier in Betracht kommenden Grenzen annähernd gleich groß nehmen kann.

Am zweckmäßigsten geht man bei der folgenden Betrachtung wieder von der ersten Hauptgleichung, Gl. 10, aus, die sich, wenn $(1 + \varrho + \alpha) = \eta$ (Gl. 11) gesetzt wird, schreibt

$$\frac{u_a^2 - u_e^2}{2\,g} + \frac{v_e^2 - v_a^2}{2\,g} + \frac{w_a^2}{2\,g} - \frac{w_e^2}{2\,g} = \eta\,H_n \quad \ldots \quad 221.$$

Die einzelnen Glieder auf der linken Seite der Gleichung werden bei Änderung der Fördermenge verschiedenen Einfluß auf die Größe der Förderhöhe haben.

Das erste Glied $\dfrac{u_a^2 - u_e^2}{2\,g}$ wird, da die Umlaufzahl konstant gehalten werden sollte, unabhängig von der Fördermenge, gleich groß bleiben.

Ganz verschieden kann das zweite Glied $\dfrac{v_e^2 - v_a^2}{2\,g}$ bei Änderung der Fördermenge die Förderhöhe beeinflussen. Je nachdem v_e größer oder kleiner als v_a, wird dieses Glied positiv oder negativ, für $v_e = v_a$ ist es 0, hat somit überhaupt keinen Einfluß auf die Förderhöhe.

Es soll zuerst der Fall $v_e > v_a$ angenommen werden, wobei das Glied $\dfrac{v_e^2 - v_a^2}{2\,g}$ positiven Wert annimmt. Wenn man wieder einmal Fig. 9 betrachtet, so wird in diesem Falle beim Weg des Wassers vom Punkte e am Laufradeintritt bis zum Punkte a am Laufradaustritt durch Abnahme der Geschwindigkeit v_e auf die kleinere Geschwindigkeit v_a der Druck durch Einfluß der Größe $\dfrac{v_e^2 - v_a^2}{2\,g}$ erhöht. Wird jetzt nun die Fördermenge, somit auch die Geschwindigkeiten v_e und v_a kleiner, so nimmt die durch Geschwindigkeitsabnahme vom Punkte e bis a gewonnene Druckhöhe entsprechend ab.

Ist also $v_e > v_a$, so wird bei kleinerer Fördermenge das Glied $\dfrac{v_e^2 - v_a^2}{2\,g}$ auch kleiner, mithin bewirkt es eine Verringerung der Förderhöhe.

Wenn $v_e < v_a$, so ist eine bestimmte Druckhöhe nötig, um die Geschwindigkeit v_e auf die größere Geschwindigkeit v_a zu beschleunigen. Die Differenz dieser Druckhöhen muß der durch Wirkung von Zentrifugalkräften entstehenden Pressung sozusagen entnommen werden. Je kleiner nun die Fördermenge, um so kleiner wird der Betrag dieser Entnahme an Druckhöhe zur Überwindung der Geschwindigkeitszunahme von v_e auf v_a. Es wird also, wenn $\dfrac{v_e^2 - v_a^2}{2\,g}$ negativ, dieses Glied bei Verringerung der Fördermenge zur Vergrößerung der Förderhöhe beitragen.

Bei dem Spezialfall $v_e = v_a$ ist die Größe $\dfrac{v_e^2 - v_a^2}{2\,g} = 0$, wird also überhaupt keinen Einfluß auf die Förderhöhe haben, wenn man die Reibungshöhe zur Überwindung der Verluste beim Weg des Wassers von e nach a vernachlässigt.

Die Größe $\dfrac{v_e^2 - v_a^2}{2\,g}$ werde noch umgeformt, indem man setzt

$$v_a = \frac{v_r}{\sin\beta_a} \quad \text{und} \quad v_e = \frac{v_r}{\sin\beta_e}\cdot\frac{F_a}{F_e},$$

so daß geschrieben werden kann

$$\frac{v_e^2 - v_a^2}{2\,g} = \frac{v_r^2}{\sin^2\beta_e}\cdot\left(\frac{F_a}{F_e}\right)^2 - \frac{v_r^2}{\sin^2\beta_a} \quad \ldots \ldots \quad 222.$$

Als drittes Glied befindet sich in Gl. 221 $\dfrac{w_a^2}{2\,g}$, die Geschwindigkeitshöhe der absoluten Austrittsgeschwindigkeit. Den Einfluß dieser Größe auf die Förderhöhe bei Änderung der Fördermenge sieht man am besten aus den in Fig. 62, 63 und 64 dargestellten Austrittsdiagrammen für $\beta_a > 90°$, $\beta_a < 90°$ und $\beta_a = 90°$.

Ist der Winkel, den w_a und v_a einschließen, für das normale Diagramm (es ist dies das Diagramm für die normale Leistung) ein stumpfer (siehe Fig. 62), so wird die Geschwindigkeit w_a mit abnehmender Fördermenge stets zunehmen. Ist dagegen dieser Winkel ein spitzer (siehe Fig. 63), so wird w_a mit der Fördermenge abnehmen. Wenn der Winkel

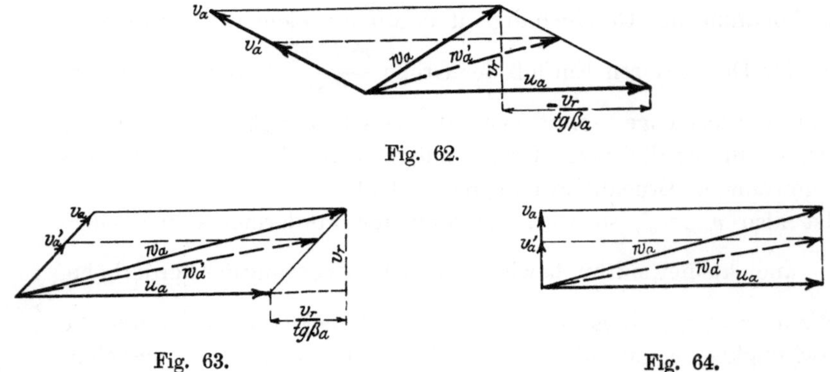

Fig. 62.

Fig. 63.   Fig. 64.

β_a nicht viel größer als 90° ist, so kann noch der Fall eintreten, daß w_a erst abnimmt bis zu einem kleinsten Wert bei $w_a \perp v_a$ und dann wieder zunimmt.

Im allgemeinen kann man sagen, daß bei $\beta_a > 90°$ die Geschwindigkeit w_a mit abnehmender Wassermenge zunehmen, bei $\beta_a < 90°$ abnehmen wird.

Für $\beta_a = 90°$ (Fig. 64) wird w_a sehr wenig mit der Wassermenge abnehmen.

Das Glied $\dfrac{w_a^2}{2\,g}$ wird demnach die Förderhöhe in der Weise beeinflussen, daß dieselbe bei abnehmender Fördermenge für $\beta_a > 90°$ größer, für $\beta_a < 90°$ kleiner wird.

Im Austrittsdiagramm findet sich die Beziehung

$$\frac{w_a^2}{2\,g} = \frac{\left(u_a + \dfrac{v_r}{\operatorname{tg}\beta_a}\right)^2 + v_r^2}{2\,g} \qquad \ldots \ldots \ldots \; 223.$$

Als letztes Glied steht auf der linken Seite der Gl. 221 die Größe $-\dfrac{w_e^2}{2\,g}$.

Ist für das normale Diagramm der Winkel $\delta_e = 90°$, so wird der Winkel, den w_e und v_e einschließen, ein spitzer, so daß mit abnehmender Fördermenge w_e erst abnimmt bis auf ein Minimum bei $w_e \perp v_e$, dann jedoch wieder zunimmt. Meist wählt man aber das normale Eintrittsdiagramm bei Verwendung eines Leitapparates vor dem Laufradeintritt aus schon angeführten Gründen so, daß der Winkel $\beta_e \gtrsim \delta_e$, wobei dann der Winkel zwischen w_e und v_e ein stumpfer wird (siehe Fig. 65).

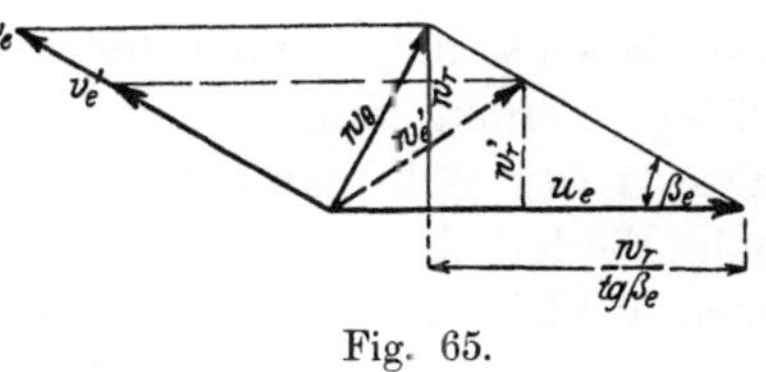

Fig. 65.

Die Geschwindigkeit w_e nimmt dann mit abnehmender Wassermenge stets zu. Unter Berücksichtigung dieses Falles wird die Größe w_e bei abnehmender Wassermenge die Förderhöhe verkleinern.

Aus Fig. 65 ist zu entnehmen

$$w_e^2 = w_r^2 + \left(u_e - \frac{w_r}{\operatorname{tg}\beta_e}\right)^2$$

oder wenn man setzt $w_r = v_r \cdot \dfrac{F_a}{F_e}$

$$w_e^2 = v_r^2 \cdot \left(\frac{F_a}{F_e}\right)^2 + \left(u_e - \frac{v_r}{\operatorname{tg}\beta_e}\frac{F_a}{F_e}\right)^2 \ \ldots \ldots \ 224.$$

Unter Berücksichtigung der Gl. 222, 223, 224 erhält Gl. 221 eine sehr einfache Form, wie dieselbe schon in Gl. 140 in ähnlicher Art wiedergegeben ist. Es wird

$$\frac{u_a^2 - u_e^2}{g} + v_r \frac{\dfrac{u_a}{\operatorname{tg}\beta_a} + \dfrac{u_e}{\operatorname{tg}\beta_e} \cdot \dfrac{F_a}{F_e}}{g} = \eta H_n \ \ldots \ \ldots \ 225.$$

Da die Umlaufszahl konstant und die Untersuchung an derselben Pumpe ausgeführt werden sollte, kann man schreiben

$$\frac{u_a^2 - u_e^2}{g} = C_1 \ \ldots \ldots \ldots \ 226.$$

und

$$\frac{\dfrac{u_a}{\operatorname{tg}\beta_a} + \dfrac{u_e}{\operatorname{tg}\beta_e} \cdot \dfrac{F_a}{F_e}}{g} = C_2 \ \ldots \ldots \ 227.$$

so daß

$$C_1 + v_r \cdot C_2 = \eta H_n \ \ldots \ldots \ldots \ 228.$$

Die Bruttoförderhöhe ηH_n wird also danach bei abnehmender Fördermenge nur zunehmen, wenn die Konstante C_2 einen negativen abnehmen dagegen, wenn C_2 einen positiven Wert hat.

In den meisten Fällen ist für die Zentrifugalpumpe eine minimale Förderhöhe vorgeschrieben, die in der Nähe der normalen Leistung liegt. Soll mit der Pumpe weniger Wasser gefördert werden, so muß beim Abdrosseln die minimale Förderhöhe mindestens noch erreicht werden, da sonst nur durch Erhöhung der Umlaufszahl die Förderhöhe vergrößert werden kann, was aber bei den meisten Betrieben ausgeschlossen ist. Will man also beim Abdrosseln in weiten Grenzen die normale Förderhöhe erreichen, so muß die Konstante C_2 negativ genommen werden. Dies ist nur möglich, wenn der Winkel $\beta_a > 90°$ und wenn ferner das Glied $\dfrac{u_a}{\operatorname{tg}\beta_a} > \dfrac{u_e}{\operatorname{tg}\beta_e} \cdot \dfrac{F_a}{F_e}$ ist. Es muß demnach der Winkel β_a und β_e möglichst groß und das Verhältnis $\dfrac{F_a}{F_e}$ möglichst kleiner als 1 gewählt werden.

Zur Erfüllung der Bedingung, daß bei abnehmender Fördermenge die verlangte normale Förderhöhe noch erreicht wird, muß die nach vorwärts gekrümmte Schaufel mit $\beta_a > 90°$ verwendet werden, mit welcher auch, wie im vorigen Kapitel nachgewiesen wurde, der höchste hydraulische Wirkungsgrad zu erreichen ist. Anwendung wird die zurückgekrümmte Schaufel nur finden, wenn einmal verlangt wird, daß mit der Wassermenge auch die Förderhöhe abnehmen soll, welcher Fall aber sehr selten auftritt.

Bei den soeben angestellten Betrachtungen über das Verhalten der Zentrifugalpumpe beim Abdrosseln war die Annahme gemacht worden, daß, um stoßfreies Arbeiten zu erhalten, für ein und dieselbe Pumpe entsprechend der Wassermenge verschiedene Leitapparate verwendet werden, wobei der Koeffizient η annähernd konstant angenommen werden konnte.

In Fig. 74 sind theoretische Druckkurven, wie sie sich für die in Kapitel 32 gerechneten Beispiele ergaben, eingezeichnet. Diese Kurven stellen sich natürlich nach Gl. 228 als gerade Linien dar.

Die so ermittelten idealen Kurven sind in der Praxis nicht zu erreichen. Die Zentrifugalpumpe erhält Leitapparate, deren Größen so bestimmt sind, daß die Pumpe für die normale Leistung ohne Stoß arbeiten kann, und es ist natürlich nicht möglich, bei Verringerung der Fördermenge entsprechende Leitapparate einzuschalten. Bei Verringerung oder Vergrößerung der Fördermenge werden am Eintritt und Austritt des Laufrades Stoß- und Wirbelungsverluste auftreten, deren Größenbestimmung sich aber unserer Rechnung entzieht. Es wäre unnütze Arbeit, wollte man versuchen, rechnerisch diese Verluste zu bestimmen, das kann nur auf einer Versuchsstation geschehen. Aus einer Reihe angestellter Versuche ist es möglich, sich ein Bild über die Größe derselben zu machen.

Leider ist es dem Verfasser nicht möglich, über derartige Untersuchungen hier zu berichten. Die Versuchsresultate liegen zwar in zahlreichen Kurven vor, wie sie in den Fig. 56 bis 60 angegeben wurden, jedoch gehören zur Diskussion dieser Kurven die ganz genauen Konstruktionsdaten der Pumpen selbst. Daß diese Daten die betr. Firmen nicht angeben, ist wohl aus naheliegenden Gründen erklärlich. Man kann nur sagen, daß bei den Pumpen, deren Versuchsresultate hier angeführt wurden, voraussichtlich die Konstanten C_2 negativen Wert haben werden.

Ferner war aus den Nutzeffektskurven zu ersehen, daß der Gesamtwirkungsgrad mit abnehmender Fördermenge kleiner wird. Einerseits liegt diese Verkleinerung in dem nicht stoßfreien Arbeiten der Pumpe, andererseits aber darin, daß der Spaltverlust und der mechanische Verlust für alle Fördermengen annähernd gleich groß sein wird, so daß er mit kleinerer Fördermenge, bezogen auf den Gesamtkraftbedarf, wächst. Beträgt z. B. der zur Überwindung dieser Verluste nötige Kraftbedarf bei normaler Leistung 7% der Gesamtleistungen, so wird er bei halber Fördermenge, absolut genommen, annähernd gleich bleiben, bezogen auf den jetzt auftretenden Kraftbedarf jedoch etwa 14% betragen. Hieraus kann man sich zum Teil den starken Abfall der Nutzeffektskurven bei abnehmender Fördermenge erklären.

Es sei noch bemerkt, daß die hier entwickelten Gleichungen über das Verhalten der Druckhöhe bei Abdrosselung nur in kleinen Grenzen der Änderung der Fördermenge mit der Wirklichkeit übereinstimmen. Bei sehr kleinen Fördermengen und bei vollständiger Abdrosselung nimmt die Förderhöhe einen größeren Wert an, als ihn die Rechnung ergab. Bei vollständiger Abdrosselung ist dies damit zu erklären, daß bei Bestimmung der Größe $\dfrac{u_a^2 - u_e^2}{g}$ die Geschwindigkeit u_a nicht mehr auf den Durchmesser D_a, sondern auf den äußeren Laufraddurchmesser D_a^a zu beziehen ist.

29. Die verstellbare Leitschaufel.

In Kapitel 28 war an Hand der Fig. 61 angeordnet worden, wie Verluste bei Änderung der Wassermenge dadurch entstehen, daß der Leitradwinkel oder Neigungswinkel der Evolvente nicht mit dem jeweiligen Winkel übereinstimmt, unter dem die absolute Geschwindigkeit das Laufrad verläßt. Ein idealer Zustand für stoßfreies Arbeiten, also richtiges Einstellen der Diagramme, wäre nun, wenn während des Betriebes Leitapparate mit verschiedenen Querschnitten und Winkeln, entsprechend der Änderung der Fördermenge, ein- und ausgeschaltet werden könnten, was jedoch praktisch nicht gut durchführbar ist.

Ein anderes Mittel zur Verringerung der Querschnitte der Leitradkanäle und Änderung des Winkels δ_a, das im Wasserturbinenbau zur

Regulierung allgemein verwendet wird, ist die drehbare Leitschaufel. Im Leitapparat werden die einzelnen Leitschaufeln drehbar angeordnet und können auf irgendeine Weise mittels eines außen an der Pumpe zu betätigenden Mechanismus gemeinsam verstellt werden, so daß es möglich ist, entsprechend der jeweiligen Fördermenge die Eintrittsweiten und Richtungswinkel einzustellen.

Eine allgemeine Anordnung der drehbaren Leitschaufel ist in Fig. 66 dargestellt. Die Leitschaufeln sind hier drehbar um den sog.

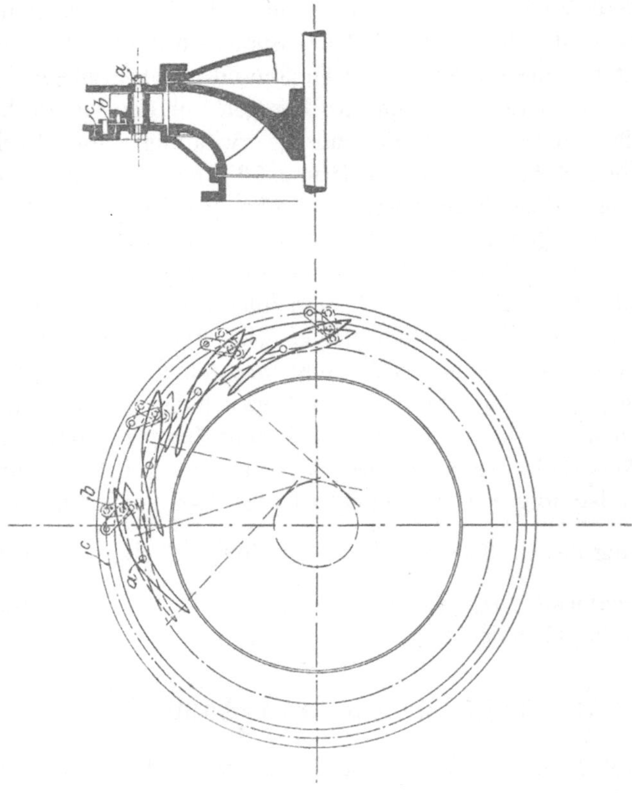

Fig. 66.

Leitschaufelbolzen a angeordnet, der zu gleicher Zeit das Gehäuse seitlich versteift. Mittels eines kleinen Lenkers b sind die Schaufeln zwangläufig mit einem Ring c verbunden, welcher im Pumpengehäuse gelagert ist und der durch eine geeignete Vorrichtung verstellt werden kann. Jeder Lage dieses Ringes wird eine bestimmte Stellung sämtlicher Leitschaufeln entsprechen, die, eine genaue Montierung vorausgesetzt, stets alle gleiche Eintrittsweiten und gleich große Ablenkungswinkel haben werden.

Bei einer anderen Anordnung sind die drehbaren Leitschaufeln fest mit den Bolzen verbunden, die dann mit Dichtung durch die Gehäusewand durchgeführt werden. An den Bolzen sitzen kleine Kurbeln, die von einem jetzt außen am Gehäuse gelagerten Ring mittels Zwischenlenkern oder Gleitsteinen verstellt werden können. Diese Anordnung, in der Ausführung zwar kostspieliger, ist der ersteren vorzuziehen, weil der jetzt außen liegende Reguliermechanismus leichter zugänglich ist.

Die Evolvente der Leitschaufeln wird, wie früher, für die normale Leistung der Pumpe konstruiert (siehe Fig. 42). Dreht sich die Leitschaufel, so bewegt sich auch das Evolventenstück mit, die Eintrittsweite und der Ablenkungswinkel werden kleiner, bis zur Schlußstellung, wo dieser Winkel annähernd Null wird, also die Evolventenstücke einen Kreis bilden. Die Schlußstellung der Leitschaufel ist in der Fig. 66 punktiert angegeben. Es soll hier noch auf Tafel VII verwiesen werden, wo eine solche drehbare Leitschaufel eingezeichnet ist.

Mittels der drehbaren Leitschaufel wird nun bei Änderung der Fördermenge in weiten Grenzen ein stoßfreier Eintritt in die Leitschaufel erreicht werden können, da es jetzt möglich ist, für jede Füllung der Pumpe einen für das jeweilige Austrittsdiagramm passenden Leitradwinkel zu erhalten. Eine kaum nennenswerte Abweichung dieses Winkels wird zwar vorhanden sein, da ja mit kleineren Eintrittsweiten die Evolvente ihren Krümmungsradius ändern müßte.

Bei Verkleinerung der Eintrittsquerschnitte der Leitschaufeln wird die für Reibungs- und Stoßverluste nötige Widerstandshöhe zunehmen. Bei der meist gebräuchlichen vorwärts gekrümmten Schaufel nimmt die absolute Geschwindigkeit mit abnehmender Fördermenge größere Werte an, außerdem wächst mit abnehmender Weite a_s die Größe $\frac{a_l + b}{2\,a_l \cdot b}$, so daß nach Gl. 194, welche die durch Reibung verloren gegangene Höhe angab, der Reibungsverlust in der Leitschaufel mit abnehmender Fördermenge zunehmen wird. Mit abnehmender Schaufelweite wird das Verengungsverhältnis durch die Schaufelstärken ein größeres werden. Es wird somit nach Gl. 212 auch die durch den Schaufelstoß verloren gegangene Widerstandshöhe mit abnehmender Fördermenge einen größeren Wert annehmen, zumal da auch die Geschwindigkeiten zunehmen.

IV. Die Klassifikation der Zentrifugalpumpen.

30. Die Charakteristik.

In diesem Kapitel soll gezeigt werden, wie man bei der Fabrikation der Zentrifugalpumpen durch Angabe einzelner Konstanten sofort übersehen kann, ob bei der Ausführung einer neuen Pumpe vorhandene Modelle von Leit- und Laufrad benutzt werden können.

Es werde angenommen, daß eine Reihe von Pumpen mit verschiedenen Förderhöhen und Wassermengen schon ausgeführt worden sind, und daß die mit denselben erzielten Versuchsresultate günstige waren. Man wird versuchen, soweit es mit einem guten Wirkungsgrad vereinbar ist, bei Neuausführung einer Pumpe möglichst die vorhandenen Medolle, besonders diejenigen von Leit- und Laufrad zu benutzen.

Zuerst wird untersucht werden, ob nicht das ganze Modell einer ausgeführten Pumpe Verwendung finden kann, was zur Bestimmung der Konstante führt, die im Kapitel 6 mit Charakteristik K der Pumpe bezeichnet wurde. Nach Gl. 49 war $K = \dfrac{Q}{\sqrt{\eta\,H_n}}$. Bei mehrstufigen Pumpen ist natürlich H_n die Förderhöhe für eine Stufe, man muß also bei Berechnung der mehrstufigen Pumpen sich sofort über die Anzahl der zu verwendenden Stufen klar werden. Dieselbe Pumpe ist für alle Förderhöhen und Fördermengen brauchbar, für welche $\dfrac{Q}{\sqrt{\eta\,H_n}}$ den Wert der der Pumpe eigenen Charakteristik K hat, die eine gemeinsame Konstante für Leit- und Laufrad ist. Vor der Bildung des Ausdruckes $\eta\,H_n$ muß erst noch der Koeffizient η angenommen werden. Für Q gebe man die Fördermenge in Kubikmetern pro Minute an.

Um sofort die Umdrehungszahl der Pumpe für verschiedene Förderhöhen bestimmen zu können, legt man die Umdrehungszahl der Pumpe für eine bestimmte Bruttoförderhöhe fest. Die Umdrehungszahlen verhalten sich wie die Wurzeln aus den Förderhöhen und kann man also nach Annahme des Koeffizienten η die Umdrehungszahl für beliebige Förderhöhe sofort ermitteln. Es empfiehlt sich, die anzugebende Umdrehungszahl auf eine Bruttoförderhöhe von $\eta\,H_n = 10$ zu beziehen.

Als Bezeichnung der Pumpe gibt man zweckmäßig den äußeren Laufraddurchmesser in Dezimetern an, so daß z. B. Pumpe Nr. 4,5 andeutet, daß der Laufraddurchmesser 4,5 dcm beträgt.

Wie im Kapitel 15 gezeigt wurde, kann dasselbe Laufrad nach entsprechender Änderung des Leitapparates für verschiedene Fördermengen bei gleicher Förderhöhe verwendet werden, so daß man für eine ausgeführte Pumpe nur nach Änderung des Leitapparates mehrere Konstanten K anführen kann. Mit der Fördermenge ändert sich durch Einfluß des Winkels δ_e und δ_a auch die Umfangsgeschwindigkeit, somit die Umdrehungszahl, und wird deswegen für jede neue Konstante auch die zugehörige Umlaufszahl wieder bezogen auf eine Bruttoförderhöhe von $\eta H_n = 10$ angegeben werden müssen.

Bei der Neuausführung einer Pumpe wird für dieselbe die Konstante K und die Umlaufszahl n für $\eta H_n = 10$ bestimmt. Außerdem wird man aber gleich festlegen, in welchen Grenzen der Fördermenge das Laufrad nach Änderung des Leitapparates noch zu verwenden ist, was zur Bestimmung von $Q_{\max}$ und $Q_{\min}$ und damit zur Festlegung von $K_{\max}$ und $K_{\min}$ führt.

Die größte und kleinste noch mit gutem Wirkungsgrade zu fördernde Wassermenge bestimmt man am einfachsten durch Aufzeichnung des Eintrittsdiagramms, indem bei Annahme eines noch brauchbaren Winkels δ_e die zugehörige Geschwindigkeit w_r und hiermit die Fördermenge ermittelt wird. In welchen Grenzen man hierbei zweckmäßig den Winkel δ_e wählt, ist abhängig von der Größe des Laufradwinkels β_e.

Für ein vorhandenes Laufradprofil berechnete sich die Umfangsgeschwindigkeit u_a nach Gl. 141, oder, wenn man diesen Wert für u_a in die Gleichung $n = \dfrac{u_a \cdot 60}{D_a \pi}$ einführt, ergibt sich für die jeweilige Umlaufszahl pro Minute die Beziehung

$$n = -\frac{w_r \cdot 60}{D_a \pi} \cdot \frac{\dfrac{F_e}{F_a \operatorname{tg}\beta_a} + \dfrac{D_e}{D_a \operatorname{tg}\beta_e}}{2 \cdot \left[1 - \left(\dfrac{D_e}{D_a}\right)^2\right]}$$

$$+ \sqrt{w_r^2 \cdot \left[\frac{60}{D_a \pi} \cdot \frac{\dfrac{F_e}{F_a \operatorname{tg}\beta_a} + \dfrac{D_e}{D_a \operatorname{tg}\beta_e}}{2 \cdot \left[1 - \left(\dfrac{D_e}{D_a}\right)^2\right]}\right]^2 + \left(\frac{60}{D_a \pi}\right)^2 \frac{\eta\, g\, H_n}{1 - \left(\dfrac{D_e}{D_a}\right)^2}} \qquad 229.$$

Es sei nun

$$\frac{60}{D_a \pi} \cdot \frac{\dfrac{F_e}{F_a \operatorname{tg}\beta_a} + \dfrac{D_e}{D_a \operatorname{tg}\beta_e}}{2 \cdot \left[1 - \left(\dfrac{D_e}{D_a}\right)^2\right]} = A \quad \ldots \ldots \quad 230.$$

und

$$\left(\frac{60}{D_a\,\pi}\right)^2 \cdot \frac{1}{1-\left(\dfrac{D_e}{D_a}\right)^2} = B \quad \ldots \ldots \ldots \; 231.$$

so daß sich Gl. 229 in einfacher Form schreiben läßt

$$n = -w_r \cdot A + \sqrt{w_r^2 \cdot A^2 + B \cdot \eta\, g\, H_n} \; \ldots \ldots \; 232.$$

Zur Ermittelung der jeweiligen radialen Eintrittsgeschwindigkeit w_r muß die Eintrittsfläche F_e bekannt sein, worauf sich dann diese Geschwindigkeit aus der Beziehung $w_r = \dfrac{Q'}{F_e}$ ermittelt.

Um für alle Fälle für verschiedene Wassermengen schnell die Umlaufszahlen bestimmen zu können, wird man auch die Konstanten A und B sofort nach Berechnung einer neuen Pumpe festlegen und zur Bestimmung von w_r die Eintrittsfläche F_e angeben. Vielleicht ist es auch angebracht, die Tourenzahl für $K_{\max}$ und $K_{\min}$, bezogen auf $\eta\, H_n = 10$, festzulegen.

Zur Untersuchung, ob für eine zu entwerfende Pumpe vorhandene Modelle oder Teile derselben verwendet werden können, bilde man nach Annahme des Koeffizienten η die Charakteristik $K = \dfrac{Q}{\sqrt{\eta\, H_n}}$. Dann sieht man in einer Tabelle nach, ob schon eine Pumpe mit gleicher Charakteristik ausgeführt worden ist und bestimmt sich, wenn dies der Fall, die Umlaufszahl. Gibt dieselbe eine für den Fall annehmbare Größe, so kann direkt das vorhandene Modell verwendet werden.

Vom Verfasser angestellte Versuche haben gezeigt, daß man zu große Variation der Wassermenge durch Veränderung der Leitschaufeln nicht erreichen kann. Bis zu einer Wassermenge ca. 35% geringer als die normale erreicht man noch sehr gute Nutzeffekte, während bei kleineren Wassermengen und entsprechend kleineren Leitschaufelweiten der Nutzeffekt zu wünschen übrig läßt. Anscheinend sind bei kleineren Leitschaufelweiten die Verluste im Leitapparat durch die größer werdende absolute Austrittsgeschwindigkeit und den größeren Schaufelstoß sehr bedeutend und beeinträchtigen den Nutzeffekt.

Noch eines anderen Mittels bedient man sich mit Erfolg in der Praxis, um dasselbe Laufrad bei konstanter Tourenzahl für verschiedene Förderhöhen und Fördermengen verwenden zu können. Es ist dies das Abdrehen der Laufradschaufeln. Um bei gleicher Tourenzahl mit gutem Nutzeffekt dieselbe Wassermenge auf kleine Höhe zu heben, werden die Laufradschaufeln entsprechend abgedreht, indem natürlich die Laufradböden im Durchmesser gleich bleiben. — Man bedient sich dabei der Beziehung, daß die Durchmesser sich verhalten wie die Umfangsgeschwindigkeiten. Man wird entsprechend der kleineren Förderhöhe die Umfangsgeschwindigkeit ermitteln und hiernach den Durchmesser bestimmen, nach welchem die Laufradschaufeln zurückzustechen sind.

Es wäre noch zu berücksichtigen, daß beim Abstechen der Laufradschaufeln der Laufradwinkel β_a kleiner wird, wodurch dann auch der Koeffizient $\varkappa$ (siehe Gl. 97) einen geringeren Wert erhält.

31. Die Q/H-Kurven in Verbindung mit der Nutzeffektsparabel.

Es möge jetzt hier kurz angeführt werden, welcher graphischen Aufzeichnung man sich auch bedient, um leicht die Verwendbarkeit einer Pumpentype bzw. eines bestimmten Lauf- und Leitrades für verschiedene Förderhöhen und Tourenzahlen bestimmen zu können.

Im Kapitel 27 waren die Versuchsergebnisse von verschiedenen Pumpen angegeben. Wie man aus den Q/H-Kurven der einzelnen Diagramme ersieht, haben diese Kurven einen ganz verschiedenen charakteristischen Verlauf. Theoretisch lassen sich nun die Q/H-Kurven nur ganz ungenau bestimmen, zumal dieselben bei gleichem Laufrad und bei Verwendung von verschiedenen Leitradapparaten ganz anderen charakteristischen Verlauf haben.

Daß bei gleichem Laufrad nur die Änderung der Schaufelweite des Leitapparates Einfluß auf den jeweiligen charakteristischen Verlauf der Q/H-Kurven hat, zeigen vom Verfasser an einer Pumpe mit drehbaren Leitschaufeln ausgeführte Versuche. Bei dieser Versuchspumpe wurden die drehbaren Leitschaufeln ähnlich wie in Fig. 66 bzw. Tafel VII angeordnet. Es wurde hierzu ein Laufrad mit einem äußeren Laufradwinkel von $\beta_\alpha = 148°$ benutzt. Man sieht, wie bei den kleineren Schaufelweiten die Q/H-Kurven nicht unwesentlich steigen. Die Zunahme des Druckes ist hauptsächlich durch die Zunahme der Größe $\dfrac{w_a^2}{2\,g}$ (siehe Fig. 62) zu erklären. Das zum Versuch benutzte Laufrad hatte, wie erwähnt, einen Winkel $> 90°$, wobei dann bei kleineren Wassermengen die absolute Geschwindigkeit w_a steigt, so daß also die Größe wie $\dfrac{w_a^2}{2\,g}$ zur Erhöhung der Förderhöhe beiträgt.

Durch das Verstellen der Leitschaufeln wird auch zu gleicher Zeit der Leitschaufelwinkel sich mehr der Wirklichkeit anpassen. Vermindert man durch Steigen der Förderhöhe die Wassermenge bei vollständig geöffneten Leitschaufeln (letzteres erzielt man auf der Versuchsstation durch Drosseln mittels einen in der Druckleitung angebrachten Schiebers), so stimmt der Winkel der absoluten Austrittsgeschwindigkeit mit dem Leitschaufelwinkel nicht überein (siehe Fig. 61), wobei dann Stöße eintreten und so die absolute Austrittsgeschwindigkeit sich nicht geregelt, im Druck umsetzen kann.

Die in Fig. 67 für die verschiedentlichen Leitschaufelöffnungen angeführten Q/H-Kurven zeigen deutlich die Abhängigkeit dieser Kurven selbst bei gleichem Laufrad von der Ausbildung des Leitapparates bzw. Größe der Leitschaufelweite.

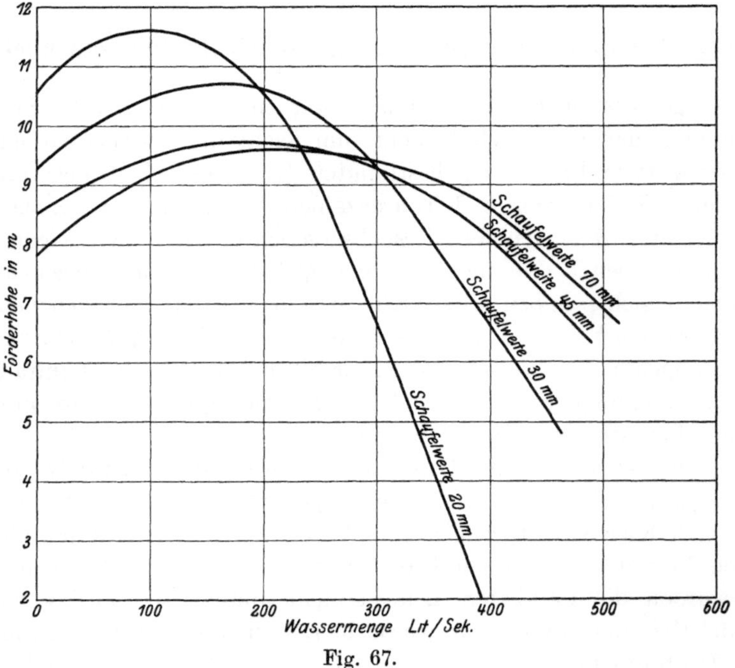

Fig. 67.

Da man also theoretisch die Q/H-Kurven nicht gut bestimmen kann, so ist man einzig und allein von der Versuchsstation abhängig. Ohne eine solche Versuchsstation ist überhaupt die Fabrikation von Zentrifugalpumpen nicht denkbar. Möge man noch so gewissenhaft die Berechnung der einzelnen Querschnitte vom Lauf- und Leitrad durchführen, man wird doch auf der Versuchsstation andere Resultate erhalten. Anders ist es, wenn man durch eine Reihe genügender Versuchsresultate sich seine durchschnittlichen Koeffizienten ermittelt hat, welche man anfangs annehmen mußte. Es sind dies hauptsächlich die Größen $\dfrac{1}{\eta}$ und der Zuschlag für die Spaltwassermenge. Das sind alles Größen, die man erst auf der Versuchsstation ermitteln kann und die, was ausdrücklich bemerkt werden muß, je nach Größe des äußeren Laufradwinkels ganz verschieden ausfallen. Leider kann der Verfasser diese, zwar für den Leser sehr wertvolle Daten nicht zur

Verfügung stellen, da die einzelnen Firmen selbstverständlich die ermittelten Koeffizienten streng geheim halten.

Nun hat man auf der Versuchsstation einesteils nicht die Mittel, auch öfters nicht die Zeit, um für' die Pumpen bei verschiedenen konstanten Tourenzahlen die Q/H-Kurven aufzustellen und möge da unter Berücksichtigung des im vorigen Kapitel Angeführten gezeigt werden, wie man sich leicht die Q/H-Kurven für alle möglichen Verhältnisse bei einer bekannten Q/H-Kurve bestimmen kann. Ferner wird man durch graphische Aufzeichnung leicht einen Überblick über das Bereich der günstigsten Wirkungsgrade einer Zentrifugalpumpe bei verschiedenen Förderhöhen und Tourenzahlen erhalten.

Aus den in der Praxis angestellten Versuchen hat sich gezeigt, daß die Beziehungen

$$\frac{Q_1}{Q_2} = \sqrt{\frac{H_{n_1}}{H_{n_2}}} \quad \text{und} \quad \frac{Q_1}{Q_2} = \frac{n_1}{n_2}$$

ziemlich genau mit der Wirklichkeit übereinstimmen und daß die eventuellen Abweichungen nur ganz minimal sind.

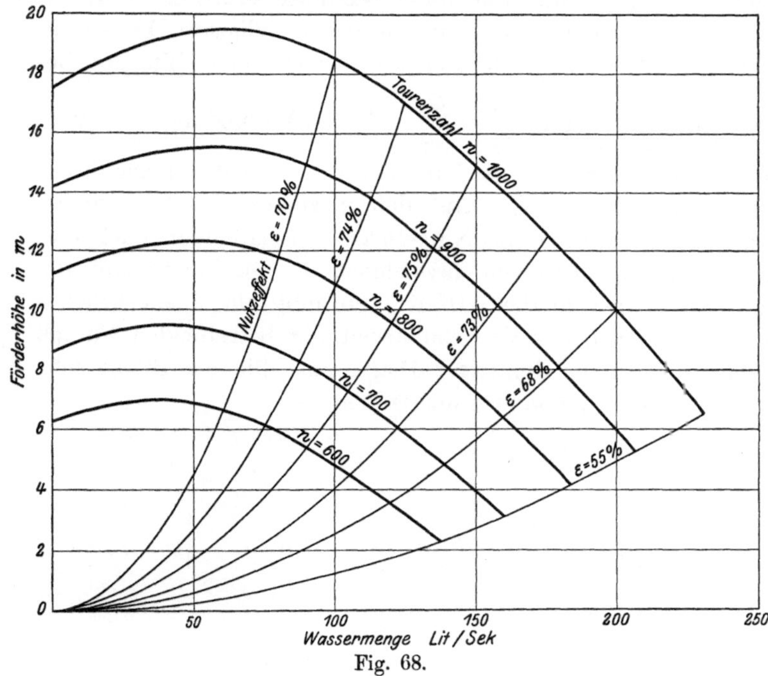

Fig. 68.

In Fig. 68 wurde die durch Versuche für eine Tourenzahl von 800 ermittelte Q/H-Kurve eingetragen. Uns interessiert nun von den soeben angeführten Beziehungen der Ausdruck $\dfrac{Q_1}{Q_2} = \sqrt{\dfrac{H_{n_1}}{\sqrt{H_{n_2}}}}$, aus

welchem sich, wie im vorigen Kapitel gezeigt, die Beziehung ergibt
$\dfrac{Q}{\sqrt{H_n}} = K$, welcher Ausdruck als Charakteristik bezeichnet wurde.
Diese Gleichung kann auch noch geschrieben werden $Q^2 = C \cdot H_n$.
Dies ist die Scheitelgleichung einer Parabel.

Es war bereits gezeigt worden, daß bei gleichen $\dfrac{Q}{\sqrt{H_n}}$ auch der
Nutzeffekt der Zentrifugalpumpe konstant bleibt, abgesehen von kleinen Abweichungen, die aber nicht nennenswert sind. Wenn man also für einen Punkt der Q/H-Kurve den Nutzeffekt kennt, so müssen die Punkte für gleiche Nutzeffekte für andere Q/H-Kurven auf einer Parabel liegen mit der angeführten Scheitelgleichung $Q^2 = C \cdot H_n$.

In Fig. 68 sind nun normale gut übersichtliche Diagramme für eine Zentrifugalpumpe wiedergegeben, wie man sich solcher in der Praxis zweckmäßig bedient. Auf der Versuchsstation wurde die Q/H- und die Nutzeffektskurve bei einer Tourenzahl von $n = 800$ gefunden. Auf dieser Q/H-Kurve sind 6 Punkte mit den zugehörigen Werten der Nutzeffekte angegeben. Für diese 6 Punkte ermittelt man für verschiedene Tourenzahlen und zwar am zweckmäßigsten Drehstromtourenzahlen, Punkte entsprechender Q/H-Kurven mit Hilfe der Beziehungen $\dfrac{n_1}{n_2} = \sqrt{\dfrac{H_{n_1}}{H_{n_2}}}$ und $\dfrac{n_1}{n_2} = \dfrac{Q_1}{Q_2}$. Durch Verbindung gleichwertiger Punkte erhält man dann die Parabeln mit der soeben angeführten Scheitelgleichung $Q^2 = C \cdot H_n$. Auf den einzelnen Parabeln finden sich für die Pumpe gleichgroße Nutzeffekte, weshalb man auch dieselben mit Nutzeffektsparabeln bezeichnet. — Die Einzeichnungen der Nutzeffektsparabel in die Q/H-Kurven gibt ein übersichtliches Bild über den Bereich der Verwendbarkeit der betreffenden Pumpe und ist das Aufzeichnen derartiger Diagramme für die Praxis sehr wertvoll, man kann wohl sagen, unerläßlich.

V. Die Schaufelschnitte mit Rechnungs-beispielen.

32. Schaufelschnitte gewöhnlicher Art.

a) Berechnung und Schaufelung für zwei Hochdruck-Zentrifugalpumpen.

In den vorhergehenden Kapiteln war angegeben worden, wie für stoßfreies Arbeiten der Zentrifugalpumpe das Eintritts- und Austrittsdiagramm zu bestimmen ist, wie ferner die Schaufeln an ihrem Anfang und Ende als Evolventen auszubilden sind. Im folgenden soll nun gezeigt werden, wie die Schaufelgefäße selbst am vorteilhaftesten zu gestalten sind, was nebst der Berechnung der Pumpen an einzelnen Schaufelschnitten vorgeführt werden soll.

Zuerst werde der einfache Fall angenommen, daß, wie in Fig. 69 angegeben, die Eintrittsbreite b_e parallel zur Achse ist. Legt man durch ein solches Laufrad im Aufriß Ebenen $a-a$ oder $b-b$ senkrecht zur Achse, so projezieren sich die Schnitte durch die Schaufeln im Grundriß alle in gleicher Form, die Schaufel selbst

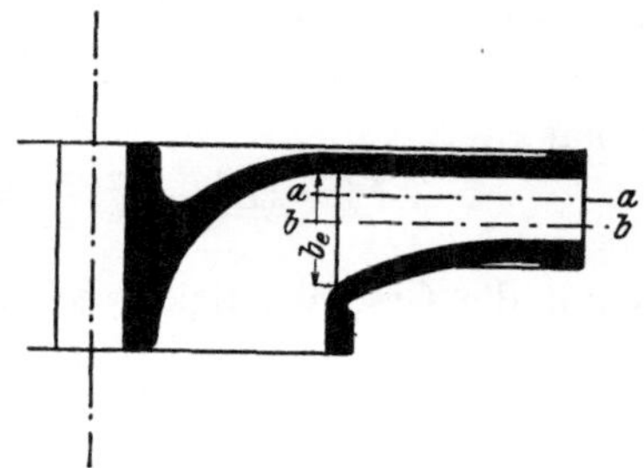

Fig. 69.

steht also auf jedem Horizontalabschnitt senkrecht. Nach Konstruktion der Eintritts- und Austrittsevolventen wird sich das Schaufelgefäß sehr einfach herstellen lassen, indem man die beiden Evolventen mittels geeigneter Kurve derart verbindet, daß das Schaufelgefäß eine angemessene Form erhält. Dabei ist neben anderen vorher erwähnten Punkten zu berücksichtigen, daß die Schaufelzahl möglichst klein genommen werden soll.

An einigen Beispielen soll jetzt die Berechnung der Zentrifugalpumpe und die Konstruktion der Schaufeln durchgeführt werden, und zwar vorerst an einem Radprofil, wie in Fig. 69 angegeben ist.

Beispiel I. Siehe Tafel III.

Es soll ein Lauf- und Leitrad für eine mehrstufige Hochdruck-Zentrifugalpumpe entworfen werden für folgende Verhältnisse:

$$H_n = 20 \text{ m} \qquad\qquad Q = 2{,}0 \text{ cbm pro Min.}$$

Der hydraulische Wirkungsgrad $\dfrac{1}{\eta}$ werde mit 0,75 angenommen, so daß also $\eta\, H_n = 26{,}66$ ist.

In der Sekunde sind zu fördern: $Q = \dfrac{2{,}0}{60} = 0{,}0333$ cbm.

Die Spaltwassermenge werde mit 5% der zu fördernden Wassermenge angenommen, so daß sich die zur Berechnung des Laufrades nötige Fördermenge ergibt zu:

$$Q' \cong 0{,}035 \text{ cbm.}$$

Das Laufrad. Der Saugrohrdurchmesser D_s wurde mit 0,15 m angenommen. Die Nabe des Laufrades habe einen Durchmesser $d_n = 0{,}08$ m, so daß die freie Fläche F'_e vor dem Laufradeintritt die Größe hat

$$F'_e = (D_s^2 - d_n^2)\,\frac{\pi}{4} = 0{,}012644 \text{ qm}$$

und somit die Geschwindigkeit w'_r in dieser Fläche

$$w'_r = \frac{Q'}{F'_e} = 2{,}76 \text{ m.}$$

Es sei der äußere Laufraddurchmesser $D_a^a = 0{,}3$ m und der äußere Laufradwinkel $\beta_a^a = 155°$.

Die Schaufelzahl werde mit $z = 10$ angenommen.

Nach Gl. 168 bestimmt sich der Erzeugungskreisdurchmesser d_a für die Evolvente am Laufradaustritt zu

$$d_a = D_a^a \cdot \sin\beta_a^a = 0{,}127 \text{ m}$$

und nach Gl. 169 die Schaufelweite

$$a_a + s_a = \frac{D_a^a\, \pi \cdot \sin\beta_a^a}{z_a} = 0{,}04 \text{ m.}$$

Die Schaufelstärke s_a betrage 0,004 m, mithin die Schaufelweite $a_a = 0{,}036$ m.

Der der Berechnung der Umfangsgeschwindigkeiten zugrunde zu legende äußere Laufraddurchmesser D_a kann jetzt nach Gl. 172 rechnerisch bestimmt werden

$$D_a = \sqrt{D_a^{a^2} + a_a^2 + 2\,a_a \cdot D_a^a \cdot \cos\beta_a^a} = 0{,}2675 \text{ m.}$$

Derselbe Wert wurde auch graphisch ermittelt, indem an dem Erzeugungskreis eine Tangente gezogen und vom Schnittpunkt derselben mit der Peripherie des Kreises mit dem Durchmesser D_a^a das Stück $\dfrac{a_a}{2}$ abgetragen wurde.

Der zur Berechnung nötige Laufradwinkel in D_a ergibt sich nach Gl. 170

$$\sin\beta_a = \frac{D_a^a \cdot \sin\beta_a^a}{D_a} = 0{,}475,$$

also

$$\beta_a = 151°\ 40'.$$

Bei der Annahme der Laufradhöhe $b_a = 0{,}015$ m bestimmt sich die Austrittsfläche im Durchmesser D_a zu

$$F_a' = 0{,}01265\ \text{qm}$$

und die durch die Schaufelstärken verengte Austrittsfläche aus der Beziehung

$$F_a = F_a' \cdot \frac{a_a}{a_a + s_a} = 0{,}01138\ \text{qm},$$

ferner die relative Austrittsgeschwindigkeit v_r in dieser Fläche

$$v_r = \frac{Q'}{F_a} = 3{,}08\ \text{m}.$$

Der innere Laufraddurchmesser D_e wurde zu 0,185 m festgelegt. Bei der Annahme $\beta_e = \delta_e$ also $w_e = v_e$ bestimmt sich die Umfangsgeschwindigkeit u_a nach Gl. 136, die lautete

$$u_{a_{\beta_e = \delta_e}} = -\frac{v_r}{2\,\text{tg}\,\beta_a\left[1 - \dfrac{1}{2} \cdot \left(\dfrac{D_e}{D_a}\right)^2\right]}$$

$$+ \sqrt{\left[\frac{v_r}{2\,\text{tg}\,\beta_a\left[1 - \dfrac{1}{2} \cdot \left(\dfrac{D_e}{D_a}\right)^2\right]}\right]^2 + \frac{\eta\,g\,H_n}{1 - \dfrac{1}{2}\left(\dfrac{D_e}{D_a}\right)^2}} \qquad (136)$$

hieraus

$$u_a = 22{,}66\ \text{m}\quad\text{und}\quad u_e = u_a\frac{D_e}{D_a} = 15{,}68\ \text{m}.$$

Die Umlaufszahl ergibt sich aus der bekannten Beziehung

$$n = \frac{u_a \cdot 60}{D_a\,\pi} = 1611 \sim 1600\,.$$

Zur Konstruktion des Austrittsdiagrammes bestimme man die Größe $\dfrac{v_r}{\text{tg}\,\beta_a}$, worauf sich dann ohne Antragen des Winkels β_a das Diagramm nach dem angegebenen Verfahren aufzeichnen läßt. Fig. 70

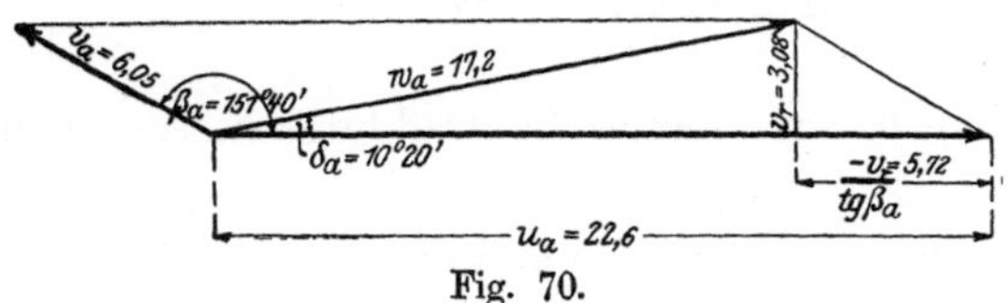

Fig. 70.

zeigt das so gefundene Austrittsdiagramm. Auf graphischem oder rechnerischem Wege ergibt sich die absolute und die relative Austrittsgeschwindigkeit

$$w_a = 17{,}2 \text{ m} \qquad\qquad v_a = 6{,}5 \text{ m.}$$

Den Leitradwinkel δ_a bestimmt man am zweckmäßigsten aus der Beziehung $\sin \delta_a = \dfrac{v_r}{w_a}$, woraus sich ergab $\delta_a = 10°\,20'$.

Die Schaufelteilung im Durchmesser D_a hat bei $z = 10$ die Größe

$$t_a = \frac{D_a \pi}{z} = 0{,}0841 \text{ m.}$$

Die radiale Eintrittsgeschwindigkeit vor dem Laufradeintritt hatte sich ergeben zu $w_r' = 2{,}76$, ferner die Umfangsgeschwindigkeit im Durchmesser D_e zu $u_e = 15{,}68$ m.

Die Teilung t_e bestimmt sich zu

$$t_e = \frac{D_e \pi}{z} = 0{,}0581 \text{ m.}$$

Mit den angegebenen Größen läßt sich das Eintrittsdiagramm und die Größe $a_e + s_e$ graphisch sehr einfach nach dem auf Seite 52 und 53 angegebenen

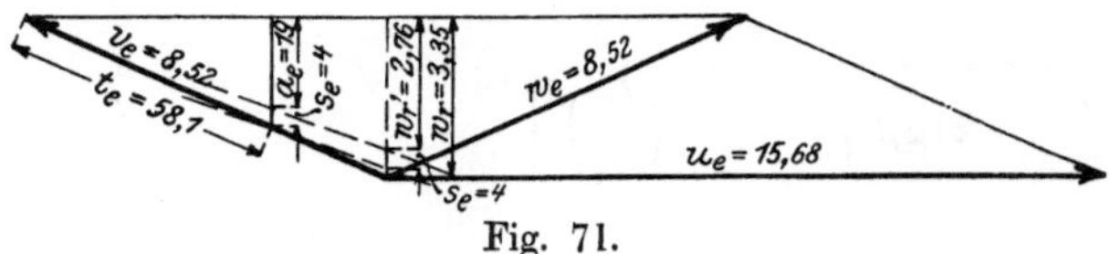

Fig. 71.

gegebenen Verfahren ermitteln. Die Konstruktion ist in dem Eintrittsdiagramm (siehe Fig. 71) angegeben und bedarf wohl keiner weiteren Erklärung mehr. Es wurde so ermittelt

$$w_r = 3{,}35 \text{ m} \qquad w_e = v_e = 8{,}52 \text{ m} \qquad a_e = 0{,}019 \text{ m} \qquad s_e = 0{,}004 \text{ m}$$
$$\beta_e = \delta_e = 23°\,10'.$$

Zur Kontrolle über die graphische Ermittelung bestimme man noch den Wert für w_r aus der Beziehung $w_r = w_r' \cdot \dfrac{a_e + s_e}{a_e}$, woraus sich ergab $w_r = 3{,}345$ m.

Der Erzeugungskreisdurchmesser für die Eintrittsevolvente bestimmt sich entweder aus Gl. 162 oder einfacher aus (Gl. 160)

$$d_e = \frac{(a_e + s_e) \cdot z}{\pi} = 0{,}0732 \text{ m.}$$

Die Eintrittshöhe b_e im inneren Laufraddurchmesser D_e hat die Größe

$$b_e = \frac{Q'}{D_e \cdot \pi \cdot w_r'} = 0{,}0218 \text{ m.}$$

Nachdem so auch für den Laufradeintritt alle Größen festgelegt sind, wurden nach dem im Kapitel 17 angegebenen Verfahren die Evolventen für den Ein- und Austritt aufgezeichnet. Die beiden Evolventen werden durch eine für die Gestaltung des Schaufelgefäßes günstige Kurve verbunden, was man am zweckmäßigsten erreicht, wenn mittels Pauspapier die Eintrittsevolvente gegen die Austrittsevolvente so lange verschoben wird, bis die Verbindungskurve günstig erscheint.

Bei der Bestimmung des Laufradprofils muß im äußeren Durchmesser D_a die Höhe $b_a = 0{,}015$ m und im inneren Durchmesser D_e die Höhe $b_e = 0{,}0218$ m eingehalten werden.

Der Krümmer beim Laufradeintritt ist so zu gestalten, daß jeder Querschnitt desselben die Größe der Fläche F'_e hat, damit nicht innerhalb des Krümmers eine Verzögerung oder Beschleunigung stattfinden kann.

Das Leitrad. Der Durchmesser d_e des Erzeugungskreises für die Evolvente der Leitradschaufel bestimmt sich nach Gl. 174

$$d_l = D_a \cdot \sin \delta_a \, .$$

Es war ermittelt worden

$$D_a = 0{,}2675 \text{ m} \quad \text{und} \quad \delta_a = 10^\circ\, 20' ,$$

woraus sich ergibt

$$d_l = 0{,}0478 \text{ m}.$$

Nach Annahme einer Schaufelzahl $z_l = 8$ bestimmt sich die Größe $a_l + s_l$ aus Gl. 175 zu

$$a_l + s_l = \frac{d_l\, \pi}{z_l} = 0{,}0188 \text{ m}.$$

Es werde die Schaufelstärke zu $s_l = 0{,}004$ m angenommen, so ergibt sich für die Schaufelweite $a_l = 0{,}0148$ m.

Die Größe $a_l + s_l$ kann auch noch aus Gl. 176 ermittelt werden, die lautete $a_l + s_l = \dfrac{Q'}{w'_a \cdot b_a \cdot z_l}$, worin nach Gl. 173 $w'_a = w_a \cdot \dfrac{a_a}{a_a + s_a}$ war. Die vom Laufrad gehobene Wassermenge Q' wird zwar vor dem Eintritt in das Leitrad um den Betrag der Spaltwassermenge abnehmen. Bei der Annahme, daß die Geschwindigkeit im Spalt in einer Evolventenbahn verläuft, wird proportional der Wassermenge auch die Geschwindigkeit w'_a abnehmen, so daß das Verhältnis $\dfrac{\text{Wassermenge}}{\text{Geschwindigkeit}}$ konstant bleibt. Man braucht also nicht erst die um die Spaltwassermenge verminderte Fördermenge und die dazu gehörige Geschwindigkeit in Rechnung zu ziehen, sondern kann in Gl. 177 die für die Berechnung des Laufrades angenommene Wassermenge Q' und die entsprechende Geschwindigkeit w'_a einsetzen.

Die weitere Ausbildung der Leitradkanäle richtet sich nach der Form des dieselben umgebenden Gehäuses. Hat dasselbe eine Spiralform, so wird man dem äußeren Teil der Leitschaufel eine Richtung geben, die sich möglichst der Evolvente des Gehäuses anschließt. Sitzt der Leitapparat zentrisch in einem runden Gehäuse nach Art der Fig. 7, so wird man das Wasser vorteilhaft radial aus den Schaufeln austreten lassen. Wird, wie es bei mehrstufigen Hochdruck-Zentrifugalpumpen der Fall ist, das Wasser nach dem Austritt aus den Leitschaufeln durch einen Umführungskanal geleitet, so läßt man die Schaufeln in diesem Kanal in Richtung des aus den Leitschaufeln austretenden Wasserstrahles beginnen und gegen den Eintritt in das nächste Laufrad hin in Richtung der absoluten Eintrittsgeschwindigkeit endigen.

Es wird sich nun empfehlen, über die angestellte Berechnung der Diagramme eine Kontrolle auszuüben, indem man untersucht, ob die ermittelten Geschwindigkeitsgrößen die Gl. 221 erfüllen, welche lautete

$$\eta H_n = \frac{u_a^2}{2g} - \frac{u_e^2}{2g} + \frac{v_e^2}{2g} - \frac{v_a^2}{2g} + \frac{w_a^2}{2g} - \frac{w_e^2}{2g}.$$

Da $\beta_e = \delta_e$, mithin $v_e = w_e$ angenommen wurde, so ist

$$\frac{v_e^2}{2g} - \frac{w_e^2}{2g} = 0.$$

Für die ermittelten Geschwindigkeiten bestimmte sich

$$\eta H_n = 26{,}62,$$

während die der Rechnung zugrunde gelegte Bruttoförderhöhe 26,66 betrug. In Anbetracht, daß die vorliegende Rechnung mit dem Rechenschieber durchgeführt wurde, ist dieses Resultat der Genauigkeit ein gutes zu nennen.

Eine weitere Probe der Rechnung, ferner eine Untersuchung über das Verhalten der Förderhöhe bei Abdrosselung der Pumpe kann man mit Gl. 225 machen, die da lautete

$$\eta H_n = \frac{u_a^2 - u_e^2}{g} + \frac{v_r \dfrac{u_a}{\operatorname{tg}\beta_a} + \dfrac{u_e}{\operatorname{tg}\beta_e} \cdot \dfrac{F_a}{F_e}}{g} = C_1 + v_r \cdot C_2.$$

Die Werte der Konstanten ermittelten sich zu

$$C_1 = 27{,}5 \qquad C_2 = -0{,}27.$$

Es war für die normale Fördermenge $v_r = 3{,}08$ m, also

$$\eta H = 26{,}668,$$

was auch annähernd mit dem verlangten Werte übereinstimmt.

Die Konstante C_2 hat nur einen kleinen negativen Wert, so daß für gleichen Koeffizienten η die Förderhöhe mit abnehmender Wassermenge nur noch sehr wenig zunehmen wird. Berücksichtigt man aber, daß voraussichtlich der Koeffizient η bei Abdrosselung zunimmt, so würde schon bei wenig verringerter Wassermenge die verlangte Förderhöhe nicht mehr erreicht werden können. Diese Schaufelung wird vielleicht für eine Pumpe, die oft kleinere Wassermengen zu liefern hat, nicht gut brauchbar sein, es sei denn, daß die Druckleitung eine beträchtliche Länge hat. Ein bestimmter Bruchteil von H_n ist zur Überwindung der Reibungsverluste in dieser Leitung nötig, und diese Reibungshöhe wird annähernd mit dem Quadrate der Rohrgeschwindigkeit abnehmen, so daß also bei kleinerer Fördermenge ein kleineres H_n zu setzen ist. So kann es vorkommen, daß bei einer längeren Leitung der Ausdruck $\eta\,H_n$ in bestimmten Grenzen der Fördermenge gleiche Größe hat, indem bei kleineren Wassermengen η zwar zu-, H_n dagegen abnimmt.

Es sei hier noch darauf aufmerksam gemacht, daß die Abnahme der Nettoförderhöhe H_n bei abnehmender Wassermenge bedingt durch eine längere Rohrleitung bei der Wahl der Pumpe nicht außer Acht zu lassen ist. Man muß wohl überlegen, daß eine zu sehr bei Abdrosselung der Pumpe vergrößerte Förderhöhe nutzlos den Kraftverbrauch der Pumpe erhöht, die Druckhöhe, die über dem Oberwasserspiegel steht, kommt dem Interessenten nicht zugute.

Nachdem auf die angedeutete Weise die ausgeführte Rechnung auf ihre Genauigkeit geprüft worden ist, wird man jetzt zur Klassifikation der Pumpe die verschiedenen Konstanten festlegen. Es ermittelte sich die für Lauf- und Leitrad gemeinsame Konstante

$$K = \frac{Q}{\sqrt{\eta\,H_n}} = 0{,}388 \, ,$$

und die Umlaufzahl, bezogen auf $\eta\,H_n = 10$, zu $n = 990$.

Berücksichtigt man noch den äußeren Laufraddurchmesser

$$D_a = 0{,}3 \text{ m},$$

so ist die Pumpe durch folgende Größen festgelegt

Hochdruckpumpe Nr. 3,0 $K = 0{,}388$ $n = 990$.

Das vorliegende Pumpenmodell mit Verwendung des Leit- und Laufrades ist also für alle die Fälle sofort brauchbar, für welche die Charakteristik K die Größe 0,388 hat.

Bei der soeben für Beispiel I ermittelten Schaufelung ergab sich, daß bei Abdrosselung, also Verringerung der Fördermenge, die Förderhöhe voraussichtlich abnehmen wird. Es fragt sich nun, wie erhält man durch andere Annahme der Schaufelung eine Gewähr dafür, daß die Pumpe bei Abdrosselung für jede Fördermenge mindestens den normalen Druck noch hält.

Im Kapitel 28 war hierüber schon einiges angeführt worden. Es soll hier auf einen Punkt noch einmal besonders aufmerksam gemacht werden, der die Wahl der Größe des äußeren und inneren Durchmessers betrifft. Damit ηH_n mit abnehmender Fördermenge größer wird, mußte in Gl. 225 das zweite Glied der rechten Seite negativ sein. Je größer dieser negative Wert, um so größer der Ausdruck $\dfrac{u_a^2 - u_e^2}{g}$. Man wird also versuchen, das Glied $\dfrac{u_a^2 - u_e^2}{g}$ möglichst groß zu machen, was man einerseits durch Annahme eines großen Winkels β_a und δ_a, ferner aber auch durch zweckmäßige Annahme des inneren und äußeren Laufraddurchmessers erreicht. Setzt man $u_e = u_a \dfrac{D_e}{D_a}$, so kann man auch für Gl. 226 schreiben

$$C_1 = \frac{u_a^2 - u_e^2}{g} = \frac{u_a^2}{g} \cdot \left[1 - \left(\frac{D_e}{D_a} \right)^2 \right].$$

Je kleiner also das Verhältnis $\dfrac{D_e}{D_a}$, um so größer die Konstante C_1, um so höher wird die Pumpe bei Abdrosselung fördern.

Verkleinert man den inneren Laufraddurchmesser bei dem vorhin angegebenen Laufradprofil, so kann die Eintrittslinie b_e nicht mehr parallel zur Achse, sondern muß als eine Kurve in dem Laufradkrümmer angenommen werden. Wie bei dieser Annahme die Schaufelfläche zu bestimmen ist, wird im folgenden Kapitel näher angegeben werden.

Ein weiteres Mittel zur Verkleinerung des Verhältnisses $\dfrac{D_e}{D_a}$ ist die Vergrößerung des äußeren Durchmessers D_a. Um zu zeigen, welchen Einfluß die Vergrößerung desselben auf die einzelnen Rechnungsgrößen hat, soll jetzt noch eine zweite Schaufelung durchgeführt werden, indem für dasselbe Beispiel der äußere Laufraddurchmesser $D_a^a = 0,35$ m angenommen wird.

Beispiel II (siehe Tafel IV).

Der äußere Laufraddurchmesser sei $D_a^a = 0,35$ m. Das Laufradprofil am Eintritt soll das gleiche sein wie für Beispiel I, so daß also

$$D_s = 0,150 \text{ m} \qquad F_e' = 0,012644 \text{ qm} \qquad w_r' = 2,76 \text{ m} \qquad D_e = 0,184 \text{ m}.$$

Die Anzahl der Laufradschaufeln sei jetzt $z = 9$. Bei der ersten Schaufelung konnte man die Schaufelzahl nicht kleiner als 10 annehmen, da sonst kein Anschluß der Eintritts- mit der Austrittsevolvente mehr zu erreichen war. Bei dem größeren äußeren Durchmesser konnte wegen der entsprechend größer ausfallenden Differenz $D_a - D_e$ die Schaufelweite größer gewählt werden und somit die Schaufelzahl verringert werden.

An dieser Stelle sei noch darauf hingewiesen, daß der noch mögliche Anschluß der Eintritts- mit der Austrittsevolvente die kleinste Schaufelzahl bestimmt. Im Kapitel 24 war angegeben worden, wie zweckmäßig die Wahl einer geringeren Schaufelzahl ist.

Bei der Schaufelung mit größerem Laufraddurchmesser werden zwar die Schaufelkanäle etwas länger werden, bei der geringeren Schaufelzahl fallen aber die Schaufelweiten größer aus, so daß sich die hydraulischen Verluste für beide Schaufelungen voraussichtlich annähernd gleich einstellen werden. Es wurde aus diesem Grunde wie früher der hydraulische Wirkungsgrad $\frac{1}{\eta} = 0{,}75$ angenommen, so daß sich wieder ergibt $\eta\, H_n = 26{,}66$.

Der äußere Laufradwinkel im Durchmesser D_a^a habe die Größe $\beta_a^a = 155°$. Es bestimmt sich sodann

$$d_a = 0{,}148 \text{ m} \quad \text{und} \quad a_a + s_a = 0{,}0517 \text{ m},$$

mithin die Schaufelweite $a_a = 0{,}0477$ m und die Schaufelstärke $s_a = 0{,}004$ m.

Nach Gl. 172 oder graphisch ermittelt sich der der Berechnung zugrunde zu legende äußere Laufraddurchmesser $D_a = 0{,}308$ m und der Laufradwinkel in diesem Durchmesser $\beta_a = 151° 20'$.

Die Laufradhöhe b_a werde jetzt angenommen mit $b_a = 0{,}012$ m, so daß sich ergibt

$$F_a = 0{,}01072 \text{ qm} \quad \text{und} \quad v_r = 3{,}26 \text{ m}.$$

Bei der Annahme $\beta_e = \delta_e$ bestimmt sich nach Gl. 136 die Umfangsgeschwindigkeit zu

$$u_a = 21{,}84 \text{ m und } u_e = 13{,}11 \text{ m}.$$

Die Umlaufszahl pro Minute beträgt jetzt $n = 1350$. Für den inneren Laufraddurchmesser D_e ist die Teilung $t_e = 0{,}0646$ m.

Nach bekannter Konstruktion ermittelte sich graphisch

$$a_e + s_e = 0{,}0285 \text{ m} \quad a_e = 0{,}0245 \text{ m} \quad s_e = 0{,}004 \text{ m} \quad \beta_e = \delta_e = 26° 15'$$
$$w_r = 3{,}21 \text{ m} \quad w_e = v_e = 7{,}31 \text{ m}.$$

Der Durchmesser des Erzeugungskreises für die Eintrittsevolvente ergab $d_e = 0{,}0814$ m.

Die durch die Schaufeln verengte Eintrittsfläche bestimmte sich zu $F_e = 0{,}01086$ qm.

Im Austrittsdiagramm ermittelte sich die relative und die absolute Austrittsgeschwindigkeit zu

$$v_a = 6{,}78 \text{ m} \quad w_a = 16{,}2 \text{ m}.$$

In Fig. 72 und 73 ist das Austritts- bzw. Eintrittsdiagramm für die gefundenen Größen dargestellt.

Für den Leitapparat ergibt sich der Durchmesser des Erzeugungskreises $d_l = 0{,}062$ m und bei der Annahme einer Leitschaufelzahl von $z_l = 8$ die Schaufelweite $a_l = 0{,}0205$ m und die Schaufelstärke $s_l = 0{,}004$ m.

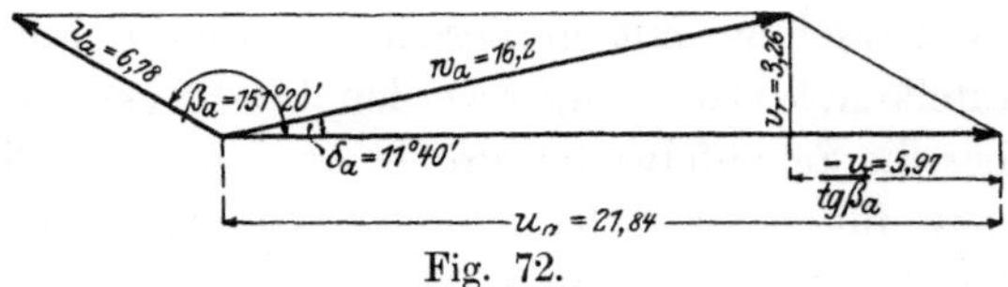

Fig. 72.

Nach bekanntem Verfahren wurden die Evolventen verzeichnet und dann die Schaufelkanäle ausgebildet. (Siehe Tafel IV.)

Es soll nun jetzt wieder untersucht werden, wie sich bei dieser Schaufelung die Druckhöhen bei verminderter Fördermenge einstellen

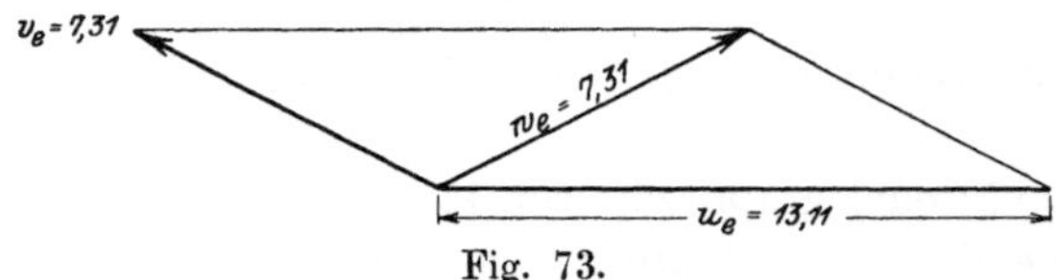

Fig. 73.

werden. Gl. 228 schreibt sich nach Bestimmung der Konstanten C_1 und C_2

$$\eta H_n = 31{,}2 - v_r \cdot 1{,}389 \, .$$

Für die normale Fördermenge war $v_r = 3{,}26$ m, wofür sich ergibt $\eta H_n = 26{,}685$ gegenüber 26,666, wie für die Berechnung angenommen wurde.

In Fig. 74 sind die theoretischen Druckkurven eingezeichnet, wie sich dieselben für die angeführten Beispiele bei der Schaufelung I und II ergeben. Als Abszissen sind die Wassermengen, als Ordinaten die Bruttodruckhöhen ηH_n aufgetragen. Man sieht, daß der etwas größere Laufraddurchmesser für Schaufelung II immerhin wesentlich zur Vergrößerung der Druckhöhe beiträgt.

Es möge nochmals darauf hingewiesen werden, daß die in Fig. 74 verzeichneten Druck-

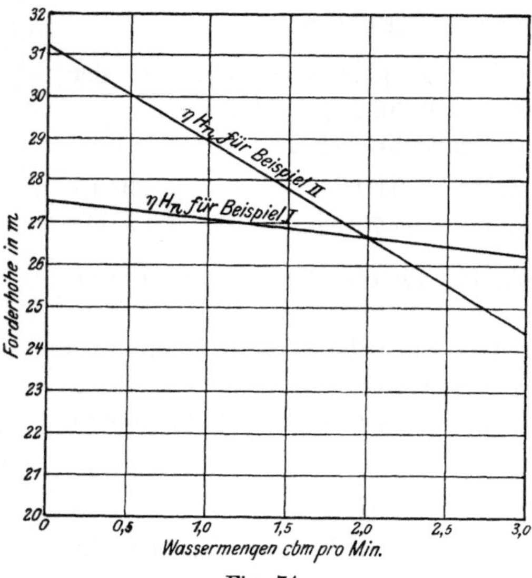

Fig. 74.

kurven in Wirklichkeit einen anderen Verlauf zeigen werden. Es sei hier auf Kapitel 31 verwiesen. Trotzdem ist aber die Darstellung der beiden Druckkurven insofern von Interesse, als sie ein klares Bild gibt von dem Einfluß der verschiedenen Annahmen des Verhältnisses $\dfrac{D_e}{D_a}$ auf die Förderhöhe.

Die Charakteristik der Pumpe mit Schaufelung II ergibt sich wie früher zu $K = 0{,}388$, die Umlaufszahl bezogen auf $\eta\, H_n = 10$, berechnet sich jetzt zu $n = 827$, so daß man als Kennzeichen für die Pumpe schreiben kann:

Hochdruckpumpe Nr. 3,5 $\quad K = 0{,}388 \quad n = 827$.

b) Berechnung und Schaufelung einer Niederdruck-Zentrifugalpumpe.

Es soll die Schaufelung für Lauf- und Leitrad einer Niederdruckpumpe entworfen werden für folgende Verhältnisse:

$$Q = 18 \text{ cbm pro Minute} \qquad H_n = 8{,}0 \text{ m.}$$

Der hydraulische Wirkungsgrad $\dfrac{1}{\eta}$ werde mit 0,8 angenommen, so daß sich ergibt $\eta\, H_n = 10$.

In der Sekunde sind zu fördern $Q = 0{,}3$ cbm.

Die Spaltwassermenge werde mit 6% der Fördermenge angenommen, so daß sich die der Berechnung des Laufrades zugrunde zu legende Fördermenge ergibt zu

$$Q' = 0{,}3 + 0{,}018 = 0{,}318 \text{ cbm.}$$

Das Laufrad. Der Saugrohrdurchmesser wurde mit $D_s = 0{,}36$ m angenommen. Bei einem Nabendurchmesser von $d_n = 0{,}1$ m ergibt sich sodann die freie Saugrohrfläche vor dem Eintritt in das Laufrad zu $F'_e = 0{,}093938$ und somit die Saugrohrgeschwindigkeit an dieser Stelle $w'_r = 3{,}39$ m.

Ferner sei der äußere Laufraddurchmesser $D_a^a = 0{,}75$ m, der Laufradwinkel in demselben $\beta_a^a = 155°$ und die Anzahl der Laufradschaufeln $z = 12$. Nach Gl. 168 bestimmt sich der Erzeugungskreis für die äußere Evolvente $d_a = 0{,}316$ m und bei Annahme einer Schaufelstärke von $s = 0{,}005$ m nach Gl. 169 die Schaufelweite $a_a = 0{,}0778$ m.

Der der Berechnung zugrunde zu legende äußere Laufraddurchmesser ergibt nach Gl. 172 $D_a = 0{,}68$ m, ferner die Teilung in diesem Durchmesser $t_a = 0{,}178$ m.

Den Laufradwinkel für diesen Durchmesser erhält man nach Gl. 170. Es ist $\beta_a = 152° \; 10'$.

Bei Niederdruck-Zentrifugalpumpen werden die Reibungsverluste geringer ausfallen als bei den Hochdruck-Zentrifugalpumpen, da bei ersteren kleinere Geschwindigkeiten und größere Kanalquerschnitte vorhanden sind. Um einen Leitapparat vor dem Laufradeintritt in Fortfall zu bringen, nehme man $\delta_e = 90°$, also die absolute Eintrittsgeschwindigkeit w_e senkrecht u_e an.

Bei dieser Annahme gestaltet sich die Berechnung der Umfangsgeschwindigkeit bedeutend einfacher, dieselbe kann jetzt bei Annahme von v_r nach Gl. 58 oder bei Annahme von δ_a nach Gl. 63 ausgeführt werden. Zur schnellen Bestimmung der Umfangsgeschwindigkeit und der radialen Austrittsgeschwindigkeit kann man sich auch der auf Tafel I verzeichneten $\varkappa$- und λ-Kurven bedienen, wovon im vorliegenden Falle Gebrauch gemacht wurde.

Der Leitradwinkel werde angenommen mit $\delta_a = 25°$.

Für $\delta_a = 25°$ und $\beta_a = 152° 10'$ ergibt sich aus den $\varkappa$-Kurven $\varkappa = 1,37$, mithin $u_a = \varkappa \sqrt{\eta\, g\, H_n} = 13,58$ m.

Hiernach bestimmt sich die Umlaufszahl pro Minute zu $n = 380$.

Für $\delta_a = 25°$ ergibt sich aus der λ-Kurve (siehe Tafel I) $\lambda = 0,11$, mithin nach Gl. 104

$$v_r = \frac{\sqrt{\lambda \cdot 2\,\eta\, g\, H_n}}{\varkappa} = 3,38 \text{ m}$$

nach Gl. 157 ist dann

$$v_r' = 3,17 \text{ m}$$

und die Laufradhöhe b_a nach Gl. 158

$$b_a = 0,047 \text{ m.}$$

Die durch die Schaufelstärken verengte Austrittsfläche ist

$$F_a = 0,0942 \text{ qm.}$$

Zur Konstruktion des Austrittsdiagrammes bestimme man noch die Größe $\dfrac{\sqrt{\eta\, g\, H_n}}{\varkappa} = 7,22$, worauf dann nach dem auf Seite 35 und 36 wiedergegebenen Verfahren das Austrittsdiagramm aufgezeichnet werden kann. (Siehe Fig. 75.)

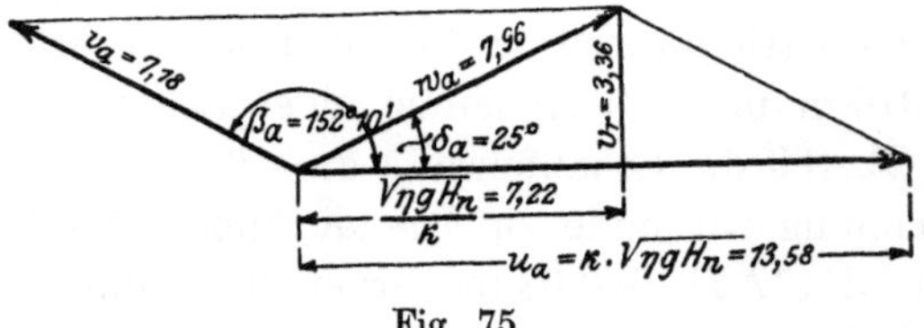

Fig. 75.

Graphisch oder analytisch ermittelte sich die relative und absolute Austrittsgeschwindigkeit

$$v_a = 7,18 \text{ m} \qquad w_a = 7,96\,.$$

Der innere Laufraddurchmesser wurde mit $D_s = 0,42$ m angenommen. Bei $z = 12$ bestimmt sich die Teilung $t_e = 0,11$ m.

Die Umfangsgeschwindigkeit in diesem Durchmesser hat die Größe $u_e = 8,4$ m.

Die Saugrohrgeschwindigkeit vor dem Laufradeintritt hatte sich ergeben zu $w_r' = 3,39$ m.

Mit den angegebenen Größen u_e, w_r' und t_e läßt sich das Eintrittsdiagramm (siehe Tafel V) leicht nach bekanntem Verfahren aufzeichnen und die Größe $a_e + s_e$ graphisch ermitteln. Es wurde so gefunden

$$a_e = 0,04 \text{ m} \qquad s_e = 0,005 \text{ m} \qquad w_e = 3,82 \text{ m}.$$

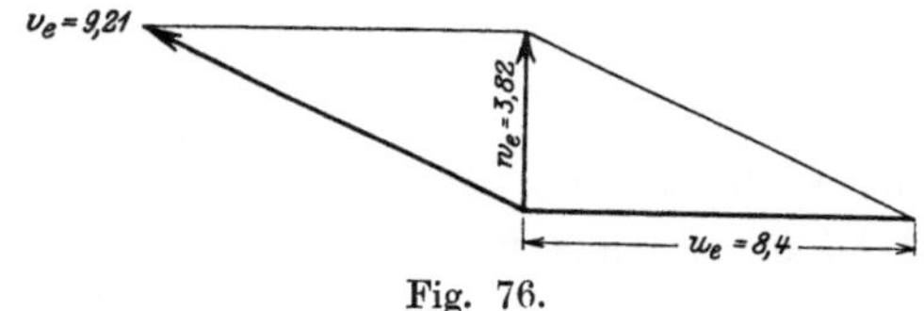

Fig. 76.

Der Durchmesser des Erzeugungskreises der Eintrittsevolvente ist dann $d_e = 0,172$ m. Die Höhe b_e am Laufradeintritt ergab

$$b_e = 0,071 \text{ m},$$

ferner die durch die Schaufelstärken verengte Eintrittsfläche

$$F_e = 0,0835 \text{ qm}.$$

Nachdem so alle Rechnungsgrößen für den Eintritt und Austritt festgelegt sind, werden die Evolventen aufgezeichnet und die Schaufelkanäle ausgebildet (siehe Tafel V). Beim Aufzeichnen des Laufradprofiles ist wieder darauf zu achten, daß im äußeren Durchmesser D_a die Laufradhöhe $b_a = 0,047$ m und im inneren Durchmesser D_e die Laufradhöhe $b_e = 0,071$ m eingehalten wird. Ferner ist der Krümmer vor dem Eintritt in die Schaufel so auszubilden, daß jeder Querschnitt desselben die Größe $F_e' = 0,093938$ qm hat.

Der Leitapparat. Für den Leitapparat wurden die Schaufelzahl $z_l = 14$ angenommen. Der Durchmesser des Erzeugungskreises bestimmt sich nach Gl. 174 zu

$$d_l = 0,288 \text{ m},$$

und aus Gl. 175 bei Annahme einer Schaufelstärke von $s_l = 0,006$ m. Die Schaufelweite $a_l = 0,0586$ m.

Auf Tafel V ist die weitere Ausbildung der Schaufelkanäle des Leitrades zu ersehen.

Kraftverbrauch. Für die Pumpe wurde ein Gesamtnutzeffekt von 75% angenommen, so daß sich der Kraftverbrauch in PS nach Gl. 192 bestimmt zu $N = 42,7$ PS.

Zur Kontrolle über die Richtigkeit der angestellten Rechnung wird man jetzt wieder untersuchen, ob die ermittelten Geschwindigkeitsgrößen Gl. 221 erfüllen, ferner wird man, um einigermaßen eine Kontrolle zu haben, wie bei Abdrosselung sich die Druckhöhen einstellen werden, für Gl. 228 die Konstanten C_1 und C_2 bestimmen.

Aus der Rechnung ergab sich

$$C_1 = 11{,}67 \qquad C_2 = -0{,}494\,,$$

so daß sich Gl. 228 schreibt $\eta H_n = 11{,}67 - v_r \cdot 0{,}494$.

Für die normale Fördermenge war $v_r = 3{,}38$, wofür sich ergibt $\eta H_n = 10{,}0$, was genau mit dem angenommenen Werte übereinstimmt. Aus der Größe der Konstanten C_1 ist zu ersehen, daß die Förderhöhe bei Abdrosselung voraussichtlich nicht unter den Wert der normalen Förderhöhe heruntergehen wird.

Es sei noch bemerkt, daß die vorliegende Berechnung der Pumpe mit Hilfe der $\varkappa$- und λ-Kurven ohne Benutzung der Tafeln der Kreisfunktionen durchgeführt wurde.

Zur Klassifikation wird man die Charakteristik $K = \dfrac{Q}{\sqrt{\eta H_n}}$ bilden, ferner die Umlaufszahl bezogen auf $\eta H_n = 10{,}0$ festlegen.

Zur genauen Klassifikation der Pumpe wird man jetzt schreiben

$$\text{Niederdruckpumpe Nr. } 7{,}5 \qquad K = 5{,}7 \qquad n = 380\,.$$

33. Die Schaufelschnitte mit Abwicklung der Schaufelenden auf den Kegelmänteln.

a) Allgemeines.

Im allgemeinen wird das Gewicht einer Zentrifugalpumpe abhängig sein von der Größe des äußeren Durchmessers des Laufrades und wird man, um einerseits an Gewicht zu sparen, andererseits, um die Umlaufszahl zu erhöhen, versuchen, den äußeren Durchmesser des Laufrades möglichst klein zu halten. Hierauf ist besonders bei Niederdruck-Zentrifugalpumpen zu achten, die ja bei größeren Laufraddurchmessern schon ganz ansehnliche Gewichte aufweisen.

Verfolgt man die Entwicklung des dem Zentrifugalpumpenbau so nahe verwandten Wasserturbinenbaues, so erkennt man dort das Bestreben, um einerseits hohe Tourenzahlen zu erreichen, andererseits aber auch um mit kleineren Gewichten die Wasserturbinen billiger herstellen zu können, den äußeren Laufraddurchmesser immer mehr und mehr zu verkleinern. Das Laufrad einer Franzisturbine hatte zur Zeit seiner Entstehung ein Profil wie das in Fig. 77 dargestellte Laufrad der Niederdruck-Zentrifugalpumpe. Während der äußere Durchmesser dort 0,75 m beträgt, so würde man denselben heute auf den Durchmesser des Saugrohres, also auf 0,36 m reduzieren, wodurch natürlich die Umdrehungszahl erhöht und das Gewicht ganz wesentlich verringert wird.

Wenn auch die Verhältnisse bei der Zentrifugalpumpe etwas anders liegen, so hat doch namentlich die Niederdruck-Zentrifugalpumpe eine ähnliche Entwicklung in den letzten Jahren durchgemacht. Auch hier versucht man, einerseits zur Erhöhung der Umlaufszahl, andererseits zur Verminderung des Gewichtes, den äußeren Laufraddurchmesser möglichst klein zu machen. Um die wohl meist verlangte Bedingung zu erfüllen, daß die Pumpe bei Abdrosselung die normale Förderhöhe noch erreicht, muß bei den Zentrifugalpumpen das Verhältnis $\dfrac{D_a}{D_e}$ stets > 1 angenommen werden, was bei der Wasserturbine nicht Bedingung ist.

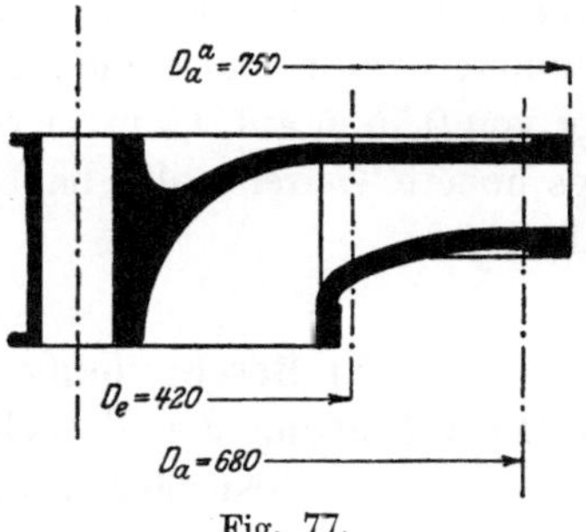

Fig. 77.

Man wird versuchen, den inneren Laufraddurchmesser D_e so klein als möglich zu wählen, wobei die bei den im vorigen Kapitel angeführten drei Beispielen gemachte Annahme, daß die Eintrittshöhe b_e parallel der Achse ist, fallen gelassen werden muß.

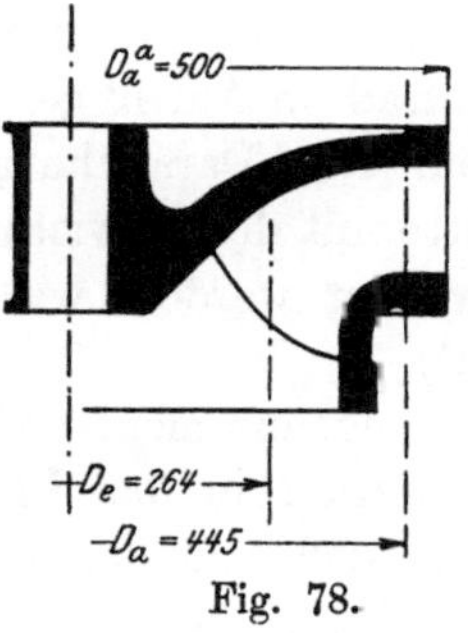

Fig. 78.

Wie schon im vorhergehenden kurz erwähnt, muß zur Verkleinerung des inneren Laufraddurchmessers D_e die Laufradeintrittsfläche innerhalb des Krümmers am Laufradprofil angenommen werden, so daß jetzt die Eintrittslinie b_e sich als eine Kurve irgendwelcher Art darstellt, die kurz mit Eintrittsbogen bezeichnet werden soll. Im Schwerpunkt dieses Eintrittsbogens liegt der mittlere innere Laufraddurchmesser D_e. Dieser Durchmesser und die Länge des Eintrittsbogens b_e muß so gewählt werden, daß die Gleichung $D_e \pi b_s = F_e'$ erfüllt wird, worin F_e' der um die Nabenfläche des Laufrades verengte Saugrohrquerschnitt war.

Hat man den Eintrittsbogen und den mittleren inneren Durchmesser festgelegt, so wird der äußere Durchmesser so angenommen, daß bei Abdrosselung eine Druckabnahme möglichst nicht stattfindet, wobei besonders auf Gl. 225 zu achten ist.

Bei der vorher berechneten Niederdruck-Zentrifugalpumpe (Beispiel III, Tafel V) war der äußere Laufraddurchmesser $D_a^a = 0{,}75$ m.

Im folgenden wird nun noch eine Niederdruck-Zentrifugalpumpe für dieselbe Wassermenge und Fördermenge wie Beispiel III, die Gl. 225 in gleicher Weise erfüllt, berechnet werden, bei welcher der innere Laufraddurchmesser auf $D_e = 0,264$ m und davon abhängig der äußere Laufraddurchmesser D_a^a auf 0,5 m reduziert wurde. Die Laufradprofile dieser beiden Pumpen zeigen im gleichen Maßstabe Fig. 77 und 78.

Im vorliegenden Falle war es also durch Verkleinerung des mittleren inneren Laufraddurchmessers möglich, den äußeren Laufraddurchmesser von 0,75 m auf 0,5 m zu verkleinern, wodurch natürlich letztere Pumpe höhere Tourenzahlen haben wird und auch im Gewicht leichter ausfällt.

b) Beschreibung der Schaufelschnitte
mit Durchführung der Berechnung und Schaufelung für zwei Niederdruck-Zentrifugalpumpen.

Es ist leicht zu ersehen, daß es bei dem in Fig. 78 angegebenen Laufradprofil nicht mehr möglich sein wird, mit Hilfe eines einzigen durch das Laufrad im Aufriß gelegten Schnittes die Schaufel im Grundriß festzulegen. Zur Darstellung der Schaufelfläche müssen jetzt die Schaufelschnitte mit der Abwicklung der Schaufelenden auf den Kegelmänteln verwendet werden, wie sie im folgenden genauer angegeben werden sollen[1]).

Es werde angenommen, daß die Größen am Ein- und Austritt ermittelt und daraufhin das Laufradprofil aufgezeichnet worden ist.

Man denke sich nun das Laufrad (siehe Fig. 79) in eine Anzahl kleinerer Teillaufräder zerlegt, wozu man die Austrittshöhe b_a in die gewünschte Anzahl gleicher Teile teilt. Der Eintrittsbogen ist in die gleiche Anzahl Teile so zu zerlegen, daß der Rotationskörper, der von jedem Teilbogen gebildet wird, gleichen Bruchteil von der Gesamteintrittsfläche ausmacht. Bezeichnet man diese Teilbögen fortlaufend mit b_{e_1}, b_{e_2}, b_{e_3} usw., die Schwerpunktsdurchmesser derselben ent-

---

1) Es soll nicht unterlassen werden, darauf hinzuweisen, daß das jetzt folgende Verfahren zur Ermittlung der Schaufelfläche mittels der Schaufelschnitte mit der Abwicklung der Schaufelenden auf den Kegelmänteln zuerst von A. Pfarr, Darmstadt, damals Oberingenieur bei Voith, Heidenheim, im Verein mit C. Hutzelsieder, jetzt Oberingenieur bei Voith, für die Schaufelung der Franzisturbinen durchgeführt wurde. Veröffentlicht wurde dieses Verfahren zuerst von E. Speidel und W. Wagenbach in Nr. 20 der Zeitschrift des Vereins deutscher Ingenieure, Jahrg. 1899. Diese beiden Herren haben nur das Verdienst, die Sache zuerst veröffentlicht zu haben, während das bei weitem größere Verdienst der Einführung A. Pfarr, Darmstadt, zusteht. Es ist sehr bedauerlich, daß in der Literatur immer auf die Schaufelschnitte von E. Speidel und W. Wagenbach Bezug genommen wird, während die Priorität des Verfahrens den Vorgenannten unzweifelhaft zusteht.

sprechend mit d_{e_1}, d_{e_2} usw. und ist z die Anzahl der Teilbogen, so muß für jeden derselben die Bedingung erfüllt sein

$$d_{e_1} \pi \cdot b_{e_1} = d_{e_2} \pi \cdot b_{e_2} = \frac{F'_e}{z}.$$

Das in Fig. 77 dargestellte Laufrad ist in vier Teilräder geteilt. Auf die soeben angegebene Weise wurden die Punkte a, b, c, d, e am Eintrittsbogen und am Laufradaustritt ermittelt. Die so erhaltenen Punkte werden durch sogenannte Schichtlinien verbunden, die möglichst senkrecht auf den Eintrittsbogen stehen sollen, da man sich in Richtung dieser Linien den Eintritt des Wassers in das Laufrad und den weiteren Lauf durch dasselbe denkt. Weiterhin sind die Schichtlinien so auszubilden, daß eine beliebige Kurve senkrecht zu denselben, in Fig. 79 punktiert angegeben, durch die Schichtlinien so geteilt wird, daß die Rotationsflächen der einzelnen Teilkurven gleichen Inhalt haben. Die Schichtlinien werden dann das Laufrad in einzelne Teillaufräder zerlegen, durch welche gleich große Wassermengen gefördert werden sollen.

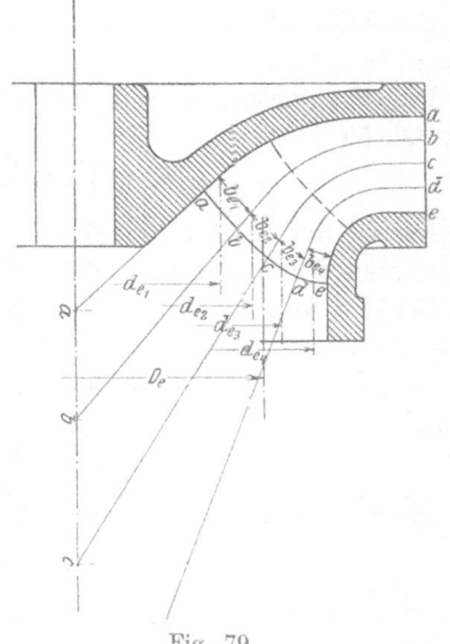

Fig. 79.

Proportional den Durchmessern der einzelnen Punkte a, b, c, d, e am Eintrittsbogen werden sich die Umlaufsgeschwindigkeiten und Teilungen ändern, so daß für jeden Punkt am Eintritt die Diagramme und damit auch die Schaufelweiten verschieden ausfallen werden. Zur Ermittlung der Schaufelweiten werden für die einzelnen Punkte die Diagramme erst zu bestimmen sein, wobei man am zweckmäßigsten von der Annahme ausgeht, daß sich vor dem Eintritt in das Laufrad die Geschwindigkeit w'_r senkrecht zur Rotationsfläche mit dem Eintrittsbogen b_e einstellt.

Zugleich mit der folgenden Beschreibung der Schaufelschnitte soll ein Rechenbeispiel durchgeführt werden. Für ein solches wurden dieselben Bedingungen gestellt wie für Beispiel III. Es ist also wiederum die Schaufelung für eine Niederdruck-Zentrifugalpumpe zu entwerfen für

$$Q = 18 \text{ cbm pro Min. und } H_n = 8,0 \text{ m.}$$

Wie früher wurde der hydraulische Wirkungsgrad mit 0,8 angenommen, so daß $\eta H_n = 10,0$ ist.

Ferner sei wieder die für die Berechnung des Laufrades zugrunde zu legende Wassermenge pro Sekunde zuschläglich der Spaltwassermenge $Q' = 0{,}318$ cbm pro Sekunde.

Auch der Saugrohrdurchmesser habe gleiche Größe wie früher, also $D_s = 0{,}36$ m, so daß die freie Saugrohrfläche vor dem Saugrohreintritt $F'_e = 0{,}093938$ qm und die Geschwindigkeit an dieser Stelle $w'_r = 3{,}39$ m beträgt. Um die Schaufelschnitte vorerst nicht so kompliziert zu gestalten, wurde der äußere Laufradwinkel mit $\beta_a = 90°$ angenommen.

Der äußere Laufraddurchmesser sei jetzt $D_a^a = 0{,}5$ m, die Laufradhöhe $b_a = 0{,}068$ m.

Die Umfangsgeschwindigkeit bestimmt sich für $\beta_a = 90°$ einfach nach Gl. 59

$$u_a = \sqrt{\eta\, g\, H_n} = 9{,}9 \text{ m.}$$

Die Anzahl der Laufradschaufeln sei $z = 10$ und danach die Teilung im äußeren Durchmesser $t_a = 0{,}157$ m.

Bei der Annahme der Schaufelstärke mit $s = 0{,}005$ m ergibt sich die Schaufelweite $a_a = 0{,}152$ m.

Die durch die Schaufelstärken verengte Austrittsfläche hat die Größe

$$F_a = 0{,}1034 \text{ qm}$$

und die radiale Austrittsgeschwindigkeit in dieser Fläche

$$v_r = v_a = 3{,}07 \text{ m.}$$

Man kann jetzt das Austrittsdiagramm aufzeichnen (siehe Tafel VI) und ermittelt graphisch oder analytisch

$$w_a = 10{,}36 \quad \text{und} \quad \delta_a = 17° \, 15'.$$

Die innere Begrenzung des Laufradprofiles wird jetzt provisorisch entworfen und ein beliebiger Eintrittsbogen eingezeichnet, der möglichst senkrecht zu den Profillinien ist. Denselben nimmt man, wenn angängig, als Kreisbogen an, weil bei einem solchen sich sehr leicht der Schwerpunkt, somit der innere mittlere Durchmesser D_e bestimmen läßt. Auch eine parabelartige Kurve wird oft hierfür gewählt. Für den angenommenen Eintrittsbogen ermittelt man sich zur Bestimmung des mittleren Durchmessers die Schwerachse parallel zur Pumpenachse, was auf verschiedene Weise ausgeführt werden kann. Sodann wird untersucht, wie groß die von dem angenommenen Eintrittsbogen gebildete Rotationsfläche ist, indem man die Größe $D_e \pi \cdot b_e$ ermittelt. Ist die ermittelte Fläche größer oder kleiner als die verlangte Fläche F'_e, so verkürzt resp. verlängert man den Eintrittsbogen um das betreffende Stück. Sodann wird wieder von neuem der Durchmesser D_e bestimmt und untersucht, ob jetzt die Gleichung $D_e \pi b_e = F'_e$ erfüllt wird. Der innere Teil des Laufradprofils muß noch entsprechend der Verlängerung oder Verkürzung von b_e geändert werden.

In Tafel VI wurde in dem Laufradprofil der so gefundene Eintrittsbogen stark strichpunktiert eingezeichnet und zwar ergab sich $b_e = 0,113$ m. Mittels eines Kräfte- und Seilplanes wurde die Lage der Schwerachse parallel zur Pumpenachse und somit der mittlere innere Laufraddurchmesser D_e ermittelt, der sich ergab zu

$$D_e = 0,264 \text{ m.}$$

Es ist dann

$$D_e \pi b_e = 0,0938 \cong F_e'.$$

Das Laufrad wurde in vier Teillaufräder zerlegt. Nach dem angegebenen Verfahren sind die einzelnen Punkte am Eintrittsbogen ermittelt und die Schichtlinien dann unter Berücksichtigung der vorher gestellten Bedingungen eingezeichnet. Die Durchmesser für die einzelnen Punkte a, b, c, d, e am Eintrittsbogen wurden zugleich mit den zugehörigen Umfangsgeschwindigkeiten und Teilungen in einer Tabelle zusammengestellt.

Es ist sehr zu empfehlen, die gefundenen Werte in einer solchen Tabelle auf dem Schaufelplan selbst zusammenzustellen, damit man dieselben zu einer etwa später stattfindenden Kontrolle sofort zur Hand hat.

Auf Tafel VI sind für die einzelnen Punkte am Eintritt die Diagramme nach bekanntem Verfahren aufgezeichnet. Die sich ergebenden Werte für die absoluten Eintrittsgeschwindigkeiten w_e und Eintrittsweiten a_e sind ebenfalls in der Tabelle eingetragen. Man wird jetzt wieder den Anfang der Schaufeln und für den Fall $\beta_a > 90°$ auch das Ende derselben als Evolventen ausbilden.

Die Evolventen am Anfang einer Schaufel, also beim Eintritt in das Laufrad, werden jetzt auf den Mänteln der Kegel verzeichnet, deren Spitzen in den Schnittpunkten der verlängerten Schichtlinien mit der Laufradachse liegen. Aus der Tabelle auf Tafel VI ist ersichtlich, daß für die verschiedenen Punkte am Eintrittsbogen die Schaufelweiten a_e sich ändern, so daß man sich für jeden Punkt den Durchmesser des Erzeugungskreises nach Gl. 160 erst bestimmen muß.

Wenn die Evolvente auf den Kegelmänteln verzeichnet wird, vergrößert sich der Erzeugungskreis- und Rollkreishalbmesser nach dem Verhältnis $\dfrac{\overline{fb}}{gh}$ (siehe Fig. 80). Zur Darstellung der Evolvente auf dem Kegelmantel wird jetzt der Kegel abgewickelt und auf der abgewickelten Mantelfläche die Evolvente wie früher verzeichnet, was in Fig. 80 für den Punkt b dargestellt ist.

Für den Punkt e verläuft die Schichtlinie parallel der Achse und muß jetzt der Schaufelanfang auf der abgewickelten Zylinderfläche verzeichnet werden, auf welcher sich dann die Schaufeln geradlinig darstellen.

Anfang und Ende der Evolventen werden nun auf den Schichtlinien übertragen, indem man sich die Kegel wieder aufgewickelt vorstellt. Die so erhaltenen Punkte verbindet man durch stetige Linienzüge. Es empfiehlt sich, wie früher, die Schaufel am Anfang um 10 bis 15 mm zuzuspitzen und zur Sicherung der Wasserführung die Evolventen um ca. 10 mm zu verlängern. Auch diese Punkte werden auf den Schichtlinien markiert. Die Kurve der Schaufelspitzen gibt dann die untere Begrenzung der Schaufel im Aufriß an.

Der Eintrittsbogen b_e, der ja die Verbindungslinie der Mittelpunkte der Schaufelweiten darstellte, wird nun in einer zur Laufradachse parallele Ebene liegend angenommen, so daß sich seine horizontale

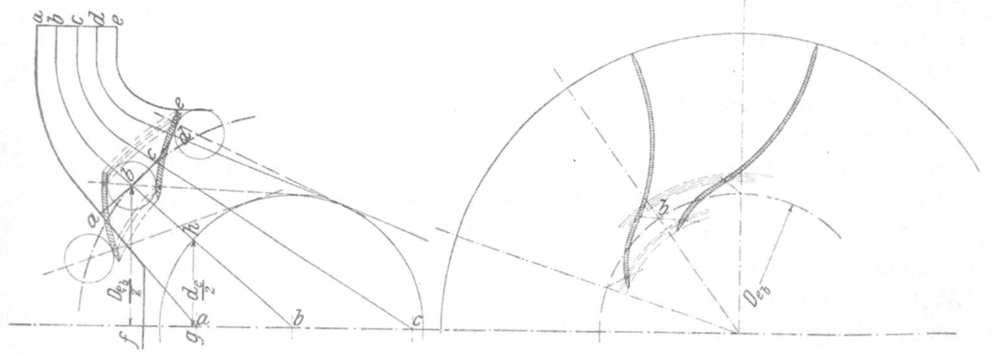

Fig. 80.

Projektion als Gerade darstellt, die man, wenn angängig, radial wählt. Auf Tafel VI sind diese Radialen, die also die Eintrittsbögen im Grundriß darstellen, stark strichpunktiert eingezeichnet.

Durch punktweises Übertragen kann man jetzt die Evolventen auch für den Grundriß aufzeichnen. Die auf den Schichtlinien angegebenen Punkte werden hierzu verwendet. Für einen Punkt der Evolvente im Grundriß wird der erste geometrische Ort der Kreis sein, welcher als Radius die Entfernung dieses Punktes von der Achse hat. Für den zweiten geometrischen Ort ist auf der Abwicklung des Kegelmantels die Entfernung des Punktes von der Mittellinie (in Fig. 80 ist die Mittellinie die Schichtlinie), im Grundriß vom Schnittpunkt der radialen b_e-Linie mit dem vorher geschlagenen Kreis, auf letzterem abzutragen. Die so gefundenen Punkte werden durch eine Kurve verbunden, die dann die Evolvente, mithin den Schaufelanfang im Grundriß zeigt.

Auf diese Weise werden die Evolventen der einzelnen Schichtlinien im Grundriß aufgezeichnet. In Fig. 80 ist die Evolvente für die Schichtlinie $b - b$ angegeben, wo zugleich auch die eben angeführte Konstruktion näher zu ersehen ist.

Für das angeführte Beispiel wird man jetzt nach Gl. 160 die Durchmesser der Erzeugungskreise für die Evolventen der einzelnen Punkte am Eintrittsbogen ermitteln, deren Werte ebenfalls in der Tabelle auf Tafel VI eingeschrieben sind. Graphisch werden dann die Erzeugungskreisdurchmesser für die auf den Kegelmänteln zu verzeichnenden Evolventen bestimmt. Die Evolventen wurden nach dem eben angeführten Verfahren aufgezeichnet und im Grundriß übertragen. Die Kurven, die die einzelnen auf den Schichtlinien gefundenen Evolventenpunkte verbinden, sind im Aufriß (siehe Tafel VI) gestrichelt eingezeichnet.

Der weitere Verlauf der Schichtlinien im Grundriß wird jetzt nach Gutdünken angenommen, und zwar beginnt man hierbei mit dem Aufzeichnen der Schichtlinie $a - a$. Dieselbe muß, wie auch die anderen Schichtlinien, da $\beta_a = 90°$, gegen Ende radial verlaufen und wählt man als Verbindungslinie dieses radialen Stückes mit der gefundenen Eintrittsevolvente am zweckmäßigsten einen Kreisbogen mit möglichst großem Krümmungsradius. Zur besseren Übersicht über die Gestaltung des Schaufelkanales werden gleich drei solcher Schichtlinien im Grundriß aufgezeichnet.

Um den Anschluß des Schaufelanfanges für den Punkt e mit dem radialen Schaufelende am Austritt besser erreichen zu können, muß man meist eine Schrägstellung der Schaufelaustrittshöhe b_a wählen, wie dies auch bei vorliegender Schaufelung geschehen ist. Die Schrägstellung, die jetzt allgemein bei den Wasserturbinen üblich ist, hat einen Vorteil gegenüber der Geradstellung, indem der Schaufelstoß beim Austritt des Wassers aus dem Laufrade nicht über der ganzen Schaufelhöhle in einem Zeitmoment erfolgt.

Die anderen Schichtlinien werden im Grundriß unter denselben Gesichtspunkten wie die Schichtlinie $a - a$ aufgezeichnet, und zwar ist darauf zu achten, daß dieselben untereinander einen regelmäßigen Verlauf zeigen. In Tafel VI sind die Schichtlinien stark ausgezogen. Betrachtet man dieselben im Grundriß für zwei benachbarte Schaufeln, so kann man schon einigermaßen die Gestaltung des Schaufelgefäßes erkennen.

Zur weiteren Ermittlung der Schaufelfläche bedient man sich nun der sog. Axial- und Horizontalschnitte. Letztere werden auch mit Schreinerschnitten bezeichnet, weil der Schreiner mit den im Grundriß übertragenen Horizontalschnitten den sog. Schaufelklotz herstellt.

Um die im Grundriß zum Teil beliebig gezeichneten Schichtlinien auf ihren richtigen Verlauf prüfen zu können, andererseits um scharfe Schnittpunkte der Horizontalschnitte mit Kurven auf der Schaufelfläche zu erhalten, bedient man sich der Axialschnitte. Dieselben zeigen sich im Grundriß als gerade Linien. Es ist zweckmäßig, damit die Axialschnitte im Aufriß einen ähnlichen Verlauf wie der Eintrittsbogen zeigen, dieselben im Grundriß im vorliegenden Falle radial anzunehmen.

Man kann jetzt diese Axialschnitte in dem Aufriß ermitteln, indem man dieselben im Grundriß mit den Schichtlinien zum Schnitt bringt und die einzelnen Schnittpunkte im Aufriß überträgt. Die so im Aufriß erhaltenen Punkte verbindet man durch stetige Linienzüge.

Es wird nun vorkommen, daß die Axialschnitte im Aufriß in ihrem Verlauf keinen stetigen Charakter zeigen, was darauf zurückzuführen ist, daß die Schichtlinien im Grundriß nicht richtig angenommen wurden. Man wird jetzt den Verlauf der Schichtlinien so umändern, daß im Aufriß die Kurven der Axialschnitte stetig verlaufen, aber immer wieder unter der Beobachtung, daß auch die Schichtlinien im Grundriß einen kontinuierlichen Verlauf annehmen.

Nach Einzeichnen der Axialschnitte ist durch die verschiedenen Kurvenscharen das Gerippe der Schaufelfläche festgelegt.

Zur Herstellung dieser Schaufelfläche bedient man sich nun der Horizontalschnitte oder wie dieselben auch schon bezeichnet wurden, der Schreinerschnitte. Diese Schnitte werden in gewissen Abständen durch das Laufrad im Aufriß senkrecht zur Achse gelegt und dann die Schnittkurven mit der Schaufelfläche im Grundriß ermittelt. Es empfiehlt sich, die Schnitte durch die Punkte a, b, c, d, e am Austritt zu legen, weil dann sofort im Grundriß ein Punkt des Horizontalschnittes bestimmt ist. Die weiteren Schnitte legt man je nach Größe der Schaufel in Abständen von 10 bis 15 mm. Zur Ermittlung der Horizontalschnitte im Grundriß überträgt man die Schnittpunkte derselben mit den Schichtlinien und den Radialschnitten vom Aufriß in den Grundriß. Sind die Radialschnitte und die Schichtlinien günstig gewählt, so werden auch die Horizontalschnitte im Grundriß stetigen Verlauf zeigen.

Auf Tafel VI sind die Horizontalschnitte mit fortlaufender Numerierung 1, 2, 3 usw. im Aufriß und Grundriß eingezeichnet. Die Kurven im Grundriß zeigen einen sehr guten regelmäßigen Verlauf. Zu bemerken ist noch, daß die Schnittpunkte der Horizontalschnitte mit der Schichtlinie $e - e$ nicht aus dem Aufriß ermittelt werden können. Zur Bestimmung derselben legt man durch die auf der Abwicklung des Zylinders verzeichneten Schaufelenden in gleichen Abständen wie im Aufriß Horizontalschnitte, worauf man die Schnittpunkte mit den Schaufelenden in den Grundriß überträgt.

Zur Bestimmung der Schaufelfläche bedient man sich der im Grundriß gefundenen Horizontalschnitte und stellt dann die Schaufelfläche auf einen sog. Schaufelklotz dar. Zur Herstellung dieses Schaufelklotzes nimmt man in Stärke der Abstände der Horizontalschnitte Brettchen, auf welchen die für den Grundriß ermittelten Kurven der

Horizontalschnitte ausgeschnitten werden. Diese Brettchen werden in richtiger Reihenfolge aufeinander genagelt und die vorstehenden Kanten mit der Raspel gebrochen, worauf man dann auf dem Schaufelklotz die Schaufelfläche erhält. Um die Lage der Brettchen gegeneinander genau bestimmen zu können, gibt man denselben die auf Tafel VI angegebene Form. Die Brettchen haben hier alle einen gemeinsamen rechten Winkel. Legt man dieselben mit diesem Winkel übereinander, so werden die Horizontalschnitte genau dieselbe Lage gegeneinander haben, wie auf der Zeichnung angegeben. Beim Übereinanderlegen ist noch besonders auf die Umgangsrichtung des Laufrades zu achten, damit man nicht, was leicht vorkommen kann, eine Schaufelfläche für ein Laufrad mit falschem Drehsinn erhält.

Zur Darstellung des Schaufelklotzes wird man die am meisten konkav gekrümmte Seite der Schaufelfläche nehmen, weil sich eine konkave Krümmung leichter bearbeiten läßt.

Für das Schaufelblech ist noch zum Einguß in den Laufradkranz eine Zugabe zu machen, die je nach Größe des Laufrades 10 bis 15 mm beträgt. Diese Zugabe an der Schaufel wird am zweckmäßigsten gleich vor der Bestimmung der Schaufelschnitte gemacht, indem das Schaufelprofil im Aufriß um den Betrag des Eingusses vergrößert wird und diese neue Begrenzung, die man auch als Schichtlinie ansehen kann, in den Grundriß übertragen wird. Die so entstehende Begrenzung der Schaufel ist auf Tafel VI gestrichelt eingezeichnet.

Auf dem Schaufelklotz wird nun nicht die Schaufelspitze markiert, da sich dieselbe schlecht herausarbeiten läßt, sondern man nimmt zur Herstellung der Schaufelfläche gleiche Wandstärken des Bleches an.

Von großer Wichtigkeit für die Formerei ist die im Aufriß für die Spitze der Schaufel ermittelte Kurve, die auch besonders stark ausgezogen wurde. Mit dieser Kurve wird aus Sand und Lehm ein Rotationskörper hergestellt, auf dem dann die einzelnen Schaufeln in richtiger Teilung aufgestellt werden. Die Hohlräume, also die Schaufelkanäle, werden mit Sand ausgefüttert und außen mit einer Lehmschicht versehen und so der innere Kern des Laufrades für die Formerei hergestellt.

Nachdem der Schaufelklotz in der Tischlerei fertiggestellt ist, wird ein Abguß aus Gußeisen hergestellt. Mit einer Papier- oder Bleischablone bestimmt man dann die in der Ebene ausgebreitete Schaufelfläche. Nach dieser Schablone werden die Schaufelbleche ausgeschnitten. Bevor man der Schaufel auf dem Klotz die richtige Form gibt, wird das Schaufelblech an den bestimmten Seiten zugeschärft und an der Stelle des Eingusses mit schwalbenschwanzartigen Einschnitten versehen, damit sich die Schaufel beim Eingießen fester mit dem Laufradkranz verbinden kann. An der Stelle des Eingusses werden die Schaufelbleche sauber abgeschlossen und gut verzinnt. Nachdem das Schaufelblech rotwarm gemacht worden ist, gibt man demselben auf dem Schaufelklotz die gewünschte Form. Bei größeren Schaufeln wird noch durch einen Gipsabguß ein sog. Oberklotz hergestellt, der dann auch in Gußeisen abgegossen wird. Zwischen den beiden Klötzen wird jetzt auf einer Spindelpresse oder hydraulischen Presse die Schaufel gepreßt.

Für das angegebene Beispiel blieb noch übrig die Bestimmung der Größen für den Leitapparat.

Der Durchmesser d_l des Erzeugungskreises für die Evolvente ermittelt sich zu $d_l = 0,1481$ m.

Bei der Annahme einer Schaufelzahl $z_l = 14$ und einer Schaufelstärke $s_l = 0,005$ m ergab sich für die Schaufelweite $a_l = 0,0467$ m.

Beispiel V (siehe Tafel VII). Es soll jetzt noch die Berechnung und Schaufelung einer schnellaufenden Pumpe mit $\beta_a > 90°$ durchgeführt werden, für deren Regulierung drehbare Leitschaufeln vorgesehen werden sollen. Die Pumpe soll für gleiche Verhältnisse entworfen werden wie Beispiel III und IV, also

$$Q = 18 \text{ cbm/min} \qquad H_n = 8,0 \text{ m} \qquad \text{und} \qquad \eta\, H_n = 10 \text{ m.}$$

Die Größen am Eintritt sollen dieselben sein wie in Beispiel IV

$$D_s = 0,36 \text{ m} \qquad F_e' = 0,093938 \text{ qm} \qquad w_r' = 3,39 \text{ m,}$$

ferner soll auch derselbe Eintrittsbogen angenommen werden, für den sich der Durchmesser in der Schwerachse ergab zu

$$D_e = 0,264 \text{ m.}$$

Der Laufradwinkel im äußeren Durchmesser sei jetzt $\beta_a^a = 155°$.

Der Durchmesser für den Erzeugungskreis der Austrittsevolvente ergab den Wert $d_a = 0,211$ m.

Bei der Annahme einer Schaufelzahl $z = 10$ und einer Schaufelstärke $s = 0,005$ m bestimmt sich die Austrittsweite $a_a = 0,0614$ m.

Graphisch und rechnerisch ermittelte sich der der Berechnung zugrunde zu legende äußere Laufraddurchmesser zu

$$D_a = 0,445 \text{ m}$$

und der Laufradwinkel in diesem Durchmesser

$$\beta_a = 151° \, 35'.$$

Die Laufradhöhe soll wieder wie in Beispiel IV mit $b_a = 0,068$ m angenommen werden, ferner sei $\delta_e = 90°$.

Man wird die im Laufraddurchmesser $D_a = 0,445$ m sich einstellende radiale Austrittsgeschwindigkeit, bezogen auf die durch die Schaufelstärken verengte Austrittsfläche, nach Gl. 158 bestimmen. Es ist

$$v_r = 3,62 \text{ m.}$$

Die durch die Schaufelstärken verengte Austrittsfläche im Durchmesser D_a ergab sich zu $F_a = 0,088$ qm.

Nach Gl. 58 kann jetzt, da v_r und β_a bekannt, die Umfangsgeschwindigkeit bestimmt werden. Es ist

$$u_a = -\frac{v_r}{2\,\mathrm{tg}\,\beta_a} + \sqrt{\left(\frac{v_r}{2\,\mathrm{tg}\,\beta_a}\right)^2 + \eta\,g\,H_n} = 13{,}78 \text{ m}.$$

Die Umlaufszahl pro Minute ergab $n = 590$.

Aus der Beziehung $u_a = \varkappa \sqrt{\eta\,g\,H_n}$ bestimmt sich
$$\varkappa = 1{,}39\,.$$

Aus den $\varkappa$-Kurven (siehe Tafel I) kann der für $\varkappa = 1{,}39$ und $\beta_a = 151^\circ\,35'$ zugehörige Winkel δ_a abgelesen werden, der sich ergab zu
$$\delta_a = 27^\circ\,.$$

Zur Aufzeichnung des Austrittsdiagrammes bestimme man noch die Größe $\dfrac{\sqrt{\eta\,g\,H_n}}{\varkappa} = 7{,}11$ m. Graphisch und rechnerisch ergab sich
$$w_a = 7{,}99 \text{ m} \quad \text{und} \quad v_a = 7{,}58 \text{ m}.$$

In der Tabelle auf Tafel VII wurden wiederum die für die einzelnen Punkte a, b, c, d, e am Eintritt gefundenen Werte zusammengestellt und nach dem Aufzeichnen der einzelnen Diagramme die Schaufelweiten graphisch bestimmt.

Nach Einzeichnung der Schichtlinien wurden die Evolventen auf den Kegelmänteln verzeichnet und nach Übertragen der einzelnen Punkte auf den angenommenen Schichtlinien, die Evolventen im Grundriß ermittelt. Der Eintrittsbogen konnte im Grundriß nicht radial, sondern mußte als Tangente an einen Kreis mit einem Durchmesser von $d = 0{,}045$ m angenommen werden. Wenn man auch hier wieder für den Eintrittsbogen eine Radiale genommen hätte, so würde kein Anschluß des Schaufelendes für den Punkt e mit der Austrittsevolvente möglich gewesen sein. Man muß berücksichtigen, daß im Aufriß der senkrechte Abstand des Punktes e am Eintritt von den durch den Punkt e am Austritt gelegenen Horizontalschnitt den noch möglichen Anschluß festlegt. Die beiden Punkte dürfen im Grundriß nur eine bestimmte Entfernung voneinander haben, damit ein Anschluß vom Schaufelanfang und Ende noch erreicht wird.

Die Untersuchung über den noch möglichen Anschluß kann man auf verschiedene Weise ausführen. Am zweckmäßigsten ist es, einen Schnitt durch den Grundriß möglichst parallel der Schichtlinie $e - e$ zu legen und dann in einem besonderen Aufriß sich die wirkliche Ansicht vom Schaufelanfang und Ende auf den Rotationskörper, der durch die Schichtlinie $e - e$ im Aufriß gebildet wird, darzustellen.

Nachdem die Evolventen für den Laufradaustritt und -eintritt in den Grundriß aufgezeichnet sind, wird man die Schichtlinien im Grundriß annehmen.

Damit die Radialschnitte im Aufriß einen ähnlichen Verlauf wie der Eintrittsbogen zeigen, werden dieselben jetzt im Grundriß nicht als Radiale, sondern als Tangenten an den Kreis, an welchem die b_e-Linie tangiert, angenommen. Die Axialschnitte werden dann wieder im Aufriß übertragen, und falls sie hier keinen stetigen Verlauf zeigen, die Schichtlinien im Grundriß entsprechend geändert. Unter den früher angegebenen Gesichtspunkten legt man die Horizontalschnitte durch den Aufriß und ermittelt die Schnittkurven mit der Schaufelfläche im Grundriß.

Zur Ausbildung des Schaufelklotzes wird man wieder die am meisten konkav ausfallende Schaufelfläche benutzen. Zu beachten ist, daß man auch durch die richtige Schaufelfläche die Schnitte legt. Um den Grundriß der Schaufel auf Tafel VII nicht zu undeutlich zu bekommen, wurde nur die Form eines Brettchens für den Schaufelklotz angegeben.

Leitapparat. Für den Leitapparat sollten die Schaufeln drehbar angeordnet werden. Wie früher berechnet man für die normale Fördermenge den Durchmesser des Erzeugungskreises der Evolvente, der sich ergab zu $d_l = 0,202$ m.

Bei Annahme von zwölf Leitschaufeln und der Schaufelstärke $s_l = 0,005$ m bestimmt sich die Eintrittsweite $a_l = 0,048$ m.

Wie früher wurden die Eintrittsevolventen aufgezeichnet. Die weitere Ausbildung der Leitschaufel zeigt Tafel VII. Es ist besonders darauf zu achten, daß die Schaufelweite a_l möglichst allmählich zunimmt, was auch für jedwede Stellung der Schaufeln eintreten soll. Um die Schlußstellung der Schaufeln zu ermitteln, schneide man sich drei Schaufeln aus Papier aus, die man dann entsprechend verdreht, bis alle drei Schaufeln an einen gemeinsamen Kreis tangieren.

Bei der Bestimmung des Durchmessers des Leitschaufelbolzens muß die Schlußstellung der Leitschaufeln berücksichtigt werden. Wenn die Leitschaufeln geschlossen sind, so wird die ganze Druckhöhe und Saughöhe auf der Schaufelfläche lasten. Ist t die Teilung des die Schaufel in Schlußstellung tangierenden Kreises in Zentimetern und b_a die Höhe der Schaufel ebenfalls in Zentimetern, so wird die Belastung P auf eine Schaufel durch den Wasserdruck ungefähr die Größe haben

$$P = b_a \cdot t \cdot H_n.$$

Mit P wird der Schaufelbolzen belastet und ist bei der Größenbestimmung desselben dies zu berücksichtigen.

Die Charakteristik K wird dieselbe Größe haben wie in Beispiel III und Beispiel IV, wo $K = 5,7$ war.

Zur Untersuchung über das Verhalten der Druckhöhen bei Abdrosselung wurden noch für Gl. 225 die Konstanten C_1 und C_2 bestimmt. Nach Einsetzen derselben schreibt sich diese Gleichung

$$\eta\, H_n = C_1 + v_r \cdot C_2 = 12{,}58 - v_r \cdot 0{,}712.$$

Für $v_r = 3{,}62$ ergibt sich der der Rechnung zugrunde gelegte Wert $\eta H_n = 10$.

Vergleicht man die Werte der Konstanten mit denen für Beispiel III, wo der äußere Durchmesser $D_a^a = 0{,}75$ betrug, so wird jetzt trotz der Verkleinerung des äußeren Laufraddurchmessers bei Abdrosselung ein ähnliches Verhalten der Förderhöhe stattfinden. Im letzten Beispiel nimmt sogar die Konstante C_1 einen größeren Wert an und könnte demnach der äußere Durchmesser noch etwas kleiner gehalten werden. Man kann sagen, daß die für Beispiel III und V berechneten Pumpen annähernd gleichwertig sind. Hervorzuheben ist aber, daß die zuletzt berechnete Pumpe wegen des kleineren äußeren Durchmessers leichter im Gewicht und deswegen billiger herzustellen ist. Die Gewichte der kompletten Pumpe von Beispiel III und V verhalten sich ungefähr wie $5:3$. Ferner ist sehr beachtenswert, daß jetzt die Umlaufszahl 590 pro Minute beträgt, während die andere Pumpe nur eine solche von 380 pro Minute erreichte.

VI. Druckverteilung, Anlassen, Entlastungs-
vorrichtung.

34. Druckverteilung in der Zentrifugalpumpe für den Fall, daß die Eintittslinie nicht parrallel der Achse ist.

Wenn zur Verkleinerung des mittleren inneren Laufraddurchmessers die Eintrittsfläche in die Laufradkrümmung gelegt wird, so ändern sich an den einzelnen Punkten der Eintrittslinie die Umfangsgeschwindigkeiten und somit auch die anderne Größen im Eintrittsdiagramm. Die in Beispiel V für Gl. 225 gefundenen Konstanten C_1 und C_2 werden nur für den mittleren, im Schwerpunkt der Eintrittslinie eintretenden Wasserfaden richtig sein, während sich für jeden anderen, von irgendeinem Punkt der Eintrittslinie ausgehenden Wasserfaden andere Konstanten C_1 und C_2 ergeben. Denkt man sich das Laufrad und Leitrad in verschiedene gleiche Teillaufräder resp. Teilleiträder geteilt, schafft man sich also verschiedene Teilpumpen, so wird bei Abdrosselung jede dieser Teilpumpen in bezug auf Förderhöhe sich verschieden verhalten, was im folgenden gezeigt werden soll.

Eine Pumpe werde auf die beschriebene Weise in eine Anzahl gleicher Teilpumpen zerlegt. Für jede derselben muß im allgemeinen in bezug auf die einzelnen Geschwindigkeitsgrößen Gl. 10 erfüllt werden, die lautete

$$u_a^2 - u_e^2 + v_e^2 - v_a^2 + w_a^2 - w_e^2 = 2\,\eta\,g\,H_n \ . \ . \ . \ . \ (10.)$$

Für die Pumpe seien alle Querschnitte festgelegt. Bezeichnet man mit f_e, f_a, f_l die Querschnitte einer Teilpumpe, in denen sich die Geschwindigkeiten v_e, v_a, w_a einstellen (die Schaufelstärke sei unendlich klein, so daß $w_a = w_l$), so läßt sich die Zustandsgleichung schreiben, wenn mit q die Wassermenge pro Teilpumpe bezeichnet wird

$$q = v_e \cdot f_e = v_a \cdot f_a = w_a \cdot f_l \ . \ . \ . \ . \ . \ . \ . \ 233.$$

mithin ist

$$v_e = \frac{w_a \cdot f_l}{f_e} \quad \text{und} \quad v_e = \frac{w_e \cdot f_l}{f_a} \ . \ . \ . \ . \ . \ . \ 234.$$

ferner ist nach Gl. 13

$$w_e^2 = u_e^2 + v_e^2 - 2\,u_e\,v_e \cos\beta_e \ \ldots \ldots \ldots \ (13.)$$

Setzt man diese Werte von v_e, v_a und w_e in Gl. 10 ein, so erhält man, wenn noch $u_e = u_a \dfrac{D_e}{D_a}$ eingeführt wird, für die absolute Austrittsgeschwindigkeit den Wert

$$w_a = \frac{u_a \dfrac{D_e}{D_a} \cdot \dfrac{f_l}{f_e} \cdot \dfrac{1}{\cos\beta_a}}{1 - \left(\dfrac{f_l}{f_a}\right)^2}$$

$$+ \sqrt{u_a^2 \left[\frac{\dfrac{D_e}{D_a} \cdot \dfrac{f_l}{f_e} \cdot \dfrac{1}{\cos\beta_e}}{1 - \left(\dfrac{f_l}{f_a}\right)^2}\right]^2 + \frac{2\,\eta\,g\,H_n - u_a^2\left[1 - 2\left(\dfrac{D_e}{D_a}\right)^2\right]}{1 - \left(\dfrac{f_l}{f_a}\right)^2}} \qquad 235.$$

In dieser Gleichung ist $\eta\,H_n$ noch unbekannt. Diese Größe ist nach Gl. 225 abhängig von dem Verhältnis $\dfrac{D_e}{D_a}$, das für jede Teilpumpe verschiedenen Wert annimmt.

Es sei F_{a_x} die Austrittsfläche einer Teilpumpe, so daß man schreiben kann

$$v_r \cdot F_{a_x} = w_a \cdot f_l$$

oder

$$v_r = \frac{w_a \cdot f_l}{F_{a_x}} \ \ldots \ldots \ldots \ldots \ 236.$$

Berücksichtigt man dies in Gl. 225, so ist jetzt

$$\eta\,g\,H_n = u_a^2 \cdot \left[1 - \left(\frac{D_e}{D_a}\right)^2\right] + \frac{w_a \cdot f_l}{F_{a_x}}\left(\frac{u_a}{\operatorname{tg}\beta_a} + \frac{u_a}{\operatorname{tg}\beta_e} \cdot \frac{D_e}{D_a} \cdot \frac{F_{a_x}}{F_{e_x}}\right) \quad 237.$$

Hierin sei F_{e_x} die Eintrittsfläche einer Teilpumpe.

Setzt man diesen Wert für $\eta\,g\,H_n$ in Gl. 235 ein, so ergibt sich jetzt für w_a die Gleichung

$$w_a = -\frac{f_l \cdot u_a \dfrac{1}{F_{a_x} \cdot \operatorname{tg}\beta_a}}{1 - \left(\dfrac{f_l}{f_a}\right)^2} + \sqrt{f_l^2 \cdot \left[\frac{\dfrac{u_a}{F_{a_x} \cdot \operatorname{tg}\beta_a}}{1 - \left(\dfrac{f_l}{f_a}\right)^2}\right]^2 + \frac{u_a^2}{1 - \left(\dfrac{f_l}{f_a}\right)^2}} \qquad 238.$$

Sämtliche Größen auf der rechten Seite dieser Gleichung sind für jede Teilpumpe gleich groß, mithin wird auch die Geschwindigkeit w_a und somit die Fördermenge für jede Teilpumpe dieselbe sein. Dagegen werden sich nach Gl. 237 die Förderhöhen ändern. Da die Geschwindigkeit für jede Teilpumpe dieselbe ist, also über der ganzen Austrittshöhe gleich groß, so werden nur beim Durchtritt des Wassers durch das Laufrad ungleiche Druckhöhen erzeugt. Es ist nun aber nach den Grundsätzen der Hydraulik nicht gut möglich, daß sich am Austritt des Laufrades ungleiche Drücke einstellen, wenn die Geschwindigkeit v_a konstant ist. Demnach muß ein Druckausgleich im Laufrad stattfinden, welcher sich aber einer weiteren Betrachtung entzieht.

Es möge hier noch bemerkt werden, daß umgekehrt wie bei den Zentrifugalpumpen die Verhältnisse bei den Wasserturbinen liegen. Bei letzteren ist eine bestimmte Druckhöhe gegeben. Zur Bestimmung für die absolute Eintrittsgeschwindigkeit (entsprechend der absoluten Austrittsgeschwindigkeit bei der Pumpe) kann jetzt Gl. 235 verwendet werden, aus welcher ohne weiteres zu ersehen ist, daß sich die Geschwindigkeit w_a und damit die Wassermenge für die einzelnen Teilturbinen ändern wird.

Bei der Wasserturbine verarbeiten also die einzelnen Teillaufräder bei konstanter Druckhöhe ungleiche Wassermengen, während sie bei der Zentrifugalpumpe gleiche Wassermengen auf verschiedene Förderhöhen heben.

Für die normale Fördermenge und Förderhöhe, für welche $\delta_e = 90°$ angenommen wurde, wird diese Erscheinung nicht eintreten, da für diesen Spezialfall die Größen am Eintritt die Druckhöhe nicht beeinflussen, denn es hat für die Annahme $\delta_e = 90°$ Gl. 225 die Form

$$\eta\, g\, H_n = u_a^2 + \frac{v_r \cdot u_a}{\operatorname{tg}\beta_a} \qquad \dots \dots \dots \quad 239.$$

35. Das Anlassen und Parallelarbeiten der Zentrifugalpumpen.

Wie bereits schon kurz erwähnt, muß bei dem Entwurf der Schaufelung auf die Q/H-Kurve Rücksicht genommen werden. Damit die Zentrifugalpumpe ohne Tourenerhöhung anlaufen kann, war Bedingung, daß der Punkt bei abgedrosselter Förderhöhe höher liegt als der Punkt für die normale Förderhöhe. Die Q/H-Kurve muß einen Verlauf, wie Fig. 74 zeigt, haben. Ist letzteres nicht der Fall, so kann die Pumpe ohne äußere Hilfsmittel nicht mit der Förderung beginnen.

Wenn Gleichstrom für den Antriebsmotor zur Verfügung steht, so kann man durch Tourenerhöhung bei Anlassen der Pumpe leicht die Förderung erreichen. Jedoch steht meist zum Antrieb Drehstrom zur Verfügung, wo eine Tourenerhöhung nicht möglich. Wenn man hier die Schaufelung unglücklicherweise so gewählt hat, daß der Punkt für Abdrosselung tiefer liegt als der Punkt für normale Förderhöhe, siehe Fig. 82, so kann man sich mit einem Notauslaß an der Pumpe selbst

helfen. Unterhalb des in der Druckleitung befindlichen Schiebers wird
ein Rohr abgezweigt, dessen Auslauf in den Unterwassergraben oder
auch in das Saugrohr mündet. In der Abzweigung befindet sich gleichfalls ein Absperrschieber. Beim Anlassen werden jetzt beide Schieber
geschlossen gehalten. Hat die Pumpe die normale Tourenzahl, so wird
langsam der Schieber der Umleitung geöffnet. Letzterer wird dann auf
eine Öffnung gebracht, die den normalen Förderverhältnissen in bezug
auf Wassermenge und Förderhöhe entspricht. Es wird jetzt beim lang-
samen Schließen des Schiebers der Umleitung der Schieber der Haupt-
druckleitung unter Beobachtung des Manometers geöffnet, wodurch
dann die Förderung beginnt.

Der Schieber der Umleitung wird natürlich beim weiteren Arbeiten
der Pumpe vollständig geschlossen gehalten.

Auf diese Weise werden selbst sehr große Zentrifugalpumpenanlagen heute noch angelassen.

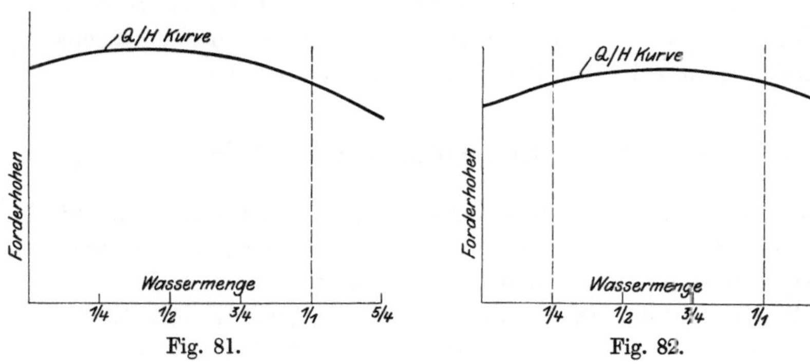

Fig. 81.Fig. 82.

Wenn man sich nun auch durch besagtes Hilfsmittel beim Anlassen
einer Zentrifugalpumpe helfen kann, so ist eine derartige Schaufelung
beim Parallelarbeiten von Zentrifugalpumpen untereinander nicht zu
gebrauchen. — Um ein sicheres Parallelarbeiten der Pumpen zu erhalten, muß die Q/H-Kurve den in Fig. 81 dargestellten charakteristischen Verlauf haben. Hat die Pumpe eine Q/H-Kurve ähnlich
Fig. 82, so ist ein Parallelarbeiten nicht gewährleistet. Letztere Kurve
hat, wie aus der Figur zu ersehen, Doppelpunkte, d. h. für $1/1$ sowohl wie
für $1/4$ Wassermenge wird bei gleicher Tourenzahl gleiche Förderhöhe
erreicht.

Sollen jetzt zwei Pumpen mit einer Q/H-Kurve nach Fig. 82 parallel
arbeiten, so tritt die Erscheinung auf, daß die Fördermenge beim Arbeiten der Pumpen wechselt, d. h. die Fördermenge stellt sich entsprechend den Doppelpunkten einmal auf $1/1$, dann wieder auf $1/4$ der Fördermenge ein. Die Praxis zeigte, daß ein Betrieb mit derartigen Pumpen
überhaupt nicht möglich ist.

Hat man Gleichstrom zur Verfügung, so kann man sich hier einigermaßen durch entsprechende Ausbildung des Motors helfen. Es wird der Motor mit einer Hilfswicklung im Hauptstrom derartig ausgeführt, daß bei Entlastung die Tourenzahl sofort steigt. Wechselt jetzt beim Parallelarbeiten die Pumpe die Fördermenge, indem sie auf einen Punkt der Q/H-Kurve für kleinere Fördermenge springt, so würde der Motor durch die auftretende Entlastung sofort durch die Hilfswicklung höhere Tourenzahl annehmen. Hierdurch steigt bei gleichbleibender Förderhöhe die Fördermenge, die Pumpe belastet sich von selbst wieder.

Solche Hilfsmittel sind natürlich kostspielig, es können nur abnormale Motoren verwendet werden.

Bei Verwendung von Drehstrom-Motoren mit konstanter Tourenzahl kann man natürlich sich eines solchen Hilfsmittels nicht bedienen; hier muß für ein sicheres Parallelarbeiten unbedingt eine Q/H-Kurve nach Fig. 81 verwendet werden.

So einfach diese Erscheinung, so viel Schwierigkeiten hat es doch in der Praxis gemacht, um auf die richtige Erkenntnis des Versagens der Zentrifugalpumpen beim Parallelarbeiten zu kommen.

36. Die achsiale Entlastung der Laufräder.

In Kapitel 19 war angegeben worden, wie der Axialschub entsteht und wie groß derselbe unter Berücksichtigung des sich einstellenden Rotationsparaboloides in Rechnung zu stellen ist.

Die Beseitigung des axialen Schubes hat nun anfangs speziell bei den Hochdruckzentrifugalpumpen große Schwierigkeiten geboten; die einzelnen Spezialkonstruktionen verschiedener Firmen sind hauptsächlich unter Berücksichtigung der Beseitigung desselben entstanden.

Es sollen kurz im Folgenden einige Ausführungen für axiale Entlastungen der Laufräder angeführt werden.

Für Niederdruckpumpen verwendet man meist Laufräder mit zweiseitigem Eintritt nach Fig. 83. Die beiden Laufräder sind gegeneinander angeordnet, so daß auf diese Weise bei normalem Betrieb der axiale Schub durch symmetrische Anordnung der Belastungsflächen aufgehoben wird. Eine vollständige Entlastung wird jedoch auch hier bei größeren Differenzen in den Spaltgrößen nicht stattfinden, so daß man stets die Welle noch axial mit Stellringen oder Kugellagern sichern muß.

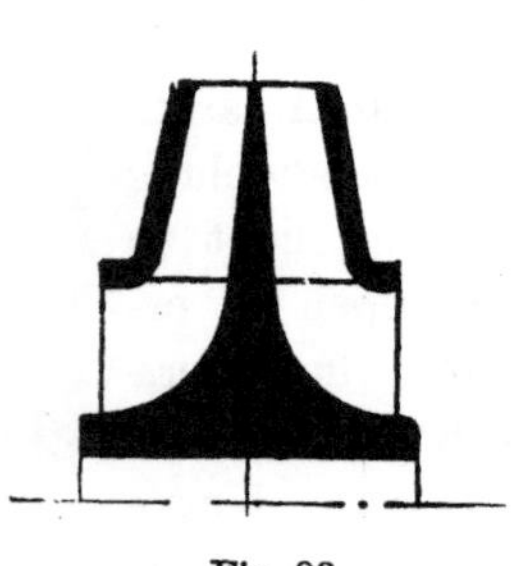

Fig. 83.

Die allgemeine Entlastungsvorrichtung von nur einem Laufrade oder auch bei mehrstufigen Hochdruckzentrifugalpumpen von hintereinander geschalteten Laufrädern zeigt Fig. 84. Durch Anordnung von Schleifringen gleichen Durchmessers werden die Räume 1 und 2 mit gleicher Größe ausgebildet und eine Verbindung des Raumes 3 mit Raum 4 durch in den Laufradboden angebrachte Löcher geschaffen.

Diese Entlastungslöcher werden in genügender Anzahl und Größe angebracht. Hierdurch wird sich in den Räumen 3 und 4 gleicher Druck einstellen, so daß die statischen Drucke vollständig aufgehoben sind.

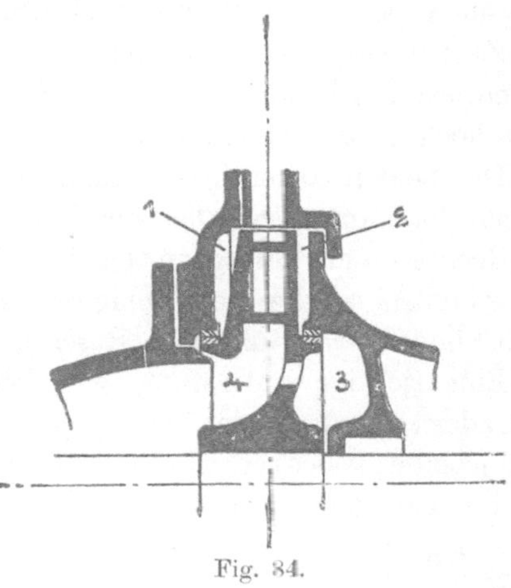

Fig. 84.

Ein kleiner Überdruck wird nötig sein, um das Wasser von dem Raum 3 in den Raum 4 zuschaffen. Diesem Überdruck wirkt jedoch ein kleiner Druck entgegen, den das in das Laufrad eintretende Wasser bei seiner Ablenkung von axialer in radialer Richtung bewirkt. Vom Verfasser angestellte eingehende Versuche haben ergeben, daß bei richtiger Anordnung der Entlastungslöcher eine ausgezeichnete Entlastung erzielt werden kann. Selbst bei Förderhöhe über 500 m hat sich diese Entlastung bestens bewährt. Natürlich muß bei diesen hohen Drucken für eine genügende Sicherung der Welle in axialer Richtung gesorgt werden.

Bei mehrstufigen versucht man nun noch durch gegenseitige Anordnung der Laufräder den axialen Schub aufzuheben. So zeigt Fig. 85

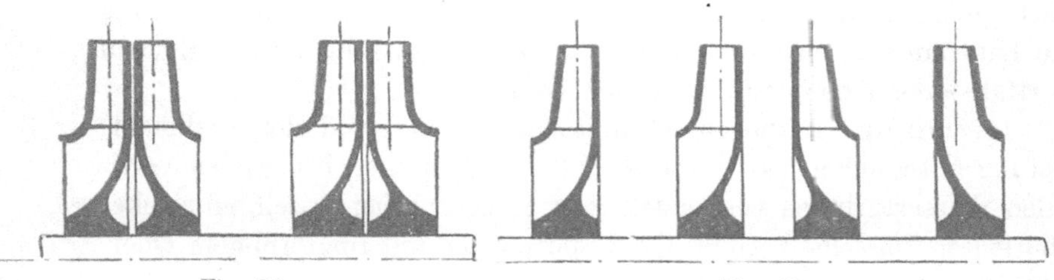

Fig. 85.　　　　　Fig. 86.

paarweise gegeneinander angeordnete Laufräder. Mit dieser Anordnung der Laufräder führte jahrelang Sulzer seine Hochdruckpumpen aus. Die Ausführung der Pumpen mit solchen Laufrädern bietet Schwierigkeiten, weshalb auch Sulzer, wie weiter ausgeführt, jetzt eine andere Entlastung bei hintereinander geschalteten Laufrädern ausführt.

Fig. 86 zeigt noch eine weitere Anordnung der Laufräder. Es ist hier eine Serie Laufräder gegeneinander angeordnet. Vom letzten Laufrad der ersten Serie wird durch einen Umführungskanal das Wasser dem ersten Laufrad der letzten Serie zugeführt. Pumpen mit derartiger Anordnung der Laufräder bauen sich sehr kompliziert. Der einzige Vorteil dieser Ausführung ist, daß die Stopfbüchse auf der Hochdruckseite nur gegen den halben Betriebsdruck abdichten braucht. Da aber alle Zentrifugalpumpen für höhere Drücke, von 200 m und darüber, mit entlasteten Stopfbüchsen ausgeführt werden, so ist dieser Vorteil nicht hoch einzuschätzen.

Die beiden angeführten Ausführungen der gegenseitigen Anordnungen der Laufräder haben den Nachteil, daß man Laufräder sowohl für Rechts- und Linksgang benötigt. Speziell bei Beschaffung von Reserveteilen ist dies sehr unangenehm, da man stets Laufräder für beide Umgangsrichtungen in Reserve haben muß.

Eine richtige Entlastung wird bei den gegenseitig angebrachten Laufrädern nur dann eintreten, wenn jedes Laufrad auf gleiche Förderhöhe arbeitet, was aber, wie Versuche zeigten. kaum zu erreichen ist. — So wird man denn auch hier zur axialen Führung der Welle genügend starke Lager vorsehen müssen.

Man hat nun noch durch die verschiedensten Anordnungen versucht, den axialen Schub auch ohne Entlastungslöcher bei hintereinander geschalteten Laufrädern zu beseitigen. Es wurden Entlastungskolben eingebaut mit automatischer Druckregulierung. Dieselben bewährten sich nicht. Bei unreinem Wasser verschlissen die Dichtungsflächen in ganz kurzer Zeit, was zum Betriebsstillstand der Pumpen führte. Auch mit der ungleichen Dimensionierung der Laufradböden hatte man keine Erfolge.

In letzterer Zeit hat man durch die sog. Entlastungsscheibe ein Mittel gefunden, um ohne Entlastungslöcher bei Hintereinanderschaltung die Laufräder zu entlasten und zwar, was wesentlich, unter jeglichem Fortfall einer axialen Führung der Welle.

Im Prinzip ist die sog. Entlastungsscheibe wohl der Preßölentlastung entnommen, wie man solche für Spurlager bei großen vertikalen Wasserturbinen verwendet. Fig. 87 zeigt schematisch ein solches Spurlager. Dasselbe besteht aus 2 Spurplatten mit ringförmigem Querschnitt.

Zwischen den beiden Zapfen wird in einen ringförmigen Raum Preßöl geleitet. Ist die gesamte Zapfenbelastung P, die Entlastungsfläche F, so wählt man den Druck des Preßöles $p > \dfrac{P}{F}$. Da der Entlastungsdruck größer als die Zapfenbelastung, so wird die obere Spurplatte von der unteren etwas abgepreßt. Zwischen beiden Spurplatten entsteht so ein kleiner Spalt, durch welchen das Preßöl hindurchtreten kann. Der Zuflußquerschnitt des Preßöles steht nun in einem bestimmten Verhältnis zu der sich einstellenden Spaltfläche. Es findet beim Durchtreten des Preßöles durch den Spalt eine Druckabnahme in dem Entlastungsraum statt, die so groß ist, daß jetzt die Zapfenbelastung größer ist als die Entlastung. Die beiden Spurplatten werden wieder versuchen, den Spalt zu verringern. Ist der Spalt praktisch O, so wird wieder der Entlastungsdruck größer als die Achsenbelastung und die Spurplatte wird wieder angehoben. Es wiederholt sich so das Spiel. Die Be- und

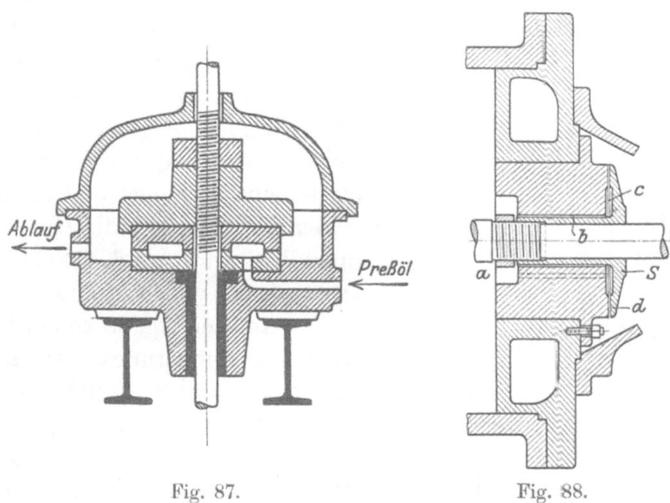

Fig. 87.   Fig. 88.

Entlastung geschieht in ganz kleinen Zeitmomenten und spricht man von einem Tanzen des Zapfens. Die Erhebung des Zapfens ist natürlich minimal und beträgt den Bruchteil eines Millimeters.

Genau so ist das Prinzip der Entlastungsscheibe. Statt Preßöl wird man hier zweckmäßiger Preßwasser benutzen.

Fig. 88 zeigt die von Sulzer verwendete Entlastungsvorrichtung. Sie besteht aus einer Entlastungsscheibe S. Die Belastungsfläche sei F. Auf die Entlastungsscheibe wirkt nun der Druck der letzten Stufe, der mit p bezeichnet sein soll. Bei Fortfall der Entlastungslöcher wird sich der axiale Schub in seiner Größe A nach Gleichung 190 einstellen. Die

Entlastungsfläche der Scheibe muß nun $> \dfrac{A}{p}$ gemacht werden.

Das Druckwasser strömt durch den zylindrischen Spalt b in den Raum c vor die Entlastungsscheibe S. Durch diesen Spalt wird der Zulauf des Druckwassers gedrosselt. Der Druck wird nun die Entlastungsscheibe nach rechts bewegen, das Wasser tritt durch Spalt d und wird ins Freie geleitet. Durch Vergrößerung des Spaltes d wird der Druck an der Scheibe S geringer, er wird kleiner wie der axiale Schub und bewegt die Scheibe nach links. Der Spalt d wird wieder verkleinert und dadurch der Druck hinter der Entlastungsscheibe wieder größer. Die Scheibe wird sich wieder nach rechts bewegen.

Es wird so die Welle eine kleine axiale Verschiebung nach links und rechts erhalten, die aber bei richtiger Dimensionierung der Scheibe nur Bruchteil eines Millimeters ausmacht.

Man sieht, es ist hier genau der gleiche Vorgang wie bei der vorher beschriebenen Preßölentlastung von Ringspurlagern.

Eine weitere Anordnung der Entlastungsscheibe, wie dieselbe Jaeger, Leipzig ausführt, zeigt Fig. 89. Diese Entlastungsvorrichtung wird an der Saugseite der Pumpe eingebaut und das Preßwasser vom Druckrohr mittelst Rohrleitung zugeführt. Diese patentierte Entlastungsscheibe ist doppeltwirkend und hat den Vorteil, daß dieselbe sehr empfindlich wirkt und sehr leicht ausgewechselt werden kann.

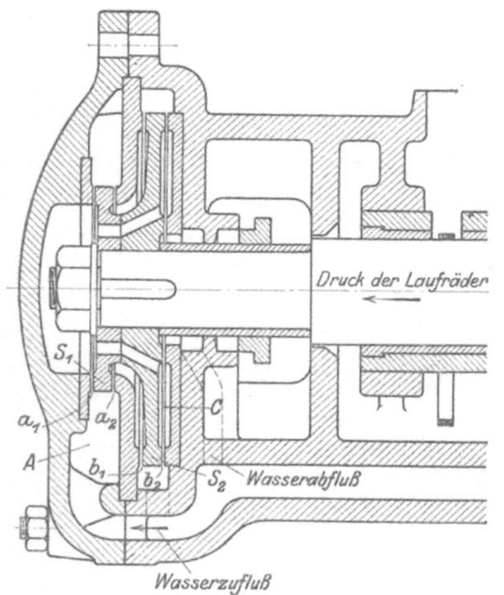

Fig. 89.

Wie aus der Fig. 89 zu ersehen, sind hier 2 Entlastungsscheiben S_1 und S_2 angeordnet, welche gegen die Schleifränder a_1, a_2 bzw. b_1 und b_2 arbeiten. Der durch die Laufräder hervorgerufene axiale Schub wird die Scheiben nach links pressen, wodurch die Spalte a_1 und b_1 geschlossen und a_2 und b_2 geöffnet wird.

Das in dem Raum A befindliche Druckwasser tritt durch a_2 und wird eine axiale Verschiebung nach rechts bewirken.

Hierdurch wird Spalt a_2 und b_2 geschlossen. So wie sich nun der Spalt a_1 jetzt öffnet, tritt das Druckwasser durch in dem Kern der Entlastungsscheiben angebrachte Verbindungslöcher in den Raum C und belastet so die Scheibe in entgegengesetzter Richtung. Mit diesem Druck und dem von den Laufrädern erzeugten Axialschub werden die Scheiben wieder nach links gepreßt.

Es wird bei dieser doppeltwirkenden Entlastungsscheibe der Wechsel in der axialen Verschiebung schneller vor sich gehen können und die Verschiebung selbst auch kleiner werden.

Bei den Entlastungsscheiben muß, da seitliches Spiel nötig, jegliche axiale Führung der Welle fortfallen. Der wesentliche Vorteil ist der, daß ohne äußere Stellvorrichtung durch die ihr eigene Konstruktion bei richtiger Dimensionierung der Scheiben die Vorrichtung unbedingt funktionieren muß.

Der Nachteil ist, daß bei sehr schmutzigem, stark sandhaltigem

Wasser ein schneller Verschleiß der Scheiben stattfinden wird. Durch den Spalt tritt das Wasser mit einer der ganzen Förderhöhe entsprechenden Geschwindigkeit. Beträgt z. B. die Förderhöhe 500 m, so würde sich eine Spaltwassergeschwindigkeit von $\sqrt{2\,g \cdot 500} = $ ca. 99 m einstellen. Führt das Wasser scharfen Quarzsand mit, so wird natürlich bei dieser sehr hohen Geschwindigkeit eine schnelle Abnutzung stattfinden und wird wohl hierfür die Entlastungsscheibe nicht gut zu verwenden sein.

Ein Vorschlag wäre der, die Entlastungsscheibe mit Öldruck zu bedienen, was aber die Aufstellung einer weiteren Maschine erforderlich macht.

Jedenfalls hat man bei nicht sandhaltigem Wasser mit der Entlastungsscheibe sehr gute Erfahrung gemacht, die ihre schnelle Einführung zur Folge hatte.

VII. Ausführungen von Zentrifugalpumpen.

37. Allgemeines über die Verwendung der Zentrifugalpumpe.

Früher wurde die Zentrifugalpumpe in der Ausführung als Nieder-druck-Zentrifugalpumpe da verwendet, wo es galt, große Wassermengen auf kleine Höhen zu heben, so z. B. für Entwässerung von Deichen, als Dockpumpe usw. Die Kolbenpumpe hätte hier zu große Dimensionen erhalten und wäre zu teuer geworden.

Im letzten Jahrzehnt macht sich überall im Maschinenbau das Verlangen bemerkbar, die Maschine mit hin und her gehender Bewegung durch die rotierende zu ersetzen. Auch im Pumpenbau, besonders im Bau von Bergwerkspumpen, hat die rotierende Pumpe in der Ausführung als Zentrifugalpumpe in neuerer Zeit eine nie geahnte Entwicklung durchgemacht.

Als hauptsächlich durch die für die Silbergruben in Horkajo in Spanien und dann auch für das Wasserwerk in Genf von der Firma Gebr. Sulzer, Winterthur, gelieferten Hochdruck-Zentrifugalpumpen der Beweis erbracht wurde, daß man mit Zentrifugalpumpen auch die größten Förderhöhen mit gutem Nutzeffekt bewältigen kann, war die Einführung dieser Pumpen sowohl für den Bergbau als auch für größere Wasserwerke gesichert. Mit Recht kann man sagen, daß heute die Zentrifugalpumpe für jeglichen Betrieb im Wettkampf mit der Kolbenpumpe steht und daß man stets bei Neuanlagen irgendeiner Wasserhaltung neben den Kolbenpumpen die Ausführung mit Zentrifugalpumpen in Betracht ziehen wird.

In der Praxis kann man die sehr interessante Beobachtung machen, wie jetzt alle größeren Pumpenfabriken den Bau von Zentrifugalpumpen aufnehmen und dies aus dem Grunde, weil man sich bewußt ist, daß die Zentrifugalpumpe immer mehr und mehr in allen Betrieben die Kolbenpumpe verdrängen wird. Wie für den Dampfmaschinenbau kann man auch für den Pumpenbau sagen, daß die rotierende Maschine die Maschine der Zukunft ist.

Als Hauptvorteile der Zentrifugalpumpe gegenüber der Kolbenpumpe sind zu nennen die geringen Anschaffungskosten, der kleinere

Raumbedarf, die große Anpaßfähigkeit für alle nur möglichen Verhältnisse, die geringe Wartung, ferner die stete Möglichkeit einer direkten Kuppelung mit dem Elektromotor.

In allen nur denkbaren Betrieben ist die Zentrifugalpumpe zu finden, besonders ist ihre ausgezeichnete Verwendbarkeit als Bergwerkspumpe in neuerer Zeit anerkannt worden. Außer dem sehr geringen Raumbedarf und größter Betriebssicherheit spricht im Bergbau für die Zentrifugalpumpe die leichte Fundamentierung. Die Zentrifugalpumpe arbeitet bei direkter Kuppelung mit dem Motor vollständig stoßfrei, wodurch schwere Fundamente, wie dieselben das stoßweise Arbeiten der Kolbenpumpe bedingen, hier nicht notwendig sind. Dies ist ein nicht zu unterschätzender Vorteil, denn oft bietet eine starke Fundamentierung in Bergwerken große Schwierigkeiten. Bei den geringen Anschaffungskosten, dem kleineren Raumbedarf, der leichten Montage und der geringen Wartung wird die Zentrifugalpumpe auch da Aufstellung finden können, wo man sonst in Bergwerken das Wasser bis zur untersten Sohle fallen ließ und sich damit begnügte, durch einen hydraulischen Motor in Gestalt eines Peltonrades einen Teil der Arbeit wieder zurückzugewinnen.

Wegen der kontinuierlichen Wasserförderung arbeitet die Zentrifugalpumpe ohne jeden Stoß, wodurch die Möglichkeit von Rohrbrüchen vermindert wird. Durch sachgemäße Annahme der Laufradschaufeln kann man erreichen, daß auch beim Schließen eines in der Druckleitung befindlichen Schiebers keine nennenswerte Druckerhöhung stattfindet. Es kann also ohne jegliche Gefahr ein am Ende einer langen Leitung befindlicher Schieber geschlossen werden, ohne daß es nötig ist, die Pumpen selbst abzustellen.

Die genannten Vorzüge hat die Praxis voll anerkannt, ein Beweis hierfür ist die rasche Einführung der Zentrifugalpumpe im Bergbau.

Für die Kolbenpumpe bleibt als nicht unwesentlicher Vorteil bei direkter Kuppelung mit einem Motor der um 5—10% niedere Kraftbedarf. Wird jedoch wegen der geringen Tourenzahl der Kolbenpumpe zwischen dieser und dem Antriebsmotor ein Vorgelege in Gestalt einer Zahnradübersetzung oder eines Riementriebes geschaltet, so bleibt auch die fast ausschließlich direkt mit dem Motor gekuppelte Zentrifugalpumpe hinsichtlich des Gesamtwirkungsgrades hinter der Kolbenpumpe nicht zurück.

Sind schon die Anschaffungskosten einer Zentrifugalpumpe gegenüber einer Kolbenpumpe geringer, so fallen dieselben auch für die Antriebsmotore bei der Zentrifugalpumpe bedeutend kleiner aus. Für die Zentrifugalpumpe benötigt man bei direkter Kuppelung einen möglichst schnellaufenden, bei der Kolbenpumpe einen möglichst langsamlaufenden Motor.

Zur weiteren Einführung der Zentrifugalpumpe in die Praxis muß beim Bau derselben stets auf höchsten Wirkungsgrad und größte Betriebssicherheit geachtet werden. Es kann nicht genug hervorgehoben werden, daß die Zentrifugalpumpe, besonders die Hochdruck-Zentrifugalpumpe, die gewissenhafteste Ausführung sowohl auf dem Konstruktionsbureau wie in der Werkstatt verlangt, nur so wird es möglich sein, befriedigende Nutzeffekte zu erhalten. Vor allem sollte man es vermeiden, auf Kosten des Nutzeffektes vorhandene Modelle zu benutzen. Wie bei dem nahe verwandten Wasserturbinenbau muß auch hier jeder Fall genau studiert und stets in Erwägung gezogen werden, wie man für denselben einen höchsten Nutzeffekt erreichen kann. Die bedeutenden Erfolge, die in den letzten Jahren der Zentrifugalpumpenbau zu verzeichnen hat, sind hauptsächlich darauf zurückzuführen, daß sich die ausführenden Firmen als Hauptaufgabe stellten, bei solidester Ausführung eine Zentrifugalpumpe mit höchstem Nutzeffekt zu liefern und keine noch so großen Kosten zu scheuen, um dies zu erreichen.

38. Die einstufigen Zentrifugalpumpen.

a) Die einstufigen Zentrifugalpumpen ohne Leitapparat.

Die Niederdruck-Zentrifugalpumpe wird stets einstufig ausgeführt, und zwar unterscheidet man Pumpen mit einseitigem und solche mit doppelseitigem Eintritt. Bei Pumpen mit doppelseitigem Eintritt fördert jedes Laufrad die halbe Wassermenge, die Laufränder sind gegenseitig angeordnet, so daß also ein Laufrad für Rechtsgang, ein Laufrad für Linksgang ausgeführt werden muß.

Die ältere und auch jetzt noch von sehr vielen Firmen ausgeführt, ist die Pumpe mit doppelseitigem Eintritt. Man wählte diese Anordnung früher fast ausschließlich, um bei der gegenseitigen Anordnung der Laufräder den axialen Schub besser beseitigen zu können.

Nachdem es gelang, durch zweckentsprechende Anordnung von Entlastungslöchern, siehe Fig. 84, den axialen Schub zu beseitigen, führt sich immer mehr und mehr die Niederdruck-Zentrifugalpumpe mit einseitigem Einlauf ein.

Der Vorteil dieser Pumpe ist vor allen Dingen die einfachere daher billigere Konstruktion und die leichtere Zugänglichkeit. Speziell bei etwas unreinem Wasser kommt es häufig vor, daß sich das Laufrad am Eintritt verstopft und muß gereinigt werden. Hat nun die Pumpe einseitigen Eintritt und ist die Anordnung so getroffen, daß sofort nach Abnahme des Saugrohrkrümmers der Laufradeintritt zugänglich ist, so ist eine Reinigung sehr leicht möglich. Bei einer Pumpe mit doppelseitigem Eintritt muß in den meisten Fällen die Achse mit dem Laufrad herausgezogen werden, um eine Reinigung des Laufrades zu ermöglichen.

Der Vorteil der Pumpe mit doppelseitigem Eintritt ist die Möglichkeit der etwas stabileren Ausführung der Pumpe.

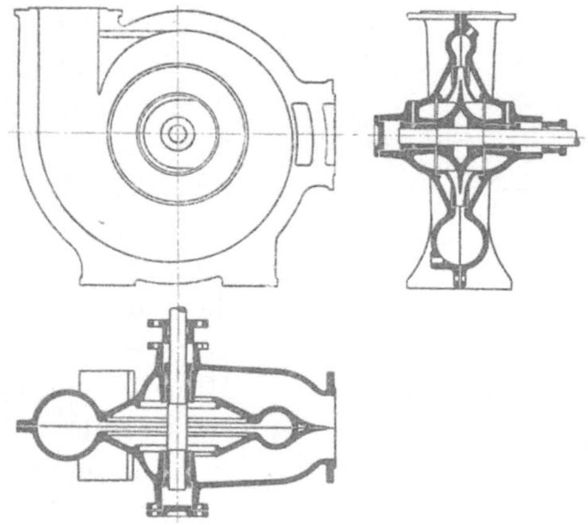

Fig. 90.

Fig. 90 zeigt die einfachste und wohl älteste Ausführung der Zentrifugalpumpe mit doppelseitigem Eintritt. Es ist dies das sog. englische Schalenmodell. Das Laufrad läuft hier zwischen zwei durch Prisonstifte gegeneinander zentrierte Schalen, welche einerseits den Eintritt,

Fig. 91.

andererseits das spiralförmig ausgebildete Sammelgehäuse bilden. Die Herstellung der Pumpe ist eine sehr einfache. Durch Teilung des Pumpengehäuses in 2 Schalen ist der Kern für das Sammelgehäuse und den Einlauf vermieden, wodurch man sehr einfache Gußstücke erhält.

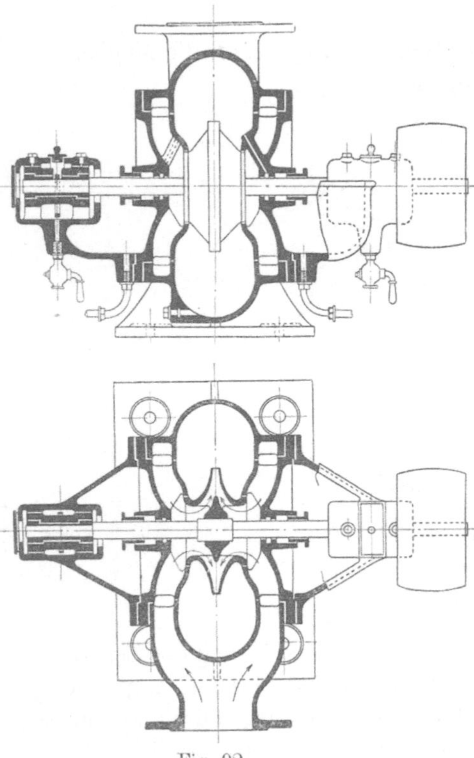

Fig. 92 a.

Fig. 92 b.

Die Pumpe stellt sich im Preis sehr niedrig und wird auf dem Weltmarkt noch viel verlangt, weshalb sich diese primitive Ausführung in absehbarer Zeit nicht verdrängen läßt. Die Pumpe ist in ihrer Bauart sehr stabil, wodurch sie sich besonders für rohe Betriebe eignet. Fig. 91 zeigt noch eine solche Ausführung mit Festscheibe, wie die Pumpe heute noch als Marktware von der Amag-Hilpert, Nürnberg, hergestellt wird.

Die immer größere Anforderung, die man an die Niederdruck-Zentrifugalpumpe stellte, verlangte natürlich mit der Zeit eine modernere Ausführung. Die Niederdruckpumpe sollte immer mehr und mehr die Kolbenpumpe ersetzen und müßte man aus diesem Grunde Pumpen für Dauerbetrieb schaffen. Die Praxis verlangte eine in jeder Weise sich für den Dauerbetrieb geeignete Pumpe. So entstand ein neuer Typ der Niederdruck-Zentrifugalpumpe, wie er in den Fig. 92a, 92b, 93a, 93b im Schnitt und Ansicht dargestellt ist. Fig. 92a und 92b zeigt die Ausführung von Gebr. Sulzer, Winterthur, Fig. 93a und 93b Ausführung von Klein, Schanzlin und Becker, Frankenthal. Die Pumpen gleichfalls mit doppelseitigem Laufrad sind sehr stabiler Bauart. Die Welle wird in 2 kräftigen Ringschmierlagern geführt. Das das Laufrad umgebende Gehäuse ist gleichfalls zur Erreichung eines guten Nutzeffektes in Spiralform ausgeführt.

Eine sehr stabile Konstruktion hat noch die Niederdruck-Zentrifugalpumpe Type N 6 von A. Borsig, Berlin, welche Fig. 94 im Schnitt zeigt. Die beiden Einlaufskrümmer werden nicht am Pumpenkörper

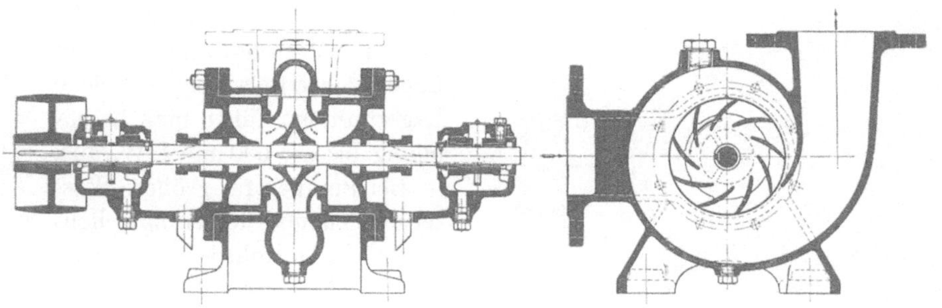

Fig. 93 a.

Fig. 93 b.

selbst vereinigt, sondern es wird das Wasser durch ein entsprechendes Façonstück der Pumpe bzw. den beiden Einlaufkrümmern zugeführt. Hierdurch ergibt sich für den Zulauf der Pumpe eine sehr schöne Wasserführung. Besonders zu bemerken bei der Borsigschen Konstruktion sind noch die hohen Wassergeschwindigkeiten in dem Spiralgehäuse. Borsig nimmt die Geschwindigkeit in der Spirale annähernd so groß wie die absolute Austrittsgeschwindigkeit. Nach dem Austritt des Wassers aus dem Gehäuse hin ist das Gehäuse trompetenartig erweitert, wodurch dann in diesem Teil eine Druckumsetzung durch Querschnittserweiterung stattfindet. — Diese Pumpentype führt Borsig für Wasserpumpen von 3000 Liter/Minute aufwärts aus. — Fig. 95 zeigt noch eine solche Pumpe für Riementrieb mit Fest- und Losscheibe und Riemenausrücker.

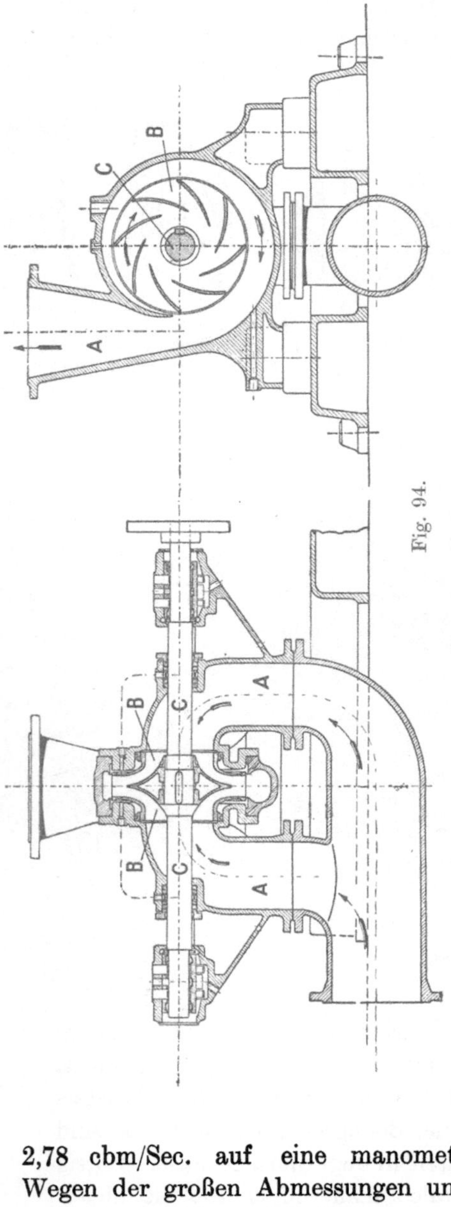

Die bis jetzt angeführten Konstruktionen zeigten Pumpen, wie solche von den angeführten Firmen in Massenfabrikation auf Lager gearbeitet werden. — Solche Lagerpumpen führt man listenmäßig bis ca. 600 mm l. W. aus. — Bei Pumpen für größere Wassermengen und dementsprechenden größeren Rohrweiten werden die Niederdruck-Zentrifugalpumpen in Spezialausführung hergestellt, die man dann den örtlichen Verhältnissen anpaßt. Bei diesen größeren Pumpen werden meistenteils die Hauptteile wie Spiralgehäuse · und Saugrohrkrümmer schabloniert, da die Anschaffungskosten der Modelle in Anbetracht der seltenen Ausführung zu hohe sind. So ergibt es sich dann von selbst, daß der Konstrukteur in der Ausführung der größeren Pumpen mehr Bewegungsfreiheit hat und solche Pumpe den örtlichen Verhältnissen anpassen kann.

Fig. 96 zeigt eine große von der Firma Gebr. Sulzer, Winterthur, für eine Bewässerungsanlage in Oberägypten gelieferte Niederdruck - Zentrifugalpumpe. Dieselbe fördert bei einer minutlichen Tourenzahl von nur 110 2,78 cbm/Sec. auf eine manometrische Förderhöhe von 9,0 m. Wegen der großen Abmessungen und zur Erleichterung der Demontage ist der Saugrohrkrümmer und das Spiralgehäuse geteilt ausgeführt. Die Pumpe hat doppelseitigen Eintritt und führen die beiden

Fig. 94.

Saugrohre direkt in das Unterwasser. Das Spiralgehäuse hat die bekannte rechteckige Form, so daß also die äußere Begrenzung desselben eine Evolvente ist. Die sehr kräftig gehaltene Welle ist in 2 Ringschmierlagern geführt. Im allgemeinen zeigt die Pumpe eine sehr schwere und gediegene Bauart. — Verschiedene an den Krümmern und dem Spiralgehäuse angeordnete Mannlochdeckel gestatten eine leichte Zugänglichkeit.

Fig. 97 zeigt eine Niederdruck-Zentrifugalpumpe für eine Leistung von ca. 90 cbm pro Minute, wie dieselbe für Be- und Entwässerungsanlagen von der Amaghilpert-Nürnberg ausgeführt wird. Durch örtliche Verhältnisse ergab sich hier als vorteilhaft die Stellung des Druckstutzens horizontal

Fig. 95.

nach unten. Die Förderhöhe ist nur 2,0 m, so daß wegen der geringen Beanspruchung die Pumpe möglichst leicht ausgeführt ist.

Fig. 98 zeigt noch einen Schnitt durch diese Pumpe. Die Welle ist hier nur in einem Ringschmierlager geführt, während an dem hinteren Saugrohrkrümmer, eine Wellenführung angeordnet ist, die Schmierung mit konsistentem Fett erhält. Die Art der Lagerung genügt bei der kleinen Tourenzahl der Pumpe vollständig und hat außerdem den Vorteil, daß man nur eine Stopfbüchse am vorderen Teile der Pumpe benötigt.

Wie aus der Schnittzeichnung ferner zu ersehen, sind die Laufräder als sog. Turbinenlaufräder mit kleinstem Laufraddurchmesser ausgeführt, wodurch sich die Pumpe bei höchster Tourenzahl in ihrer äußeren Form sehr gedrängt baut. —

Fig. 99 zeigt noch eine von der Firma Jaeger, Leipzig, ausgeführte größere Niederdruckpumpe, bei welcher den örtlichen Verhältnissen

entsprechend der Druckrohrstutzen
horizontal nach oben gerichtet ist.
Die Pumpe fördert ca. 60 cbm/min.
auf 13 m. — Zur Versteifung des
Gehäuses sind starke Versteifungs-
rippen angeordnet.

Die bis jetzt angeführten Niederdruck-Zentrifugalpumpen hatten alle doppelseitigen Eintritt. Wie
schon eingangs erwähnt, führt man
jetzt die kleineren in Massenfabrikation hergestellten Pumpen meist
mit einseitigem Einlauf aus. Die
Konstruktion dieser Pumpen ist bedeutend einfacher, die Herstellungs-
kosten sind geringer, die Pumpe ist
leichter zugänglich. Das sind alles
wesentliche Vorteile, die
immer mehr und mehr die
Pumpen mit doppelseiti-
gem Eintritt verdrängen

Fig. 96.

werden. Die Einwände der besseren axialen Entlastung der Pumpe
mit doppelseitigem Eintritt sind
hinfällig, da man durch zweckentsprechende Anordnung der Entlastungslöcher das Laufrad mit einseitigem Eintritt genau so gut axial
entlasten kann und zwar, was ausdrücklich betont sei, dauernd.

Fig. 97.

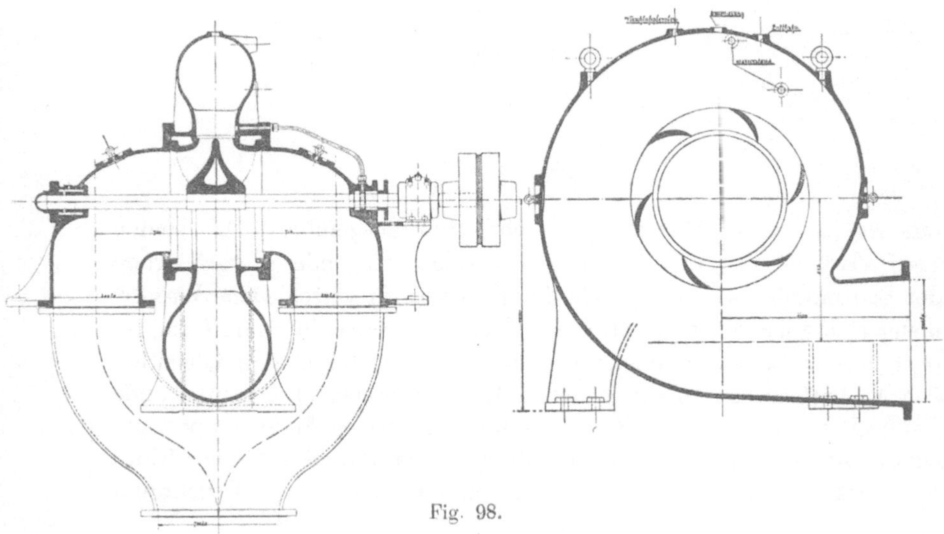

Fig. 98.

Es gibt nun sehr verschiedene Ausführungen der Zentrifugalpumpen mit einseitigem Einlauf, und sollen hier einige Konstruktionen angeführt werden.

Fig. 100 zeigt die Type der Niederdruck-Zentrifugalpumpe von der Firma A. Borsig, Berlin, die diese Pumpen in ausgezeichnet organisierter Massenfabrikation herstellt. Dieser Pumpentyp wird von Borsig bis zu einer Leistung von 30 cbm/min. und Förderhöhen bis 40 m ausgeführt. Der Eintritt des Wassers erfolgt axial. Das Lauf-

Fig. 90.

rad ist in seinen Abmessungen sehr groß ausgeführt. Die beiden Laufradwände sind parallel. Durch Verkleinerung oder Vergrößerung der Laufradhöhe wird die gleiche Pumpentype für verschiedene Wassermengen brauchbar gemacht. Das Pumpengehäuse in Spiralform ist nach beiden Seiten symmetrisch ausgebildet, wodurch es möglich ist, den Austrittsstutzen in jede beliebige Lage zu drehen. Das freifliegende Laufrad ist auf der dem Einlauf entgegengesetzten Seite doppelt gelagert, und zwar läuft die Welle außerhalb der Pumpe in einem Ringschmierlager, innerhalb in einem Pockholzlager, das vom Druckraum

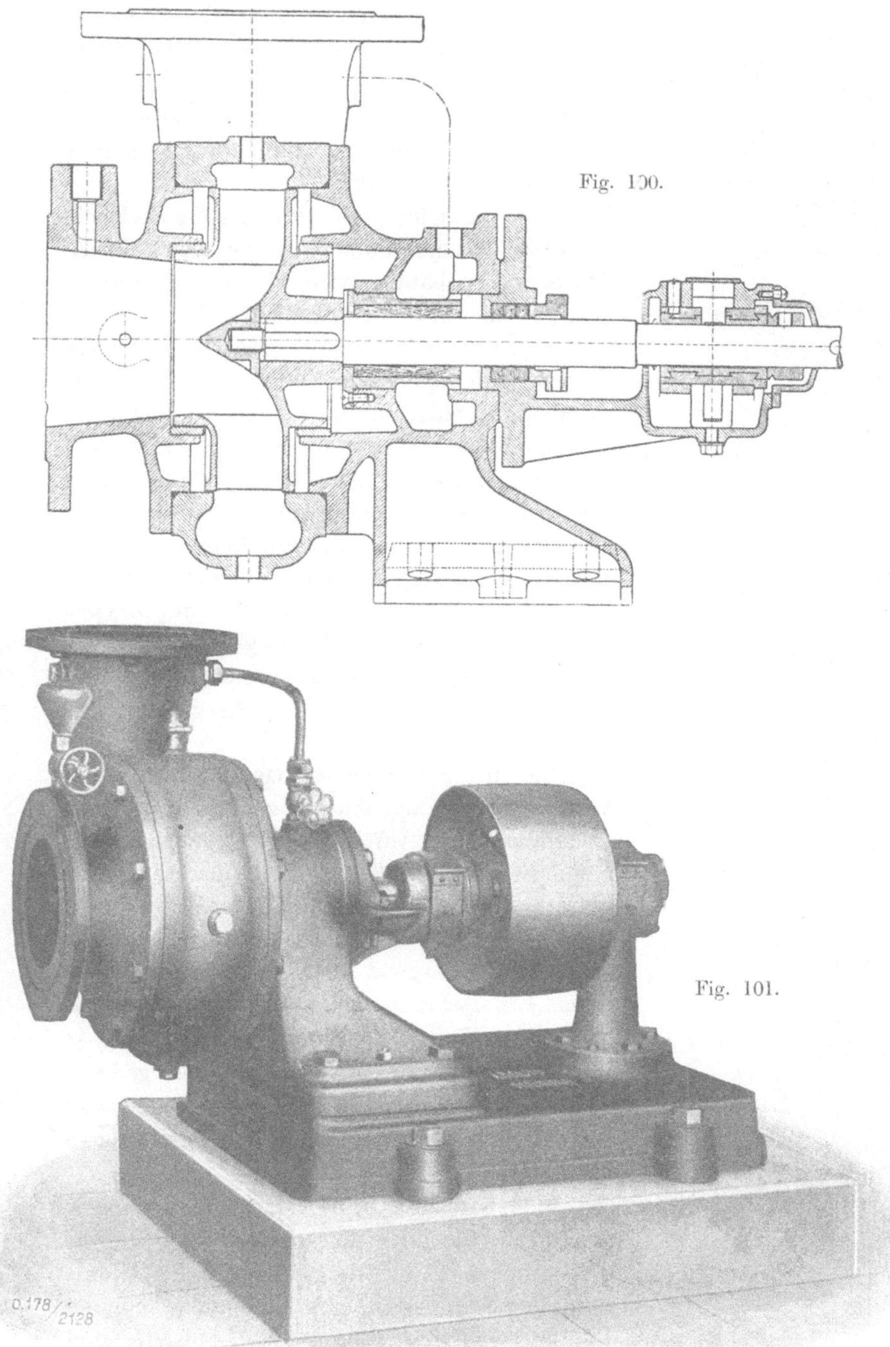

Fig. 100.

Fig. 101.

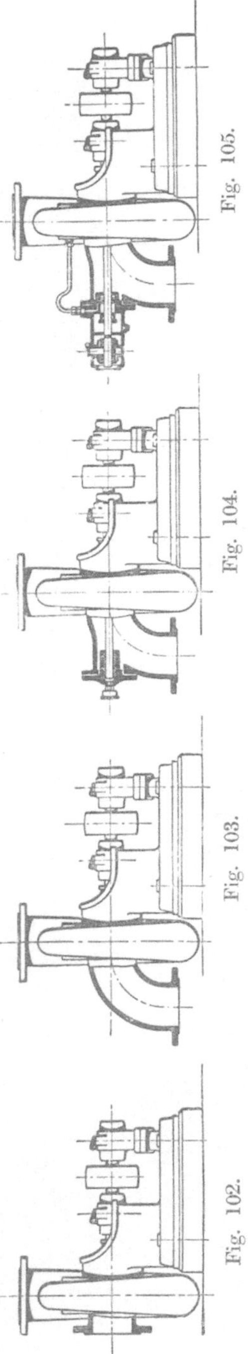

Fig. 105.

Fig. 104.

Fig. 103.

Fig. 102.

mittelst Wasser geschmiert wird. Bei sehr stark sandhaltigem Wasser muß, um ein schnelles Auslaufen des Pockholzlagers zu vermeiden, die Schmierung mit reinem Wasser vorgesehen werden. Fig. 101 zeigt noch diese Pumpe in Ausführung mit Festscheibe.

Eine ähnliche Ausführung hat die als Hocheffekt-Zentrifugalpumpe von der Amaghilpert-Nürnberg gebaute Niederdruck-Zentrifugalpumpe mit einseitigem Einlauf.

Fig. 102, 103, 104, 105 zeigt diese Pumpe in verschiedener Anordnung bezüglich Lagerung der Welle am Saugrohreintritt. Auch diese Pumpe wird in Massenfabrikation hergestellt und stellt sich bei gediegener und gefälliger Ausführung sehr niedrig im Preis. Dieselbe wird mit dem auf S. 196 beschriebenen Patentlaufrade hergestellt, wodurch trotz billigem Preise der Nutzeffekt ein ausgezeichneter. Bei kleineren Pumpentypen werden Nutzeffekt bis 70% bei größeren bis 80% erreicht, was immerhin bei einer Zentrifugalpumpe ohne Leitapparat als sehr gut bezeichnet werden kann.

Bei dieser Pumpe ist das Lagerschild, an welches das Spiralgehäuse angeflanscht, mit der Grundplatte zur Aufnahme des Gegenlagers aus einem Stück, so daß also eine separate Grundplatte in Fortfall kommt. Das in Spiralform ausgebildete Sammelgehäuse und der Saugrohrkrümmer ist fliegend an dem kräftig ausgebildeten Lagerschild angeflanscht. Das Sammelgehäuse und der Saugrohrkrümmer kann je um eine Teilung der Flanschschrauben gedreht werden, so daß man für jede Pumpe eine ganze Anzahl von verschiedenen Stutzenstellungen ausführen kann.

Fig. 106 zeigt z. B. 64 verschiedene Stutzenstellungen, die mit jeder Pumpe erreicht werden können. Durch die symmetrische Anordnung des Sammelgehäuses kann außerdem die Pumpe nach Auswechseln des Laufrades und Drehung des Sammelgehäuses um 180° für Rechts- und Linksgang verwendet werden.

Die Lagerung der Pumpe geschieht auf der der Saugseite entgegengesetzten Seite in Ringschmierlagern. Auf der Saugseite wird bei kleineren Pumpen bis 100 mm l. W. das Laufrad fliegend angeordnet, siehe Fig. 102 und 103. Bei Pumpen über 100 mm l. W. wird je nach Wunsch des Käufers die Welle in einer Wellenführung, siehe Fig. 104 oder in einem Ringschmierlager, siehe Fig. 105, geführt, welche beide Lager am Saugrohrkrümmer angeflanscht werden können.

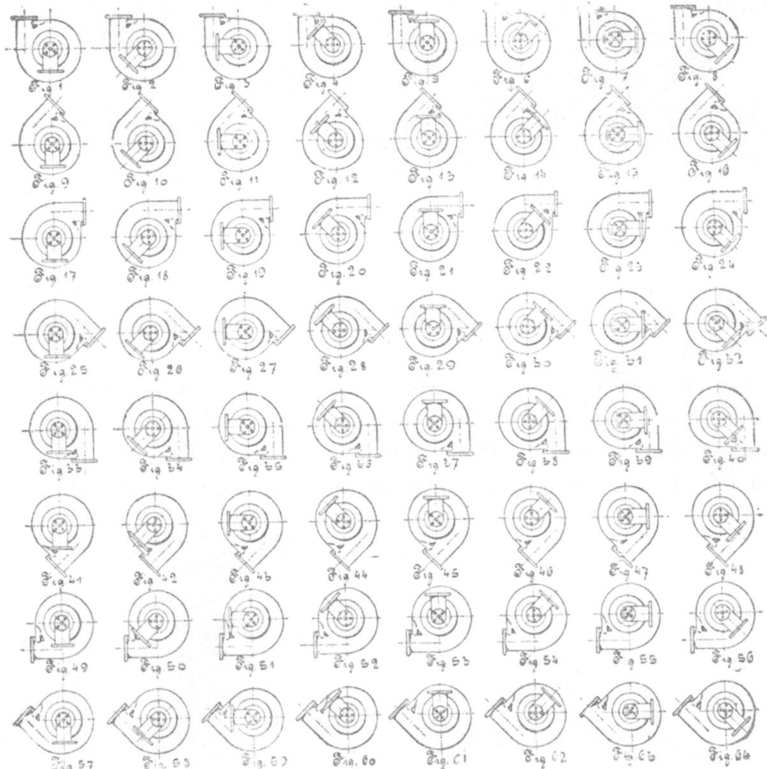

Fig. 106.

Fig. 107 zeigt noch diese Pumpe in der Ausführung mit Ringschmierlager am Saugrohrkrümmer für direkte Kupplung mit Elektromotor, während man in Fig. 108 eine Pumpe mit Festscheibe erkennen kann.

Über die allgemeine Ausführung der Niederdruck-Zentrifugalpumpen sei noch bemerkt, daß man stets an den Stopfbüchsen auf der Saugseite ein sog. Wasserschloß vorsehen soll (siehe Fig. 105). Dem Wasserschloß, welches in die Stopfbüchse eingebaut ist, wird Druckwasser zugeführt, so daß die Stopfbüchse nicht gegen Vakuum, sondern gegen Druck ab-

Fig. 107.

zudichten hat. Dadurch wird das Eindringen von Luft in den Saugrohr-krümmer vermieden.

Wo die Niederdruck-Zentrifugalpumpen für Kanalisationszwecke, also für sehr schmutzige Wässer, verwendet werden, muß man natürlich auf leichteste Zugänglichkeit der Pumpen speziell am Einlauf sehen, um leicht den Laufradeintritt reinigen zu können. Dabei muß selbst-

Fig. 108.

verständlich das Reinigen resp. Nachsehen der Pumpe ohne Lösen der Rohrleitungen erfolgen können.

Fig. 109 zeigt eine von A. Borsig, Berlin, für schmutzige Wasser gebaute Pumpe im Schnitt. Nach Abnahme eines vor dem Eintritt

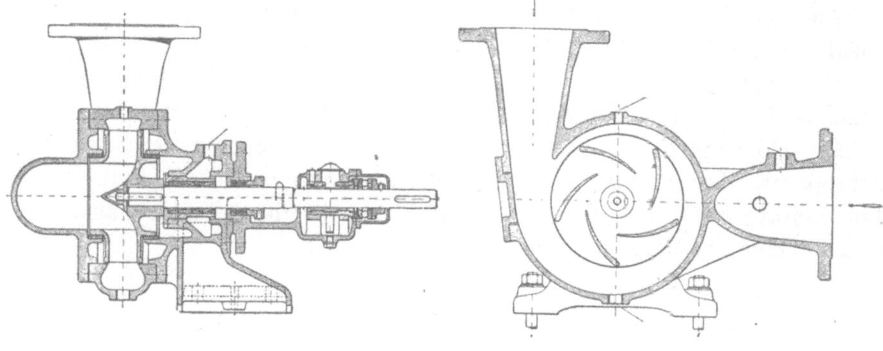

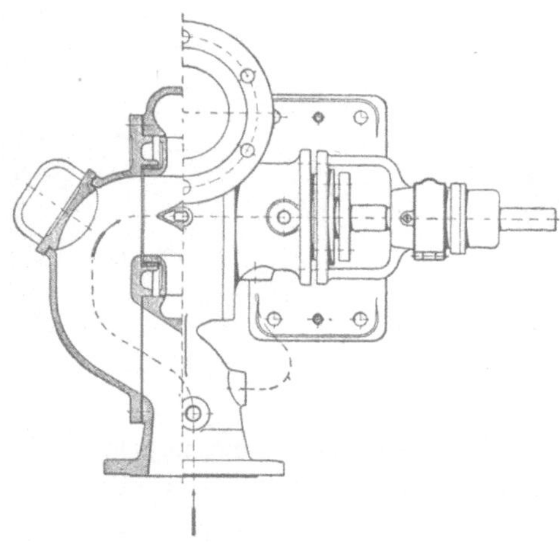

des Wassers in das Laufrad angeordneten Mannlochdeckels kann das Laufrad gereinigt werden, während nach Abnahme der Verbindungsstücke D es möglich ist, Laufrad und Welle der Pumpe ohne Demontage der Rohrleitung zu demontieren.

Fig. 110 zeigt noch eine derartige Schmutzwasserpumpe für direkte Kuppelpumpe mit Motor.

Die Niederdruck-Zentrifugalpumpe ohne Leitapparat verwendet man nun meist nur bei

Fig. 109.

Förderhöhen bis ca. 20 m. Für größere Förderhöhen empfiehlt sich bei einstufigen Pumpen die Verwendung eines Leitapparates. Auch vom Verfasser angestellte Versuche haben erwiesen, daß man speziell bei größeren Förderhöhen bei Verwendung eines Leitapparates um 4—8 Prozent höhere Nutzeffekte erzielt als wie bei Pumpen ohne Leitapparat. Bei Pumpen mit kleiner Förderhöhe wird man

Fig. 110

natürlich den Leitapparat entbehren können und hat sich auch gezeigt, daß bei kleinen Förderhöhen nicht viel an Nutzeffekt bei Verwendung eines Leitapparates herauszuholen ist.

b) Die einstufigen Zentrifugalpumpen mit Leitapparat.

Auch bei den einstufigen Zentrifugalpumpen mit Leitapparat unterscheidet man Pumpen mit doppelseitigem und einseitigem Eintritt.

Der doppelseitige Eintritt, der eine bessere axiale Entlastung bewirken soll, baut die Pumpen etwas schwer zugänglich.

Fig. 111 zeigt die allgemeine Anordnung einer solchen Pumpe mit Leitapparat. Die Pumpe ist ähnlicher Konstruktion wie die Pumpe ohne Leitapparat. Das den Leitapparat umgebende Sammelgehäuse ist auch hier zweckmäßig in Spiralform auszuführen.

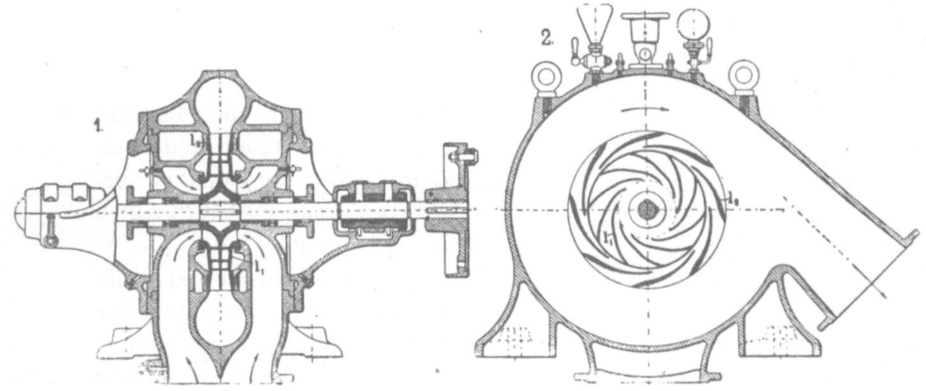

Fig. 111.

Fig. 112 zeigt eine größere Pumpe mit Leitapparat der Amaghilpert, Nürnberg. Dieselbe fördert bei einer Tourenzahl von 1450 pro Minute 23 cbm auf eine manometrische Höhe von ca. 70 m. Drei solcher Pumpen direkt gekuppelt mit 550-PS.-Drehstrommotoren wurden von dieser Firma für eine größere Wasserversorgungsanlage in Norwegen geliefert.

Die weitere Anordnung einer einstufigen Zentrifugalpumpe mit Leitapparat und doppelseitigem Eintritt zeigt die Bauart Borsig, Fig. 113. Die beiden Saugrohre sind hier nicht zu einem Hosenrohr zusammengeführt, sondern es sind 2 Saugrohrkrümmer angeordnet.

Bedeutend einfacher in Bauart ist nun die Zentrifugalpumpe mit Leitapparat mit einseitigem Eintritt. Wie schon erwähnt, wird man ja einstufige Pumpen mit Leitapparat nur für größere Förderhöhen ausführen. Bei größerer Förderhöhe wird natürlich die axiale Entlastung des Laufrades schwieriger und hat sich wohl speziell aus diesem Grunde dieser Pumpentyp weniger eingeführt. Vom Verfasser eingehend angestellte Versuche haben nun gezeigt, daß bei der axialen Entlastung

nach Art der Fig. 82 bei richtiger Anordnung der Entlastungslöcher
ein in jeder Weise betriebssicheres Arbeiten der Pumpen gewährleistet
wird. Auf Grund dieser Versuche wurde von der Amaghilpert, Nürnberg,
die sog. einstufige Evolventenpumpe gebaut, welche für Förderhöhen

Fig. 112.

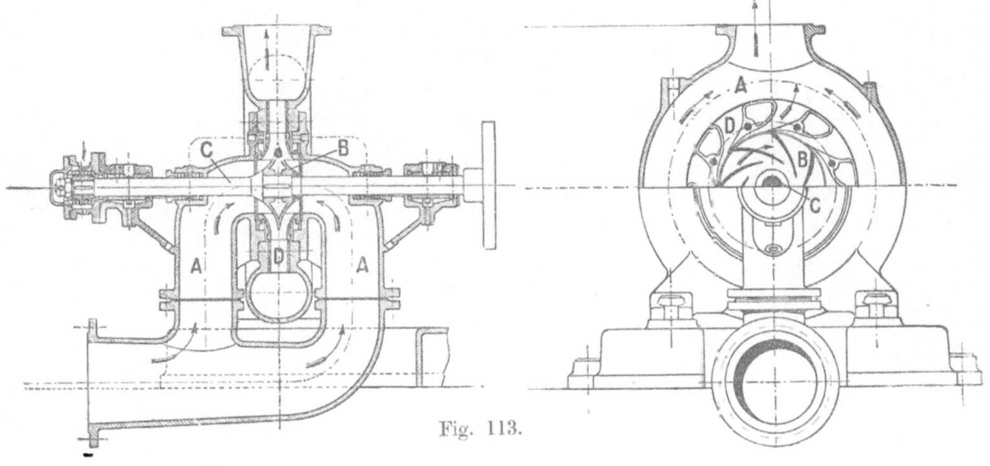

Fig. 113.

bis 60 m verwendet wird. Es wurde die Bezeichnung Evolventenpumpe
gewählt, weil das Wasser bei Durchströmen der Pumpe in vier verschiedene Evolventenbahnen geführt wird.

Fig. 114 zeigt diese Pumpe im Schnitt, woraus die einzelnen Details
zu entnehmen sind. Besonders wurde bei der Konstruktion dieser Pumpe
auf die leichte Zugänglichkeit der inneren Teile gesehen.

Der Leitapparat ist nach einer Seite offen ausgeführt. Zum Abschluß dient ein Ringdeckel R. Ohne Demontage eines Lagers ist nur nach Abnahme dieses Ringdeckels der Leitapparat, der Laufradaustritt sowie das Spiralgehäuse zugänglich.

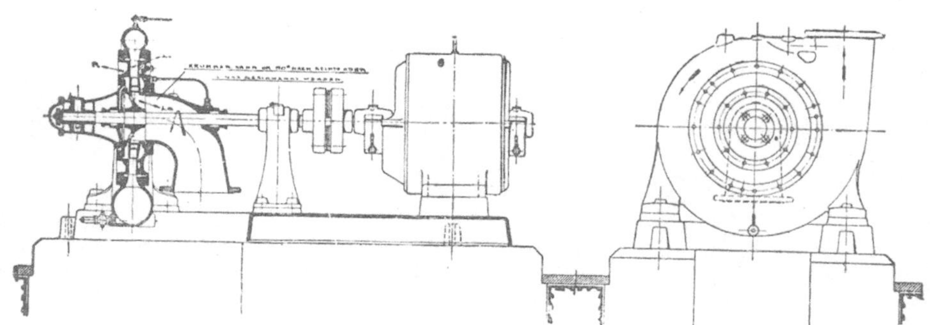

Fig. 114.

Fig. 115.

Die Welle wird in zwei reichlich bemessenen Ringschmierlagern geführt. Die beiden Stopfbüchsen erhalten gegen Eindringen von Luft in den Saugraum Wasserschlösser.

Da Stellringe bei hohen Umfangsgeschwindigkeiten nicht betriebssicher, so sind zur Fixierung der Welle Kugellager angeordnet. Nur bei kleineren Pumpen finden Stellringe Verwendung.

Fig. 115 zeigt eine solche einstufige Pumpe mit abgenommenem Ringdeckel und herausgezogenem Leitapparat, während Fig. 116 eine Pumpe mit 400 mm Rohranschluß für direkte Motorkupplung darstellt. Ein Vorteil dieser Pumpe ist noch, daß man wenigstens den Saugstutzen beliebig drehen kann, was das Verlegen der Saugleitung erleichtert.

Fig. 116.

39. Die mehrstufigen Hochdruck-Zentrifugalpumpen.

Die Entwickelung der Hochdruck-Zentrifugalpumpen zeigt in den letzten 5 Jahren eine nicht unbedeutende Umwälzung. In der ersten Auflage dieses Buches 1906 konnte man noch von 4 Systemen sprechen. — Es war dies:

Fig. 117. 1. Hochdruck-Zentrifugalpumpe Bauart Sulzer, Winterthur,
Fig. 118. 2. Hochdruck-Zentrifugalpumpe Bauart Rateau,
Fig. 119. 3. Hochdruck-Zentrifugalpumpen Jaeger, Leipzig,
Fig. 120. 4. Hochdruck-Zentrifugalpumpe Kugel-Gelbke.

Von diesen Systemen findet man heute nur noch die Bauart Jaeger, Leipzig mit hintereinander geschalteten Laufrädern.

Die Bauart Sulzer mit gegenseitiger Anordnung der Laufräder verschwand, als Sulzer durch die sog. Entlastungsscheibe ein Mittel gefunden hatte, um unabhängig von einer Entlastung eines jeden Laufrades, sämtliche Laufräder zu entlasten. — Hiermit fiel die lange Jahre von Sulzer nach Fig. 117 ausgeführte Konstruktion der gegenseitig angeordneten Laufräder. Sulzer führt heute seine sämtlichen Hochdruckpumpen mit hintereinander angeordneten Laufrädern aus ähnlich Fig. 119, nur daß die Entlastungslöcher in Fortfall kommen und zur axialen Entlastung eine Entlastungsscheibe (siehe Fig. 86) angeordnet wird.

Die von Rateau vorgeschlagene Art der Entlastung mit ungleichem Durchmesser des Schaufelkranzes (Fig. 118) hat keine Erfolge gehabt

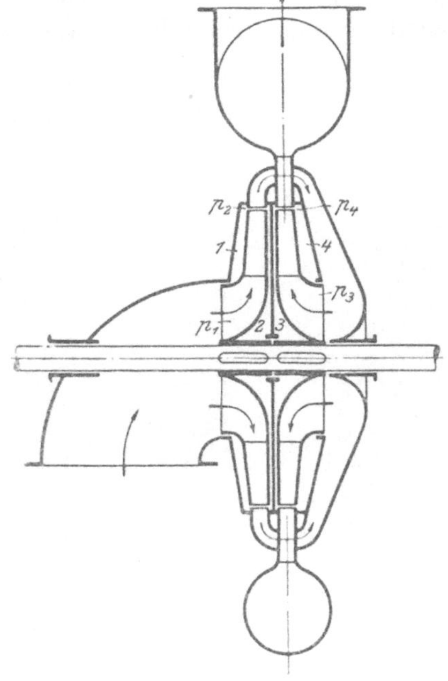

Fig. 117.

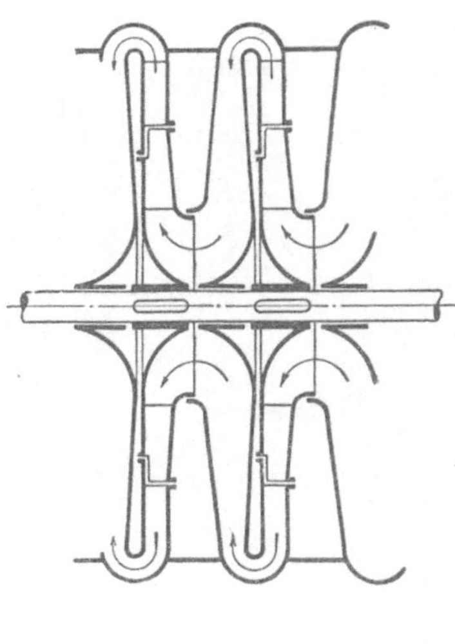

Fig. 118.

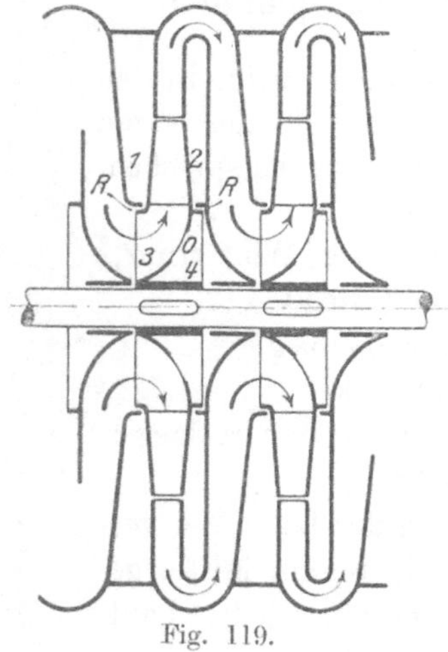

Fig. 119.

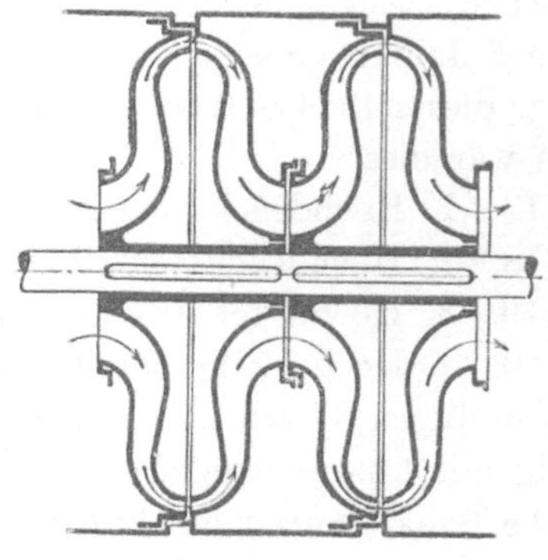

Fig. 120.

und wird wegen der großen Schwierigkeit der axialen Entlastung kaum mehr ausgeführt. Desgleichen die Konstruktion Kugel-Gelbke,

(Fig. 120) die auch hauptsächlich auch wegen der ungenügenden axia len Entlastung fallen gelassen wurde.

So sieht man denn heute, wie fast alle Firmen dazu übergehen bei ihren mehrstufigen Hochdruck-Zentrifugalpumpen die Hinter einanderschaltung der Laufräder einzuführen. Firmen, die heute noch gegenseitig angeordnete Laufräder bauen, werden wohl oder übel, um konkurrenzfähig zu bleiben, Konstruktionen mit hintereinander ge schalteten Laufrädern ausführen.

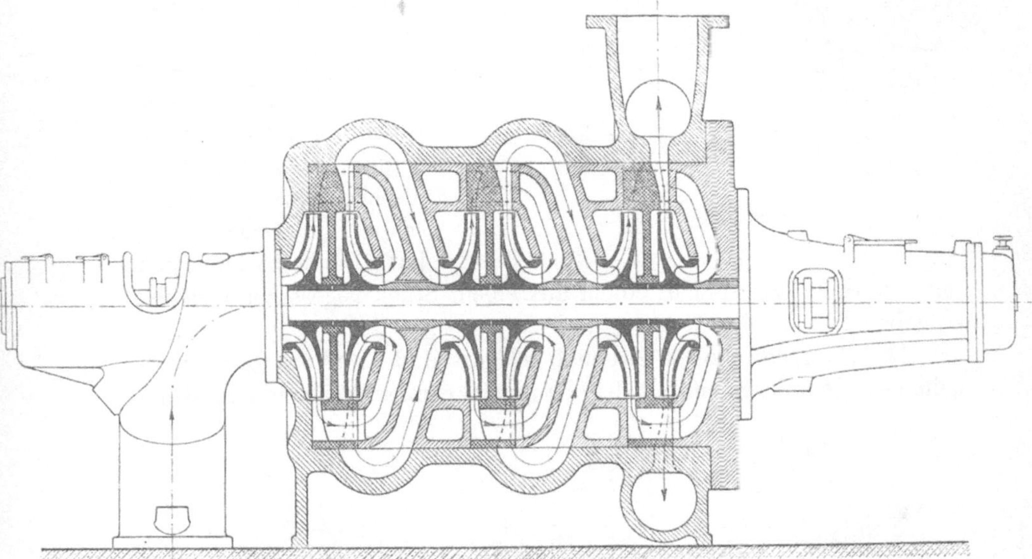

Fig. 121.

Außerdem hat die gegenseitige Anord-nung der Laufräder den Nachteil, daß man ein Rechts- und Linkslaufrad benötigt, so daß also zur Reserve stets zwei Laufräder beschafft werden müssen. Dann ist auch solche Pumpe schwerer zugänglich als eine Pumpe mit hintereinander geschalteten Laufrädern.

Es sollen nun im folgenden Typen von Hochdruck-Zentrifugalpumpen vorgeführt werden, wie solche von den maßgebenden Firmen ausgeführt werden.

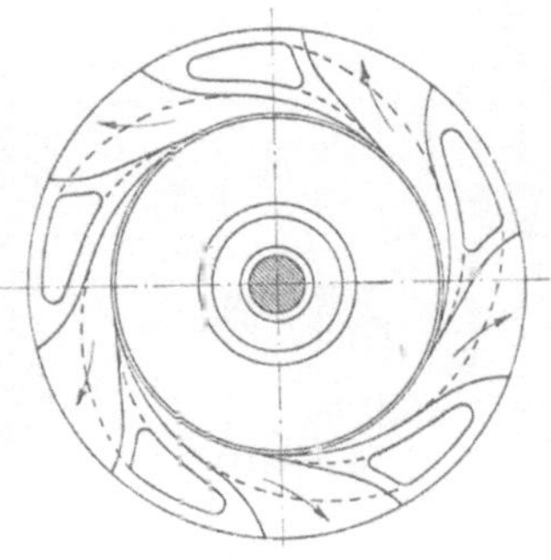

Fig. 122.

Als älteste Firma für den Bau dieser Pumpen ist wohl Sulzer-Winterthur zu nennen. Sulzer hat bereits schon sehr gewaltige Anlagen ausgeführt. Pumpen über 1000 m Förderhöhe sind im Betrieb.

Es war schon angeführt worden, daß Sulzer in den letzten Jahren durch Verwendung der Entlastungsscheibe die Type der Hochdruckpumpe geändert hat, immerhin hat es doch wohl Interesse, die alte Bauart kennen zu lernen.

Fig. 123.

Fig. 121 und 122 zeigt die ältere Type der Sulzerpumpe. Vom Saugrohr aus wird durch einen Krümmer das Wasser nach Durchströmen der sechs Lauf- und Leiträder einem ringförmigen Gehäuse zugeführt, das mit einer konischen Erweiterung Anschluß zur Druckleitung hat. Die sechs Laufräder mit Leitapparaten sind in einem aus einem Stück gegossenen Gehäuse eingebaut.

Die Pumpenwelle ist zweimal gelagert und zwar auf der durchgehenden Seite in einem mit dem Saugrohrkrümmer verbundenen Ring-

Fig. 124.

schmierlager, auf der Druckseite in einem am Deckel angebrachten Lager, das als Ringspurlager ausgebildet ist.

Weitere Detailkonstruktionen der Pumpe sind aus Fig. 123 und 124 zu ersehen. Fig. 123 zeigt vier auf der Welle aufgekeilte Laufräder, Fig. 124 die inneren Teile der Pumpe mit den Leitschaufelkanälen.

Das Pumpengehäuse ist gewöhnlich aus Gußeisen, bei hohen Drucken aus Stahlguß hergestellt. Die Lauf- und Leiträder sind aus Bronze von besonderer Legierung, die Welle aus Nickelstahl. In besonderen Fällen erhalten gewisse Teile auch säurebeständiges Futter. Fig. 125 zeigt noch eine solche sechsstufige Pumpe direkt gekuppelt mit Elektromotor.

Die neuen Sulzerpumpen werden nun mit hintereinander geschalteten Laufrädern ausgeführt und wird der axiale Schub durch die auf S. 151 beschriebene Entlastungsscheibe aufgehoben.

Fig. 126 zeigt diese Pumpe im Schnitt. Die dargestellte Pumpe in sechsstufiger Ausführung fördert bei einer Tourenzahl von 1450 pro Minute 1000 Liter auf eine Förderhöhe von 156 m. Lauf-, Leiträder und Umführungskanäle sind in einem zylindrischen Gehäuse eingebaut. Nach Abnahme des Deckels an der Druckseite kann mittels Preßschraube ohne De-

Fig. 125.

montage der Rohrleitung das Innere der Pumpe demontiert werden. Die Welle aus bestem Siemens-Martinstahl, bei hoher Beanspruchung auch aus Nickelstahl, wird in 2 reichlich bemessenen Ringschmierlagern geführt.

Fig. 127 zeigt eine solche Pumpe direkt gekuppelt mit Motor in Ansicht. Die Pumpe ist mit dem Motor mittels elastischer Lederbandkupplung verbunden, was unbedingt für das freie Spiel der Motor- und Pumpenwelle nötig ist.

Fig. 128 zeigt eine mehrstufige Pumpe für Riementrieb. Das Vorgelege ist separat vorgesehen und wiederum mittels elastischer Kupplung mit der Pumpe verbunden.

Fig. 129 zeigt eine Pumpe für größere Förderhöhen, wobei 2 Pumpensätze hintereinander geschaltet sind. Jede der Teilpumpen überwindet die halbe Förderhöhe. Von den Druckstutzen des ersten Pumpensatzes wird mit einem seitlich angeordneten Umführungsrohr das auf halbe Förderhöhe vorgepreßte Wasser dem Einlaufstutzen der zweiten Pumpe zugeführt.

Eine Unterteilung der Pumpen bei größerer Förderhöhe ist nötig, da man möglichst vermeiden soll, mehr als 6, höchstens 7 Laufräder auf eine Welle zu setzen. Die Lagerentfernungen werden zu groß und müssen dann die Wellen unter Berücksichtigung der kritischen Tourenzahl einen zu großen Durchmesser erhalten.

Fig. 130 zeigt im Schnitt die mehrstufige Pumpe nach Rateau, wie in ähnlicher Ausführung dieselbe von der Firma Sautter, Harlé & Co., Paris, und den Skodawerken, Pilsen ausgeführt wird.

Die Wasserführung erfolgt hier in wellenförmiger Richtung. Nach dem Austritt aus dem Laufrad wird das Wasser weiter in radialer Richtung in einen Leitapparat geführt, und erst beim Austritt aus demselben liegt die Krümmung von annähernd 180°. Der jetzt folgende Umführungskanal (siehe Fig. 130) erhält Schaufeln, die in Richtung des durch die Krümmung fließenden Wasserstrahles beginnen, und die zum Eintritt des nächsten Laufrades in Richtung der absoluten Eintrittsgeschwindigkeit endigen. Zur Aufhebung der seitlichen Drucke werden hier die dem Wasserdruck ausgesetzten

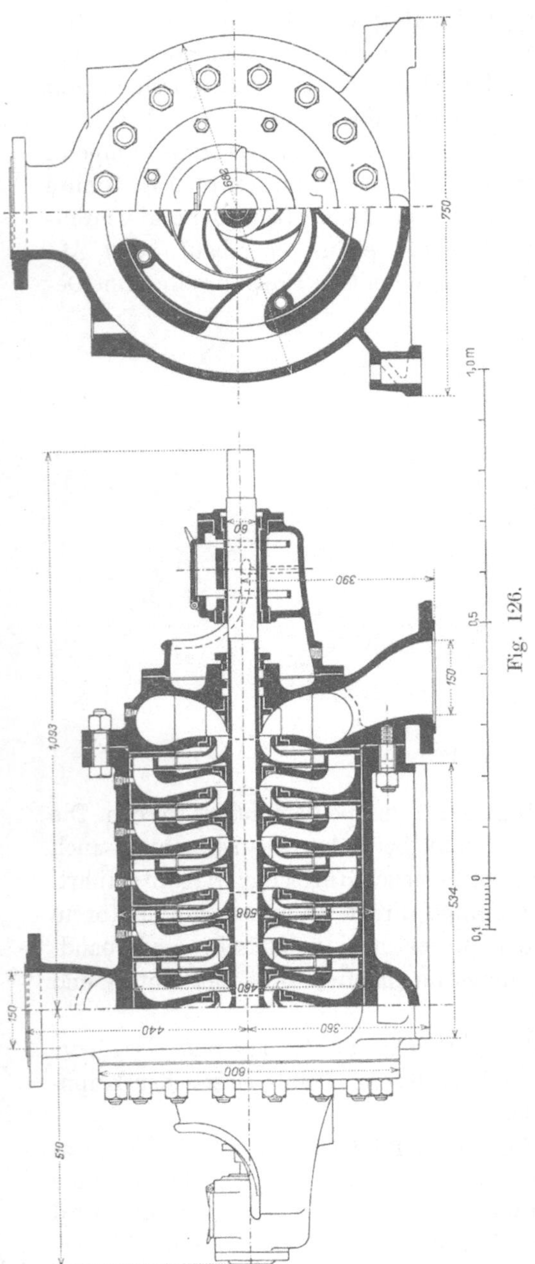

Fig. 126.

beiden Laufradflächen so bemessen, daß die niedere Wasserpressung
auf eine größere, die höhere auf eine kleinere Laufradfläche wirkt. Zu
dem Zweck erhalten die äußeren Laufradkränze ungleiche Durchmesser.
Im äußeren Teile bewegt sich auf der einen Seite die Laufradschaufel
frei gegen die Gehäu-
sewand. Bei dem klei-
neren Kranzdurch-
messer wird sich ein
geringerer Spaltdruck
einstellen, als bei dem
größeren, da hier die
Größe $\dfrac{u_a^2 - u_e^2}{2\,g}$ kleiner ist.

Fig. 127.

Fig. 128.

Fig. 129.

Es wird nun sehr schwer sein, eine richtige Wahl in der Größe der Laufradkranzdurchmesser zu treffen, derart, daß sich die Gesamtdrucke auf den beiden Laufradböden aufheben. Man kann diese Anordnung nur eine teilweise Entlastung nennen. Die völlige Entlastung soll ein hinter dem letzten Laufrade auf der Druckseite aufgekeilter Kolben bewirken, welcher mit möglichst geringem Spiel in einem zylinderartigen An-

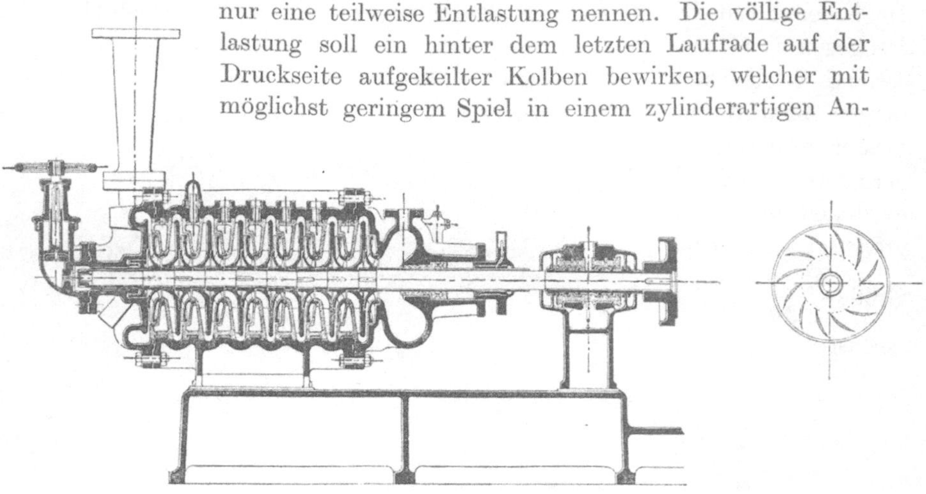

Fig. 130.

guß des am Gehäuse angeschraubten Deckels rotiert. Auf die Vorderseite des Kolbens wirkt der volle Wasserdruck, während die Hinterseite desselben mit irgendeiner Druckstufe oder mit dem Saugraum im vorderen Pumpendeckel in Verbindung gebracht wird. Durch die Differenz der beiden Kolbendrucke soll der Axialschub aufgehoben werden.

Fig. 131.

Zu bedenken ist hierbei, ob nicht die Kolbenfläche bei mit Sand zersetzten Wasser durch das fortwährende Durchströmen der Flüssigkeit leicht abgenutzt wird. Dies brachte auch die Firma Sautter, Harlé & Co., Paris, die Pumpen, System Rateau, baut, in Erfahrung und ordnet daher zur Verhinderung einer schnellen Abnutzung der Kolbenfläche eine eigens konstruierte Schmiervorrichtung an.

Wie aus der Fig. 131, welche eine von den Skodawerken in Pilsen gebaute zwölfstufige Rateaupumpe zeigt, zu ersehen ist, ist das äußere Gehäuse in der Längsachse geteilt. Die inneren Teile des Gehäuses, die die Leit- und Umführungsschaufeln enthalten, sind nicht geteilt. Bei der Montage der Pumpen werden abwechselnd die Laufräder und Leiträder auf die Welle geschoben und hierauf das ganze in die untere Gehäusewand eingesetzt und die Leiträder mit dem Gehäuse verschraubt.

Zur Aufnahme eines sich etwa einstellenden Axialschubes dient ein Kammlager mit Ringschmierung. Dasselbe ist bei der Ausführung der Skodawerke entweder zwischen Pumpe und Motor in einem separaten Lagerbock untergebracht, oder es wird eines der Motorlager als Kammlager ausgebildet.

Die Druckleistung der einzelnen Stufen der Rateaupumpe ist gering, so wird gewöhnlich von einem Rade ein Druck von 20 m erzeugt. Natür-

Fig. 132.

lich fallen dementsprechend die Laufräder im Durchmesser klein aus. Die Folge der kleineren Förderhöhe der Laufräder ist, daß diese Pumpen bei größeren Förderhöhen durch die große Anzahl der Räder sich sehr lang bauen, wodurch eine Teilung der Pumpen nötig wird. Es wird dann der Antriebsmotor in die Mitte der beiden Pumpenteile gesetzt, wobei zu gleicher Zeit der Axialschub durch die gegenseitige Anordnung der Laufräder einigermaßen aufgehoben werden soll. Eine derartige Pumpe zeigt Fig. 132. Diese von der Firma Sautter, Harlé & Co., Paris gebaute Pumpe ist besonders beachtenswert, weil mit derselben ein geringes Wasserquantum von 0,41 cbm pro Min. auf 400 m gefördert wird. Die Pumpe macht dabei 2900 Umdrehungen pro Min. Interessant ist auch die Ausführung einer Rateaupumpe von gleicher Firma, die 4,17 cbm pro Min. auf 4 verschiedene Druckhöhen von 30, 60, 90, 120 m fördern kann (siehe Fig. 133). Die Teilung der Pumpe in verschiedene Förderhöhen ist besonders beim Abteufen von Schächten sehr angebracht.

Fig. 133.

Eine von den Skodawerken, Pilsen, ausgeführte Rateaupumpe mit direktem Antrieb einer Dampfturbine zeigt Fig. 134. Die Pumpe fördert bei einer minutlichen Tourenzahl von 3250, mit 4 Laufrädern 3,0 cbm pro Min. auf eine Förderhöhe von 208 m. Wegen der hohen Tourenzahl war man gezwungen, für jede Stufe eine Förderhöhe von ca. 50 m an-

Fig. 134.

zunehmen. Beachtenswert ist der äußerst geringe Raumbedarf dieser Pumpe mit Dampfturbine, der in der Länge 3,5 m, in der Breite 1,75 m und in der Höhe 1,6 m beträgt.

Zu Versuchszwecken haben die Skodawerke nach Angaben von Rateau eine Pumpe mit einem Laufrade von nur 0,08 m Durchmesser ausgeführt, welche mit einer Dampfturbine direkt gekuppelt bei der hohen Tourenzahl von 18000 pro Min. 0,72 cbm pro Min. auf 236 m fördert. Dabei soll laut Angaben der Nutzeffekt der Pumpe allein 66% betragen haben. Bei etwas reduzierter Wasserlieferung vermochte diese winzig kleine Pumpe sogar Förderhöhen bis zu 300 m zu überwinden.

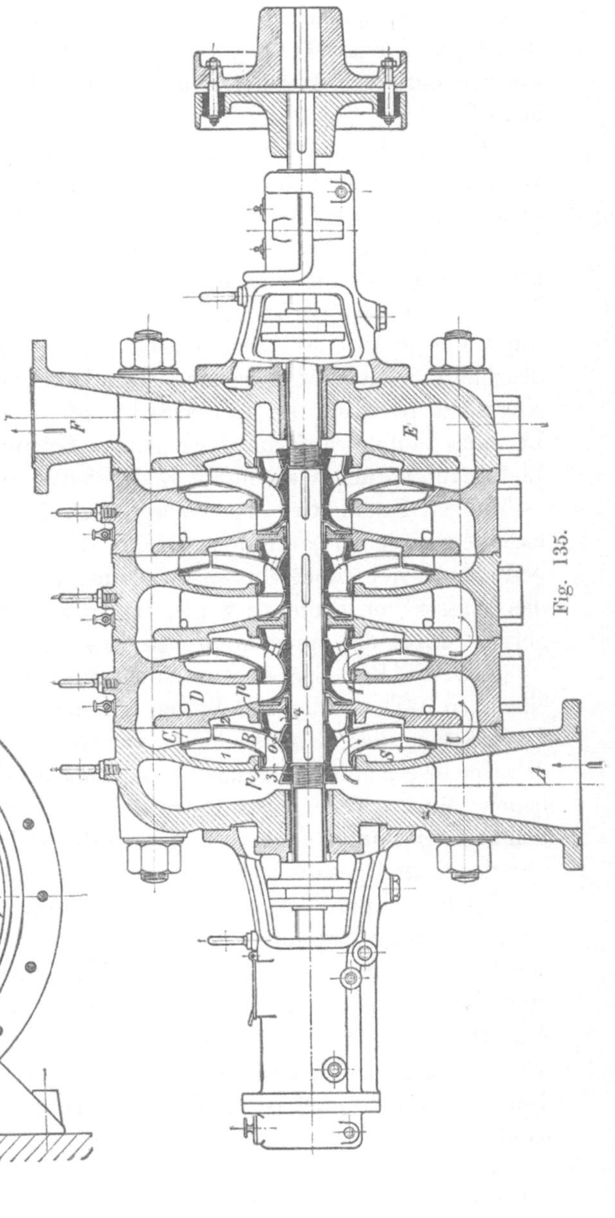

Fig. 135.

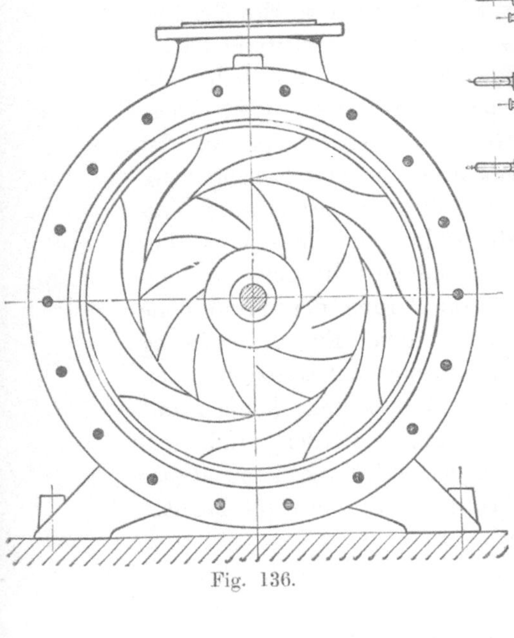

Fig. 136.

Eine gleiche Wasserführung wie die Rateaupumpe zeigt die Hochdruck-Zentrifugalpumpe von J. H. Jaeger & Co., Leipzig. Besonders die

Jaegerpumpe hat wegen der Einfachheit ihrer Konstruktion als Muster verschiedener ähnlicher Ausführungen gedient. Die Pumpe von Worthington, New-York, ist sehr verwandt mit der Jaegerschen, was zu einer Interessengemeinschaft geführt hat, indem die Firma Worthington die Ausführungsrechte von der Firma J. H. Jaeger-Leipzig für alle Länder, mit Ausnahme des Deutschen Reiches und Österreich-Ungarns, erwarb.

Bei der Jaegerschen Hochdruck-Zentrifugalpumpe wird nun jedes Laufrad für sich nach der in Fig. 82 dargestellten Art entlastet. In neuerer Zeit führt Jaeger auch für größere Pumpen seine Entlastungsscheibe aus (siehe Fig. 87). Die weitere Konstruktion der Jaeger-Pumpe ist aus Fig. 135 zu ersehen.

Die Flüssigkeit tritt durch das Saugrohr in das erste Laufrad, dann durch den in gleicher Achse liegenden Leitapparat, welcher ebenso wie das Laufrad aus Bronze besteht. Der Leitapparat ist in das Gehäuse eingesetzt und nach der Saugseite hin offen, was ein Nacharbeiten der Leitradschaufeln auf die ganz genaue Schaufelweite ermöglicht. Die Leitschaufeln führen an ihrem Ende das Wasser radial aus. In einem S-förmigen Kanal wird das Wasser nach dem Austritt aus dem Leitrade dem nächsten Laufrade zugeführt. Zur regelrechten Wasserführung befinden sich in dem Umführungskanal wiederum Schaufeln. So tritt das Wasser von Stufe zu Stufe, bis es zuletzt in ein rundes Gehäuse geführt wird, das einen konischen Anschluß zur Druckleitung hat.

Das die Leitapparate umschließende Gehäuse ist unterteilt. Die einzelnen Teile werden mit Bolzen zu einem Ganzen verbunden. Diese Unterteilung der Gehäuse bietet verschiedene wichtige Vorteile. Ist das Gehäuse aus einem Stück, so können die in dasselbe hineingeschobenen inneren Teile leicht festrosten, was ein schnelles Auseinandernehmen der Pumpe erschwert. Durch die Teilung der Gehäuse ist dies vermieden und gestaltet sich auch die Demontage einfacher.

Häufig kommt es vor, daß zur Vergrößerung der Förderhöhe neue Stufen an eine alte Pumpe angebaut werden. Eine Vermehrung der Stufen gestaltet sich bei diesem Pumpensystem durch die Teilung der Gehäuse sehr einfach. Die alten Pumpenteile können mit Ausnahme der Welle, die entsprechend länger werden muß, verwendet werden. Ist das Gehäuse aus einem Stück, so kann dieser Teil der alten Pumpe bei einer Vermehrung der Stufen nicht benutzt werden.

Die Welle ist an der Saug- und Druckseite in Ringschmierlagern geführt. Das an der Saugseite befindliche Lager ist bei kleineren Pumpen als Kammlager ausgebildet. Bei größeren Pumpen ist ein Ringschmierlager mit Entlastungsscheibe, wie auf Seite 152 beschrieben, vorgesehen.

In Fig. 137 ist die Pumpe noch mit auseinander montierten Stufen dargestellt. Es sind deutlich die Laufräder und die Anordnung der Leiträder zu erkennen. Ferner gibt noch Fig. 138 ein sehr deutliches Bild über die innere Anordnung der Umführungskanäle.

Fig. 137.

Fig. 139 zeigt eine dreistufige Hochdruck-Zentrifugalpumpe für 8 cbm pro Min. auf 125 m Förderhöhe. Die Pumpe ist mit einem Drehstrommotor mittels Lederbandkupplung verbunden.

Fig. 138.

Bei der zwölfstufigen Pumpe (Fig. 140) findet sich in der Mitte zwischen dem je sechs Stufen enthaltenden Gehäuse der Antriebsmotor. Die gegenseitige Anordnung der Pumpenkörper soll im vorliegenden

Fall nicht die Aufhebung des axialen Schubes bezwecken, denn es sind, wie aus der Figur ersichtlich, die Pumpen durch nachgiebige Kupplungen mit dem Motor verbunden.

Interessant ist auch die in Fig. 141 dargestellte Anordnung einer sechsstufigen und einer zweistufigen Pumpe, die beide mit Ausrückkuppelung an eine gemeinsame Welle geschaltet sind, die 1500 Umdrehungen pro Min. macht.

In Fig. 142 ist im Schnitt die früher von der Berliner Maschinenbau-Aktien-Gesellschaft, vorm. L. Schwartzkopff ausgeführte Pumpe Bauart Kugel-Gelbke dargestellt, deren Bau wegen Fabrikationsschwierigkeiten aufgegeben wurde.

Fig. 139.

Fig. 142 zeigt den Längsschnitt einer siebenstufigen Hochdruckpumpe nach genanntem System[1]). Die einzelnen, mit S-förmigen Kanälen versehenen Leitapparate sind aneinander stoßend in einem zylindrischen Gehäuse montiert und können nach der Seite des freien Wellenendes herausgenommen werden. Bei der letzten Druckstufe tritt das Wasser in radialer Richtung in den Leitapparat, von dem es in gleicher Richtung einem spiralförmigen Gehäuse zugeführt wird.

Zur Aufhebung des axialen Schubes war bei der Ausführung von Escher, Wyss & Co., Zürich, welche Firma gleichfalls früher diese Pumpe ausführte, in Ringflächen, die an der Rückwand des letzten Laufrades angebracht waren, Druckwasser geleitet, wobei an einem

---

[1]) Zeitschr. f. d. gesamte Turbinenwesen, 1905.

in der Umführungsleitung befindlichen Hahn der Druck reguliert werden kann. Bei der Ausführung der Berliner Maschinenbau-Aktien-Gesellschaft, vorm. L. Schwartzkopff war ein besonderer Entlastungskolben (D.R.P.) angeordnet.

Fig. 140.

Fig. 143 zeigt noch eine Pumpe dieses Systems, direkt gekuppelt mit Motor, für eine Förderung von 800 Liter pro Min. auf 150 m Höhe bei 2850 Umdrehungen i. d. Min.

Fig. 141.

Heute bauen nun die Maffei-Schwartzkopff-Werke, die als Tochtergesellschaft der Berliner Maschinenbau-Aktien-Gesellschaft, vorm. L. Schwartzkopff von dieser den Bau der Kreiselpumpen übernommen haben, Pumpen mit Hintereinanderschaltung der Laufräder in ähnlicher Form wie Sulzer.

Bei größeren Pumpen ist die Bauart nach Schnittfig. 144. Lauf-
und Leiträder sind in einem zylindrischen Gehäuse eingebaut. Bei der
Demontage von Pumpen dieser Bauart hatte man immer die Kalamität,

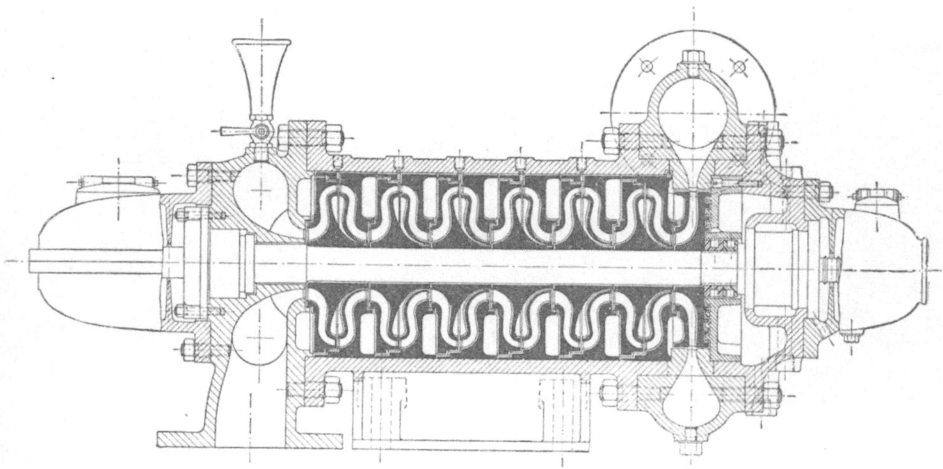

Fig. 142.

daß, wenn das Pumpeninnere an die Wandungen des Zylinders fest-
gerostet war, die Demontage Schwierigkeiten bot. Die Maffei-Schwartzkopff-Werke bringen nun zum leichteren Entfernen am äußeren

Fig. 143.

Umfange des inneren Kernes Ringnuten an (in Fig. 144 sind diese
zu erkennen), in welche vor dem Ausbau Petroleum oder eine
ähnliche Flüssigkeit durch eine kleine Hilfspumpe gepreßt wird. Die

gleichzeitige Verwendung äußerst kräftig dimensionierter Auszieh-
schrauben hat den Erfolg, daß selbst die größten Anlagen in kürzester
Zeit ausgebaut werden können.

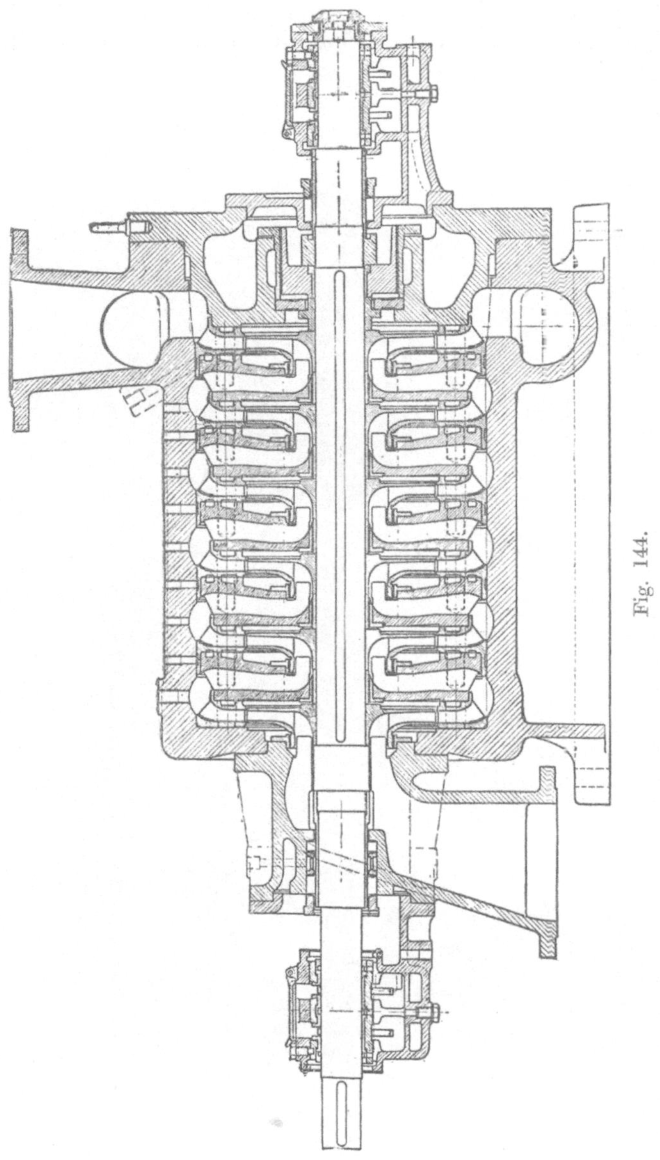

Fig. 144.

Das Typische der Entlastung der Maffei-Schwartzkopff-Werke ist
die Verwendung eines Entlastungskolbens in Verbindung mit einem

Regulierspalt, der den auf den Kolben wirkenden Druck automatisch so reguliert, daß zwischen diesem und dem Achsialschub der Laufräder stets Gleichgewicht herrscht. Siehe Fig. 145.

Der Kolben a ist am Druckende der Pumpe hinter dem letzten Laufrad angeordnet. Die Flüssigkeit, die im Raum c den vollen von der Pumpe erzeugten Druck hat, strömt durch den Regulierspalt Sr

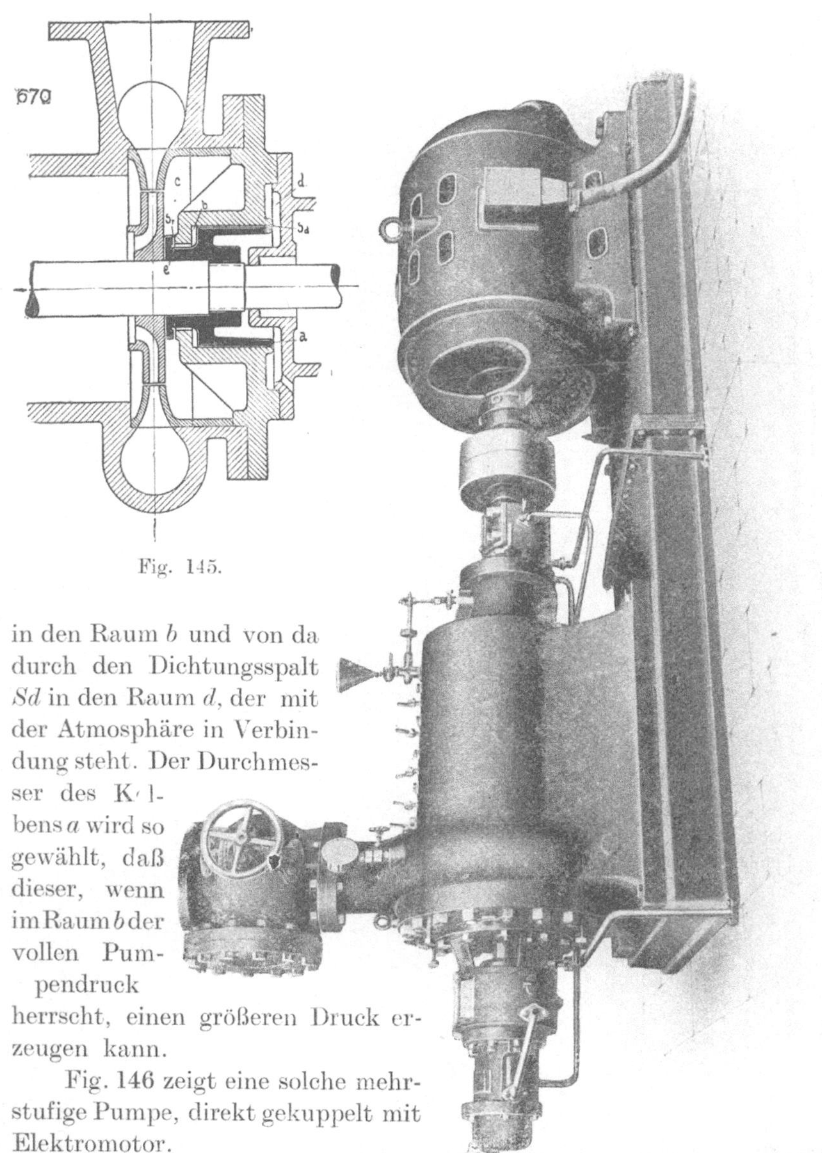

Fig. 145.

in den Raum b und von da durch den Dichtungsspalt Sd in den Raum d, der mit der Atmosphäre in Verbindung steht. Der Durchmesser des Kolbens a wird so gewählt, daß dieser, wenn im Raum b der vollen Pumpendruck herrscht, einen größeren Druck erzeugen kann.

Fig. 146 zeigt eine solche mehrstufige Pumpe, direkt gekuppelt mit Elektromotor.

In Fig. 147 ist noch eine größere Wasserhaltungspumpe für eine Leistung von 3000 Minutenlitern auf 460 m bei einer Tourenzahl von 1485 dargestellt. Der größeren Anzahl der Stufen halber ist die Pumpe unterteilt.

Kleinere Pumpen bis 150 m Förderhöhe führen die Maffei-Schwartzkopff-Werke in ähnlicher Konstruktion aus, wie Jaeger-Leipzig, mit Unterteilung der einzelnen Stufen.

Fig. 147.

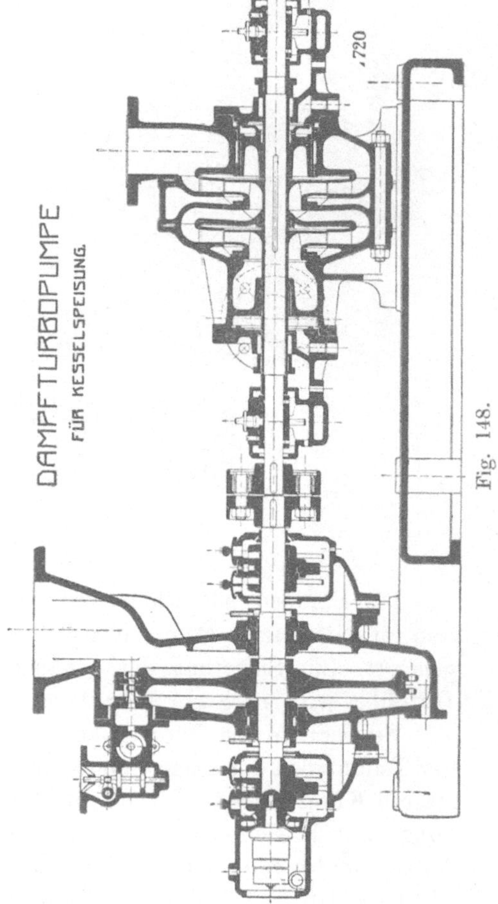

Fig. 148.

Eine Pumpe dieser Bauart zur Kesselspeisung, angetrieben durch eine Dampfturbine System Melms & Pfenninger, zeigt Fig. 148 im Schnitt und Fig. 149 in der Ansicht.

Fig. 150—153 zeigen Ausführungen von Hochdruckpumpen der Firma A. Borsig, Tegel bei Berlin. In Fig. 150 ist die normale Type einer mehrstufigen Pumpe im Schnitt mit direkt gekuppeltem Motor dargestellt. Die Wasserführung dieser Pumpe ist ähnlich wie bei der Jägerschen Pumpe und sind auch die Gehäuse entsprechend unterteilt.

Entlastungslöcher sind bei den Laufrädern nicht angebracht und wird der Axialschub der Laufräder durch den sogenannten Entlastungskolben aufgenommen.

Fig. 149.

Die Pumpenwelle ist in zwei als Ringschmierlager ausgebildete und an die äußeren Pumpendeckel besonders angeschraubte Stützlager gelagert. Zur Sicherung der genauen Lage der Laufräder gegen die Leiträder wird noch ein Kugellager angebracht.

Bei sehr großen Förderhöhen wird durch gegenseitige Anordnung der Teilpumpen der axiale Schub aufgehoben, was die Verwendung von starren Kuppelungen nötig macht. Fig. 151 zeigt eine derartige Anordnung. Zur Erleichterung der Montage sind die Teilpumpen mit den Antriebsmotoren auf eine gemeinsame Grundplatte gesetzt. Diese Platte ist zu beiden Seiten über die Pumpengehäuse hinaus verlängert und mit Gleitschienen versehen, in denen die Gehäuse mittels in den Grundplatten gelagerten Schraubenspindeln zur schnellen Freilegung der inneren Teile der Pumpe verschoben werden können. In der Fig. 151 sind die auf der einen Seite freigelegten inneren Teile der Pumpe zu sehen. Auf dem Druckstutzen ist ein Rückschlagventil vorgesehen. Am Saugrohr-

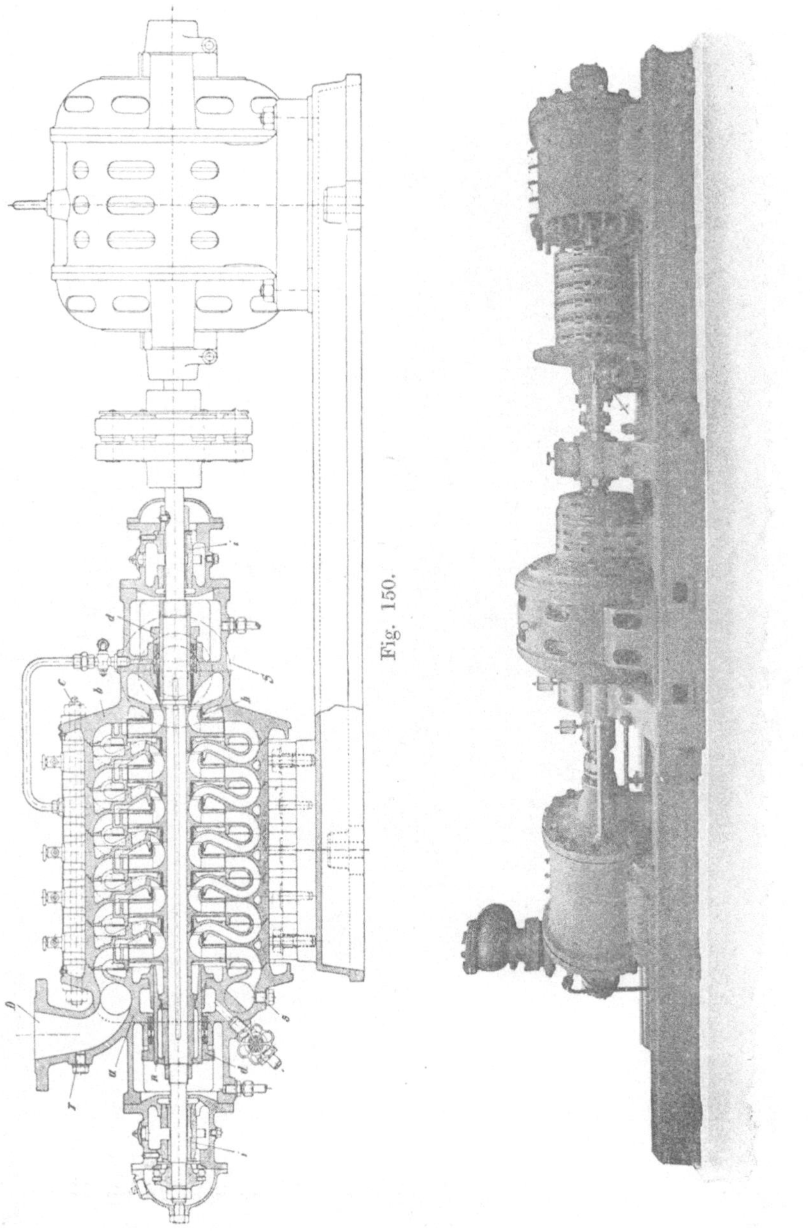

Fig. 150.

Fig. 151.

krümmer befindet sich ein Sicherheitsventil, welches beim Undichtwerden des in der Druckleitung befindlichen Rückschlagventiles verhindern soll, daß der volle Druck in die Saugleitung eintritt.

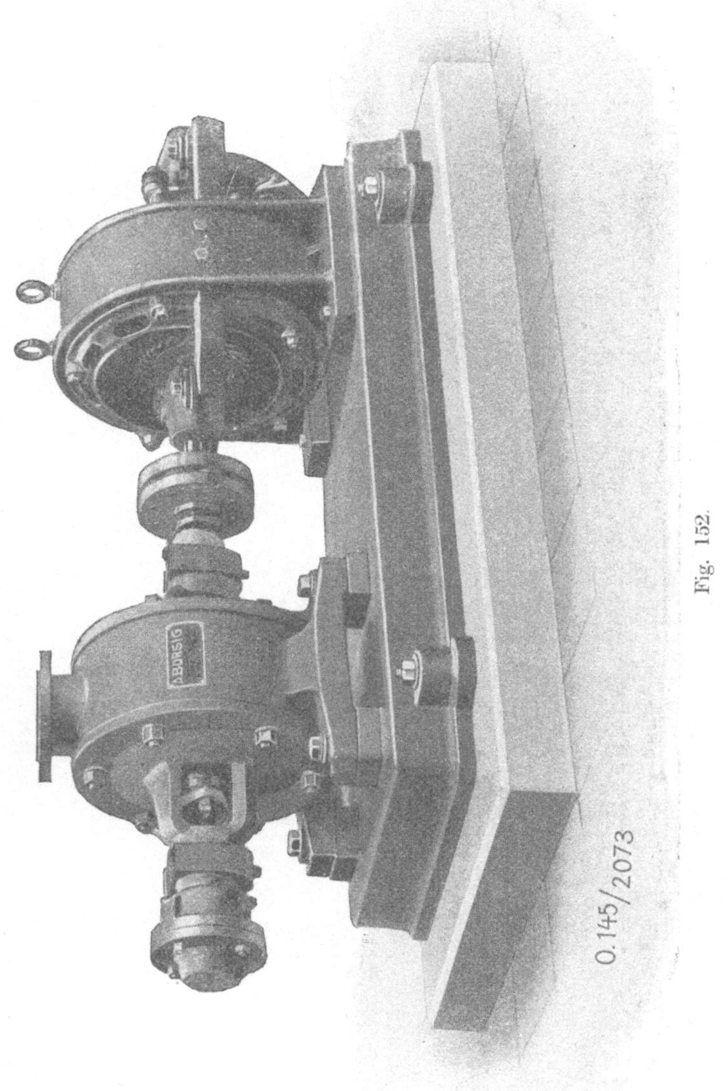

Fig. 152 und 153 zeigen eine Abbildung und einen Schnitt einer von der Firma Borsig gebauten zweistufigen Kreiselpumpe, Type Nc.

Diese Pumpe besitzt ein spiralförmig ausgebildetes Gehäuse und wird mit offenen oder geschlossenen Schaufelrädern ausgeführt. — Die Pumpe eignet sich für Förderhöhen bis zu 100 m. Die Wassermengen können hierbei bis ca. 7 cbm in der Minute betragen. Das Wasser tritt durch einen horizontalen Stutzen zum ersten Schaufelrad der Pumpe, wird nach Durchströmen des ersten Schaufelrades mittels einer Durchbrechung im Spiralgehäuse dem zweiten Schaufelrad zugeführt und tritt durch den vertikalen Druckstutzen, der sich an die Spirale des zweiten Rades anschließt, aus. Die Pumpe hat also keine besondern Leitapparate, sondern Spiralgehäuse, die den Leitapparat ersetzen. Die beiden Räder sind gegenläufig angeordnet, wodurch ein Druckausgleich erzielt wird; der Sicherheit halber ist jedoch am Saugdeckel noch ein Doppel-Kugellager vorgesehen. Das Gehäuse ist beiderseits durch Deckel geschlossen. Die Welle ist durch die Stopfbüchse in den Deckeln hindurchgeführt und in zwei kräftigen Ringschmierlagern, die an den Deckeln angegossen sind, gelagert. Die Abdichtung der Schaufelräder im Innern der Pumpe erfolgt durch auswechselbare Dichtungsringe.

Schnittfigur 154 zeigt die Anordnung der mehrstufigen Zentrifugalpumpe nach der Ausführung der Amaghilpert, Nürnberg.

Die Laufräder sind hintereinander geschaltet angeordnet, die einzelnen Stufen sind unter sich geteilt. Die Entlastung geschieht nach Art

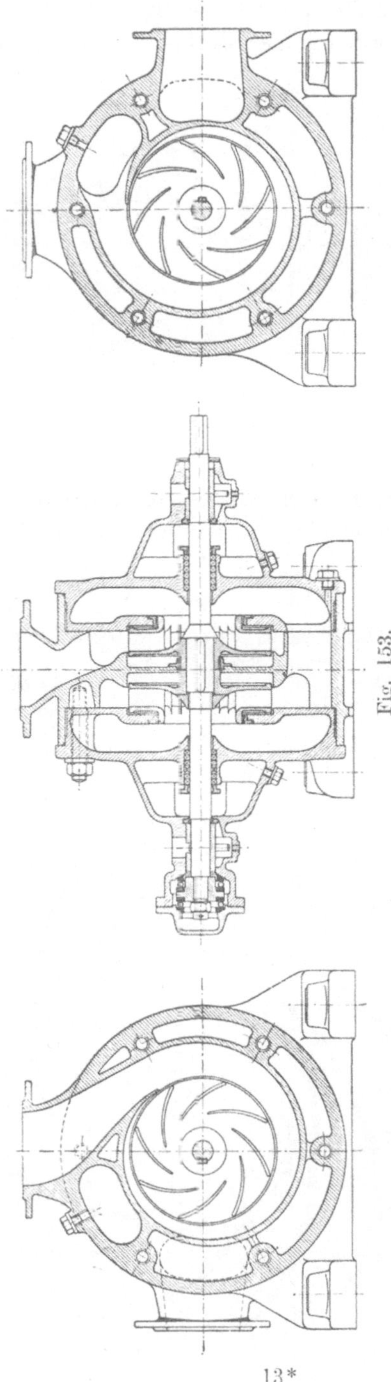

Fig. 153.

der Fig. 82. Mit dieser Entlastung hat die Firma bei Förderhöhen bis über 500 m die besten Erfolge gehabt, was in der zweckentsprechenden Anordnung der Entlastungslöcher zu suchen ist. Die Welle wird auf

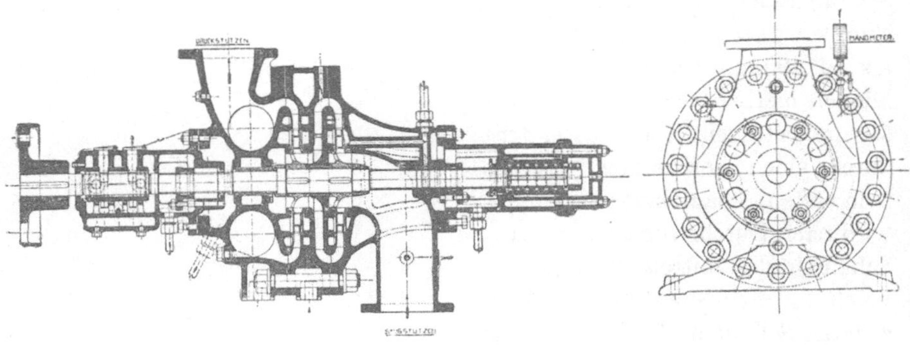

Fig. 154.

der Druckseite in einem Ringschmierlager, auf der Saugseite in einem Kammlager mit Weißmetallausguß geführt. Durch Spezialausführung hat sich dieses Kammlager selbst bei Tourenzahlen von 2900 als ein sicherer Maschinenteil gezeigt. Die Schmierung des Kammlagers erfolgt in intensiver Weise von innen durch axiale und radiale Anbohrungen der Welle.

Besonders wäre noch auf die Ausführung der Laufräder nach D.R.P. Nr. 195747 hinzuweisen.

Mit diesem Laufrad soll in den Kanälen eine geregelte Druckumsetzung in bester Weise erreicht werden.

Fig. 155 zeigt die sonst übliche Ausbildung eines Laufradprofiles, während in Figur 156 der Grundriß dieses Laufrades mit den Laufrad-

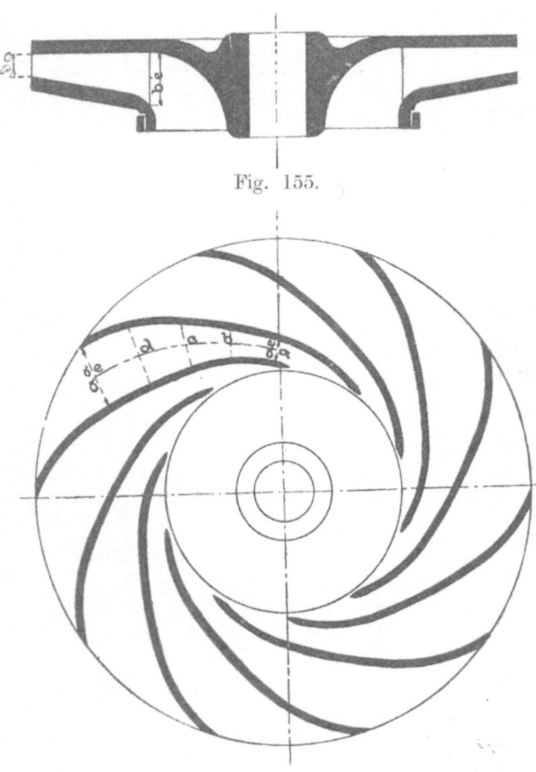

Fig. 155.

Fig. 156.

kanälen dargestellt ist. Allgemein wird sonst das Schaufelprofil im Aufriß durch zwei Rotationskörper begrenzt. Hat man die Schaufel im Grundriß, siehe Figur 156, aufgezeichnet, so ist durch das Laufradprofil die Gestalt des Schaufelkanales vollständig festgelegt.

Es sollen nun einmal bei solchen Kanälen die einzelnen Querschnitte a—a, b—b, c—c usw., Figur 156, senkrecht zum durchfließenden Wasserstrahl untersucht werden. Verwendet man als Begrenzung des Schaufelprofils zwei Rotationskörper, siehe Figur 155, so liegen gleiche Schaufelhöhen auf konzentrischen Kreisen, so daß also die einzelnen

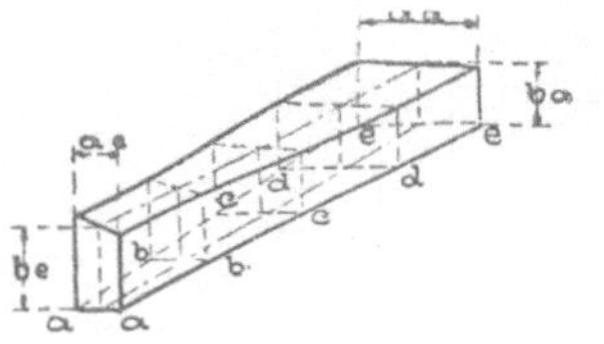

Fig. 157.

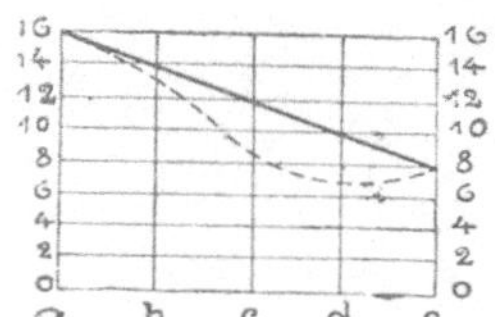

Fig. 158.

Querschnitte a—a, b—b, usw. des Schaufelkanales, da die einzelnen Höhen auf Kreisen verschiedener Durchmesser liegen, trapezartige Form erhalten.

In Figur 157 ist nun im Projektionsbilde ein solcher Schaufelkanal dargestellt. Man sieht hier deutlich die trapezartigen Querschnitte a—a, b—b usw. Fällt schon die schlechte Gestaltung eines solchen Schaufel-

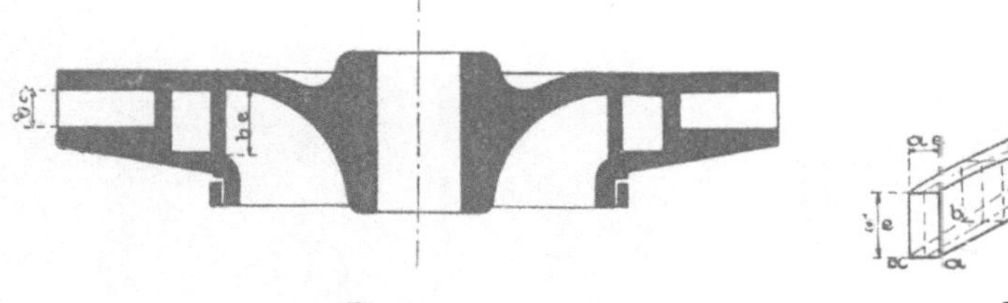

Fig. 159.

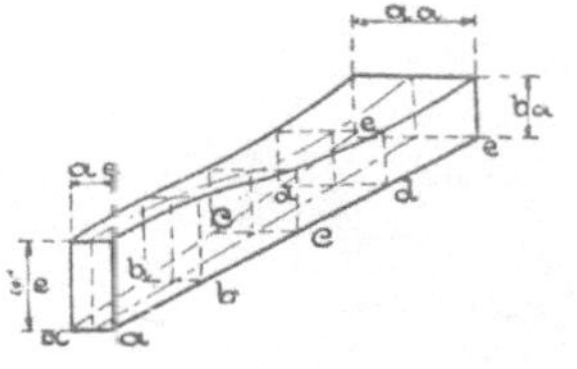

Fig. 160.

kanales durch die trapezartigen Querschnitte ins Auge, so zeigt eine nähere Untersuchung über die Abnahme der einzelnen Querschnitte a—a, b—b, c—c usw. eine sehr unvollkommene Druckumsetzung der im Kanal sich einstellenden Geschwindigkeiten.

In Figur 158 sind über den mittleren Kanallängen die in den einzelnen Querschnitten sich einstellenden Geschwindigkeiten als Ordinaten aufgetragen. Es sei bemerkt, daß die vorliegende Untersuchung an einem Laufrad ausgeführt wurde für eine Leistung von 6,5 cbm pro Min. auf eine Höhe von 50 m. Aus der Berechnung ergab sich die relative Eintrittsgeschwindigkeit in die Laufradkanäle an der Stelle a zu 16 m, die relative Austrittsgeschwindigkeit an der Stelle e zu 7,8 m. Es müßte also durch Verzögerung der Eintrittsgeschwindigkeit von 16,0 m auf die Austrittsgeschwindigkeit von 7,8 eine Druckhöhe von $\dfrac{16^2 - 7{,}8^2}{2\,g}$ $\sim 10{,}0$ m erzeugt werden.

Wie der Verlauf der in Figur 158 punktiert verzeichneten Kurve zeigt, findet vom Punkt a bis c eine sehr schnelle Abnahme der Ge-

Fig. 161.

schwindigkeit statt. Von c nach d ist die Verzögerung kleiner und tritt im Punkt d die kleinste Geschwindigkeit mit ca. 6,8 m auf, die bis zum Austritt wiederum auf 7,8 m beschleunigt wird. Die dargestellte Kurve ist charakteristisch für die Abnahme der Geschwindigkeiten in Laufradkanälen, bei denen das Laufradprofil mit zwei Rotationskörpern

Fig. 162.

ausgebildet ist, wie die Untersuchung an den verschiedensten derartig aufgeführten Laufrädern zeigte. Derartige ungleichmäßige Verzögerung und die sogar sich wieder einstellende Beschleunigung der relativen Wassergeschwindigkeiten stören natürlich im hohen Maße eine geregelte Druckumsetzung durch Abnahme der Geschwindigkeit in den Laufradkanälen, wodurch die Widerstandshöhe der beim Durchtritt des Wassers durch das Laufrad auftretenden Verluste vergrößert wird, zur Beeinträchtigung des Gesamtnutzeffektes einer Zentrifugalpumpe.

Das Patentlaufrad der Amaghilpert wird nun unter folgenden Gesichtspunkten ausgeführt.

1. Die Laufradkanäle erhalten genau rechteckige Querschnitte.

2. Die einzelnen Querschnitte der Laufradkanäle werden so ausgeführt, daß die Abnahme der relativen Eintrittsgeschwindigkeit zum Zweck einer vollkommen geregelten Druckumsetzung genau nach dem Gesetz der geraden Linie erfolgt.

In Figur 158 zeigt die stark ausgezogene Linie die Geschwindigkeitsabnahme in einem solchen Laufradkanal, welche jetzt nach einer geraden Linie erfolgt. Figur 159 zeigt ferner das Profil eines solchen Laufrades. Während die obere Begrenzungskurve noch als Rotationskörper ausgebildet werden kann, ist dies für die untere Begrenzung nicht mehr möglich. Bei der sonst üblichen Konstruktion lagen gleiche Kanalhöhen auf konzentrischen Kreisen, bei der angeführten Konstruktion finden sich jetzt gleiche Kanalhöhen in gleichen Kanalquerschnitten senkrecht zum durchfließenden Wasserstrahl. In Figur 160 ist schematisch in Projektion ein Schaufelkanal in der eben bezeichneten Ausführung dargestellt. Man erhält jetzt einen Kanal mit genau rechteckigen Querschnitten, deren Inhalte geradlinig zum Austritt zunehmen, so

Fig. 163.

daß der Schaufelkanal ein konisches Rohr mit rechteckigen Querschnitten darstellt.

Durch die sehr günstige Wasserführung im Laufrad selbst wird gegenüber der gewöhnlichen Ausführung ein höherer Nutzeffekt zu erreichen sein.

Fig. 161 zeigt eine kleinere Pumpe für direkten Antrieb durch raschlaufenden Benzinmotor. Derartige Pumpenaggregate finden häufig als Feuerspritzen Verwendung.

Fig. 162 zeigt eine schnellaufende Pumpe. Die Pumpe fördert in vierstufiger Anordnung 30 cbm/std. auf 300 m Höhe bei 2900 Touren. Diese Pumpentype in Spezialausführung wird auch als Kesselspeisepumpe verwendet.

Fig. 163 gibt noch das Bild einer größeren zwölfstufigen Pumpe in geteilter Anordnung. Die Pumpe leistet bei einer Tourenzahl von 1480 3,3 cbm/min. auf 520 m Förderhöhe.

40. Zentrifugalpumpen mit vertikaler Welle.

In vertikaler Ausführung verwendet man die Zentrifugalpumpe als Brunnenpumpe und in den Bergwerken als Abteufpumpe, wo dann dieselbe in einen schmiedeeisernen Rahmen eingebaut ist, welcher mittels einer Seilrolle in den Schacht hinabgelassen werden kann.

Bei den vertikalen Pumpen unterscheidet man zwei Arten der Ausführung, und zwar

    a) stationäre vertikale Zentrifugalpumpen,
    b) bewegliche vertikale Zentrifugalpumpen.

a) Stationäre vertikale Zentrifugalpumpen.

Fig. 164 und 165 zeigen zwei verschiedene Arten der Aufstellung einer vertikalen stationären Zentrifugalpumpe[1].

Fig. 164 ist die Pumpe in einem Brunnenschacht eingebaut, während oberhalb auf der Sohle des Brunnens der vertikale Motor steht. Pumpe und Motor sind mit einer Verbindungswelle gekuppelt, die mehrfach durch Halslager geführt ist. Das Spurlager, an welches die Welle mit Laufrad aufgehängt ist, befindet sich unterhalb des Motors. Die Motorwelle selbst ist mit der verlängerten Pumpenwelle mittels elastischer Lederbandkupplung verbunden.

Die zweite Anordnung ist in Fig. 165 zu erkennen. Hier ist die Verbindungswelle fortgelassen und der Motor sitzt direkt über der

---

[1] Klichees (Fig. 164 u. 165) wurden in liebenswürdiger Weise von **Klein, Schanzlin & Becker**, Frankenthal, zur Verfügung gestellt.

Pumpe. Zur Aufnahme des Motors dient eine Laterne, die mit dem Pumpenkörper zentriert ist. Die beiden Wellen sind mittels elastischer Lederbandkupplung verbunden.

Fig. 164.

Fig. 165.

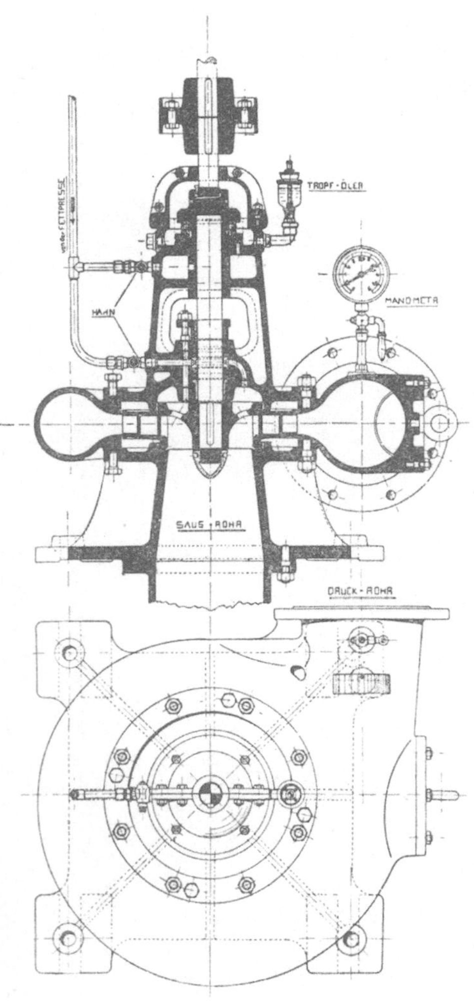

Fig. 166.

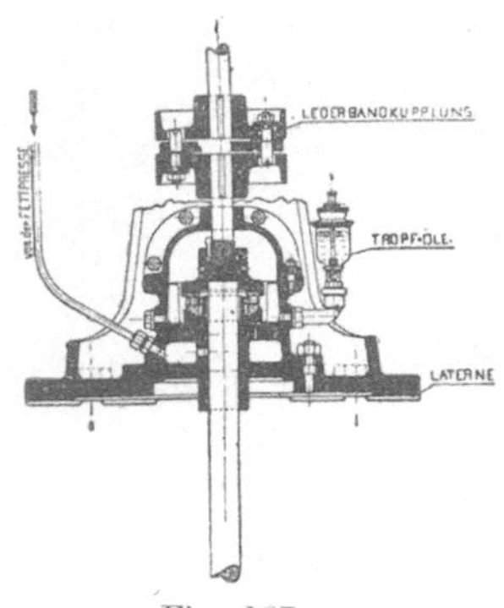

Fig. 167.

In Fig. 166 ist schematisch im Schnitt eine vertikale einstufige Pumpe der Amag. Hilpert - Nürnberg dargestellt, während Fig. 167 im Schnitt das Spurlager zeigt, welches im vorliegenden Fall als Kugellager ausgebildet ist. Die Anordnung der vertikalen Pumpe ist genau so wie die der horizontalen. Meist kann man nach Vornahme kleiner Modelländerungen dieselben Modelle verwenden wie bei horizontalen Pumpen.

Fig. 168 zeigt die Ausführung einer einstufigen vertikalen Pumpe der Amag. Hilpert - Nürnberg. Die Pumpe ist nach Ausführung Fig. 164 montiert, indem die Pumpenwelle verlängert und oberhalb der Pumpe separat der Motor aufgestellt ist.

Fig. 169 zeigt eine vertikale Pumpe in Ausführung von der Firma Jäger-Leipzig, und zwar liegt hier die Anordnung nach Fig. 165 vor, wo direkt auf der Pumpe eine Laterne sitzt, auf welche der Motor montiert ist.

Die Anordnung einer mehrstufigen vertikalen Zentrifugalpumpe der Amag. Hilpert-Nürnberg zeigt Fig. 170. Die Welle ist beim Saugrohreintritt in einem Halslager mit Weißmetall geführt, das bei reinem Wasser Wasserschmierung, bei schmutzigem Wasser Schmierung mit konsistentem Fett erhält. Am oberen Teil ist ein als Kugellager ausgebildetes Spurlager angeordnet. Das obere Halslager erhält Ölschmierung durch einen Tropföler. Fig. 171 zeigt die Pumpe noch in Ansicht.

Fig. 169.

Fig. 168.

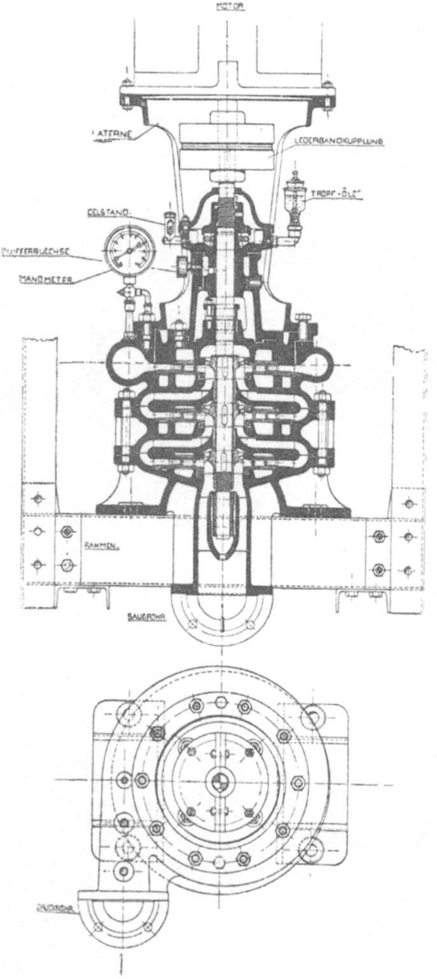

Fig. 170.

Fig. 171.

b) Bewegliche vertikale Zentrifugalpumpen.

Bewegliche vertikale Zentrifugalpumpen verwendet man fast ausschließlich zum Abteufen von Schächten mit variablem Wasserstand. Fig. 172 zeigt im Schnitt eine vertikale Pumpe der Firma Klein, Schanzlin & Becker - Frankenthal, wie dieselbe von dieser Firma für Abteufzwecke Verwendung findet. Die Pumpe ist durch eine kräftige Laterne mit dem Motor zu einem kompletten Ganzen verbunden. Das Wasser wird der Pumpe von unten durch ein Hosenrohr zugeführt, durchströmt die Pumpe in der Richtung von unten nach oben und wird durch einen seitlichen Stutzen in die Druckleitung gefördert.

Das Gewicht der rotierenden Teile, sowie der Axialschub wird von einem in der Laterne befindlichen Kammlager mit automatischer Ölzuführung aufgenommen. Die Schmierung geschieht durch eine mit der Welle rotierenden Schraube, welche das Öl durch das Kammlager in das darüber befindliche Halslager drückt. Von hier aus läuft das Öl wieder in den unteren Sammelraum zurück.

Für eine ausgiebige Kühlung des Kammlagers durch einen Wassermantel, dem ständig frisches Wasser zufließt, ist gesorgt.

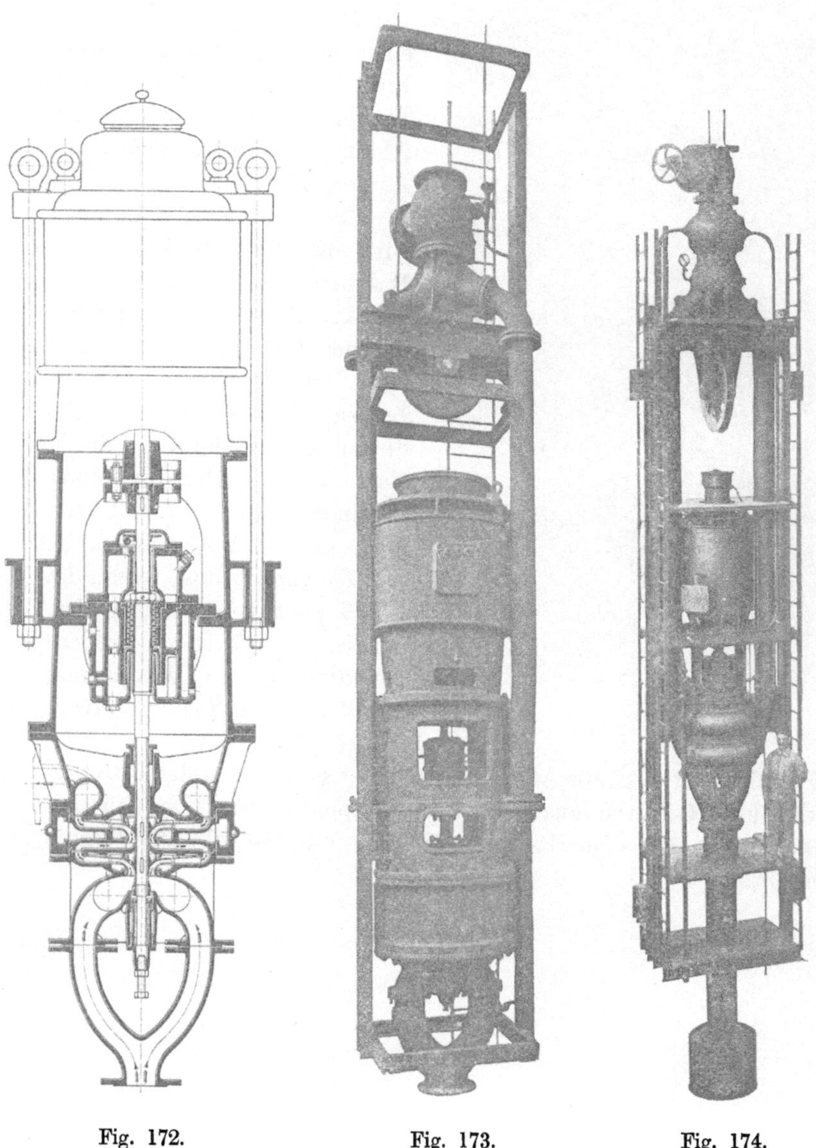

Fig. 172. Fig. 173. Fig. 174.

Auf der Saugseite ist die Welle in einem Pockholzlager geführt. Auch hier ist wiederum die Pumpenwelle mit der Motorwelle durch eine elastische Lederbandkupplung verbunden und erhält der

Fig. 175.

Elektromotor ein besonderes Stützlager. Fig. 173 zeigt die eben beschriebene Pumpe in Ansicht.

Fig. 174 gibt noch ein Bild einer größeren Abteufpumpe der Firma Sulzer - Winterthur. Fig. 175 zeigt gleichfalls eine Abteufpumpe dieser Firma mit Fördergerüst.

Bei den kleineren Pumpen wird oft der schmiedeeiserne Rahmen fortgelassen und zeigt eine Ausführung ohne schmiedeeisernen Rahmen Fig. 176, und zwar von der Firma Jäger - Leipzig. Es ist hier ebenfalls die Pumpe mit dem Motor durch elastische Lederbandkupplung verbunden, und befindet sich oben an dem Motor eine kräftige Zugvorrichtung, woran die Ablaßvorrichtung befestigt ist.

In Fig. 177 ist eine größere Abteufpumpe in Ausführung von der Firma Jäger - Leipzig dargestellt.

Fig. 178 zeigt noch die Abmessungen einer großen von den Maffei-Schwarzkopff-Werke ausgeführte Abteufpumpe für eine Leistung von 6 cbm/min. auf eine Höhe von 300 m. Fig. 179 gibt die Pumpe in Ansicht.

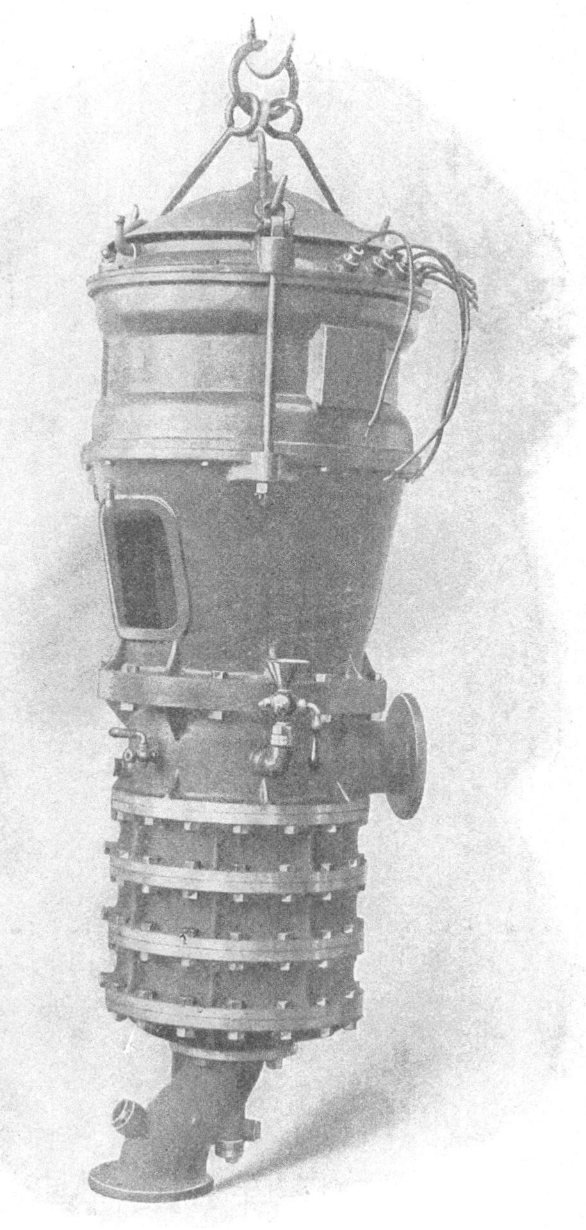

Fig. 176.

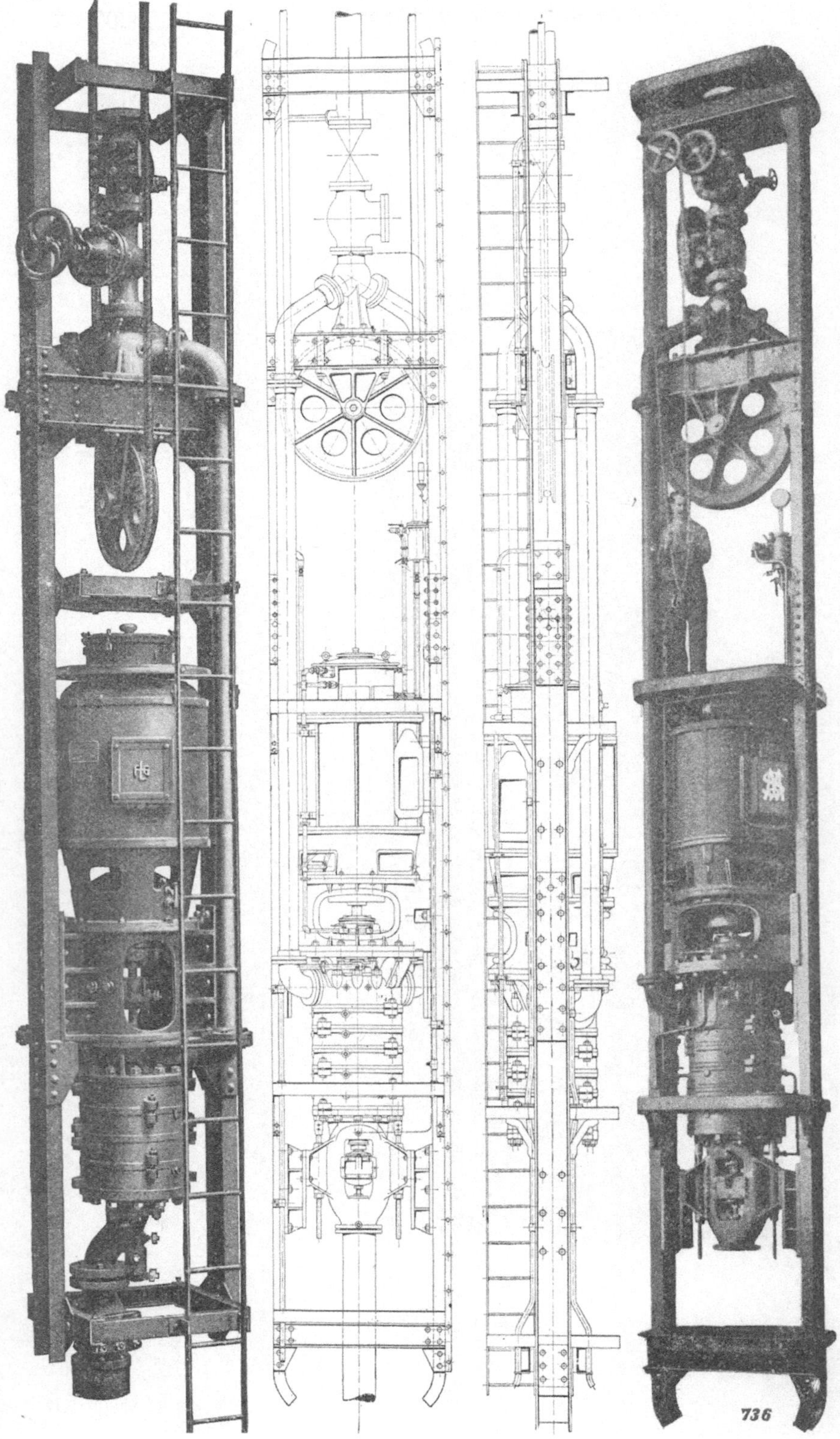

736

41. Schnellaufende Niederdruck-Zentrifugalpumpen.

Speziell die Modernisierung der Kondensation für Dampfturbinenanlagen verlangt eine schnellaufende Zentrifugalpumpe, welche sich der Tourenzahl der Dampfturbine anpaßt, mit welcher diese Pumpe gekuppelt werden soll. Bislang wurde die Niederdruck-Zentrifugalpumpe zur Beschaffung des nötigen Wassers für Kondensatoren mit Elektromotoren angetrieben, die ihren Strom von der Primärmaschine erhielten. Bei der Inbetriebsetzung der Anlage mußte die Dampfturbine erst mit Auspuff arbeiten, bis die Kondensation richtig im Betrieb war. Um dies hauptsächlich zu vermeiden, verwendet man zum Antrieb derartiger Pumpen unabhängig von dem Hauptaggregat arbeitende Maschinen und hier in erster Linie die Dampfturbine. Unabhängig von der Primärmaschine kann eine solche mit Dampfturbine betriebene Pumpenanlage angelassen werden, wodurch es möglich ist, die Dampfturbine ohne Auspuff in Betrieb zu setzen.

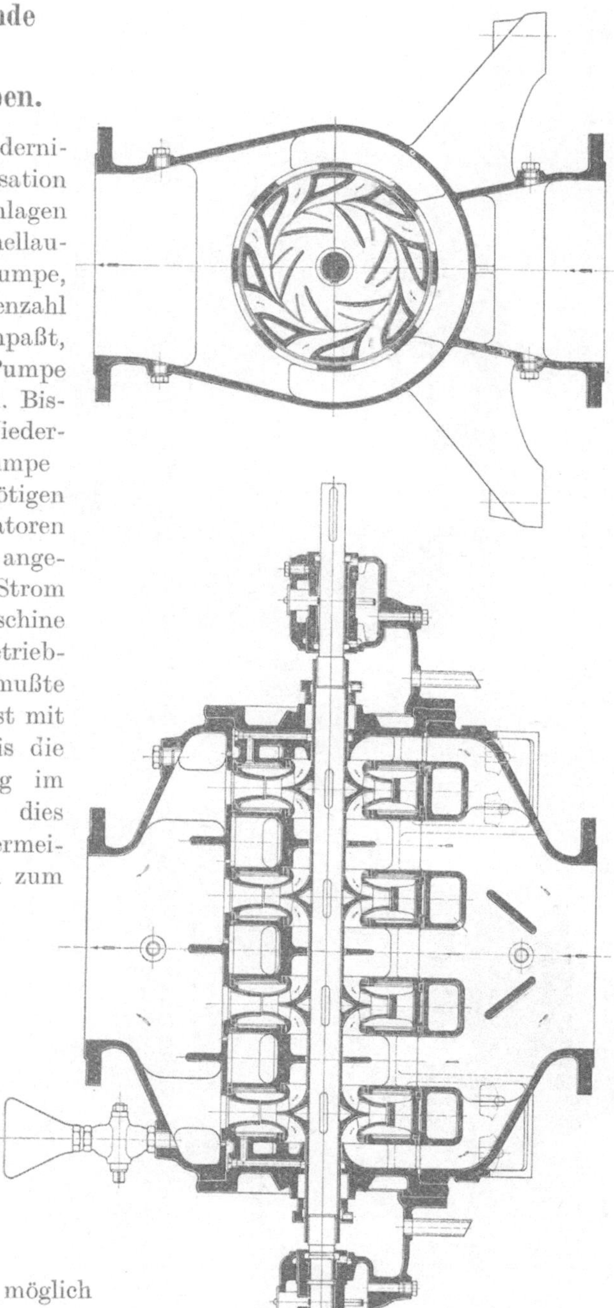

Fig. 180.

Fig. 181.

Bei Beschaffung von Kühlwasser für Kondensatoren handelt es sich meist um Wassermassen von ca. 400—3600 cbm pro Stunde und Förderhöhen von 6—20 m. Die mit Elektromotor gekuppelten Zentrifugalpumpen benötigen hierfür Tourenzahlen in Grenzen von 360—960. Um die direkte Kupplung mit schnellaufenden Dampfturbinen zu ermöglichen, muß man für derartige Pumpen Tourenzahlen möglichst über 2000 verwenden. Dies ist selbstverständlich mit einer normalen Zentrifugalpumpe für derartig große Wassermengen ohne weiteres nicht zu erreichen. Das einzige Mittel, wodurch man bei den großen Wassermengen höhere Tourenzahlen erreichen kann, ist die Unterteilung der Wassermenge derart, daß man statt einem Laufrad verschiedene kleine Laufräder verwendet, jeweils mit einem entsprechenden Bruchteil der Wassermenge. Als Schauflung für derartig kleine Laufräder wird nur die verkürzte Turbinenschauflung in Frage kommen, indem man versucht, den äußeren Laufraddurchmesser zur Erhöhung der Tourenzahl möglichst klein zu machen, ferner durch Vergrößerung des Austrittswinkels, den Ausdruck $\varkappa$ möglichst groß.

In liebenswürdiger Weise wurde dem Verfasser von der Firma Klein, Schanzlin & Becker eine Querschnittszeichnung solcher schnellaufenden Pumpen zur Verfügung gestellt, welche in Fig. 180 dargestellt ist. Genannte Firma beschäftigt sich schon seit mehreren Jahren mit dem Bau von raschlaufenden Pumpen und hat hier sehr hübsche Erfolge erzielt. Diese Pumpe hat vier parallelgeschaltete Laufräder mit doppelseitigem Eintritt, welche durch zwei Zwischenstücke voneinander getrennt sind. Es ist also an Stelle eines Laufrades eine Pumpe mit acht Laufrädern verwendet. Die Leiträder und Zwischenstücke werden durch zwei seitliche Deckel gegeneinander gepreßt. Um ein Festrosten der Einsätze zu verhüten, sind dieselben im Gehäuse durch Bronzeringe eingefaßt.

In Fig. 181 ist noch eine schnellaufende Niederdruck-Zentrifugalpumpe in Ausführung von der Firma Jäger - Leipzig dargestellt. Diese Pumpe ist anderer Ausführung wie die soeben beschriebene, indem das Gehäuse doppelseitigen Aus- und Eintritt hat und Druck- und Saugrohr mittels Hosenrohr anschließen.

Speziell die schnellaufende Niederdruck-Zentrifugalpumpe hat eine große Zukunft, da ihr Verwendungsgebiet ein sehr großes ist. Es soll nur erwähnt werden, daß man dazu übergeht, auch bei der Handels- und Kriegsmarine möglichst schnellaufende, durch Dampfturbinen angetriebene Zentrifugalpumpen zu verwenden, um unabhängig zu sein von der elektrischen Kraftübertragung.

VIII. Verwendungsgebiet der Zentrifugalpumpen mit ausgeführten Anlagen.

Nachdem im vorigen Kapitel die Ausführung der Zentrifugalpumpen gezeigt wurde, sollen jetzt unter Berücksichtigung der verschiedenen Verwendungsgebiete Anlagen mit Zentrifugalpumpen vorgeführt werden.

42. Bergbau.

Es war schon auf S. 154 auf die Verwendung der Zentrifugalpumpe als Bergwerkspumpe aufmerksam gemacht worden. Geringe Wartung, kleinster Raumbedarf, leichte Fundamentierung sind Vorteile der Zentrifugalpumpe gegenüber einer Kolbenpumpe, welche in Bergwerksbetrieben von großem Nutzen und hier in kurzer Zeit die Zentrifugalpumpe als Universalpumpe einführten.

Die erste größere Anlage als Bergwerkspumpe wurde von Gebr. Sulzer - Winterthur für die Compania Minera y Metalurgia del Horcajo ausgeführt. Dieselbe ist von Dr. F. Heerwagen in der Zeitschrift des V. d. I. 1901 ausführlich besprochen worden. Es sei hier nur kurz erwähnt, daß bei dieser Anlage erst drei Pumpen mit gleicher Förderhöhe von ungefähr 130 m in verschiedenen Sohlen übereinander arbeiteten, und daß später eine vierte Pumpe für gleiche Förderhöhe in einer tieferen Sohle aufgestellt wurde. Aus Fig. 182 ist die Anordnung dieser Wasserhaltung zu ersehen. Die unterste Pumpe saugt das Wasser aus dem Sumpf und drückt es der nächsten Pumpe zu. Die weiteren Pumpen erhalten das Wasser unter Druck. Alle Pumpen sind von derselben Größe, bewältigen also bei gleicher Tourenzahl gleiche Wassermengen.

Während hier die Pumpen in verschiedenen Sohlen arbeiten, empfiehlt es sich in den meisten Fällen, die Pumpen in der untersten Sohle aufzustellen. Diese Anordnung zeigt die in Fig. 183 dargestellte, von der Firma Gebr. Sulzer - Winterthur ausgeführte Wasserhaltung der Zeche Viktor in Rauxel i. W.

Es sind hier zwei vierstufige Zentrifugalpumpen hintereinander geschaltet (s. Fig. 184). Bei einem Kraftverbrauch von 570 PS und 1040 minutlichen Umdrehungen sollten laut Vertrag diese Pumpen 7 cbm pro Minute auf eine totale Widerstandhöhe von 524 m fördern. Bei den Übergabeversuchen wurde für eine Wasserförderung von 7,8 cbm pro Minute für die drei Pumpen 1455 PS und für eine Wasserförderung von 6,96 cbm pro Minute 1306 PS verbraucht[1]).

Ferner ließ der Dampfkessel - Überwachungsverein in Essen im Jahre 1903 durch einen besonderen Versuchsausschuß diese An-

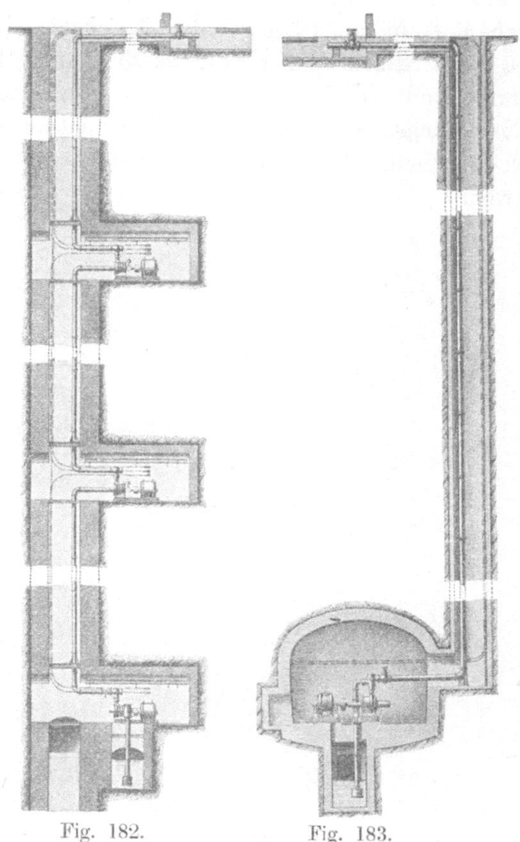

Fig. 182.   Fig. 183.

lage prüfen, welche Versuche folgende Resultate ergaben (Zeitschrift des Vereins deutscher Ingenieure 1904):

	Parade-versuch v. H.	Betriebs-versuch v. H.
Wirkungsgrad des Kraftwerkes einschl. des Kabel verlustes	83,52	82,54
Wirkungsgrad der Pumpenanlage, Motor und Pumpe	71,25	71,25
Wirkungsgrad der Pumpe allein	76,00	76,00
Wirkungsgrad der Gesamtanlage	59,51	58,79

Die Anordnung der Pumpen mit den Motoren zeigt Fig. 184. Die Pumpe A saugt das Wasser aus dem Sumpf an und führt es unter einem Druck von 26 Atm. der zweiten Pumpe B zu, aus welcher es unter dem Druck von 52 Atm. in die Steigleitung tritt. In der Saugleitung ist ein Sicherheits- und Fußventil angebracht. Beim An-

---

[1]) Herzog, Elektrische Bahnen u. Betriebe, 1905.

schluß der Druckleitung befindet sich ein Absperrschieber, ferner ist
auch hier ein Rückschlagventil eingebaut. Dasselbe soll verhindern,
daß beim Stillstand der Pumpen die ganze Wassersäule auf die erste
Pumpe und auf das Fußventil der Saugleitung drückt. Würde eine
solche Rückschlagklappe in der Druckleitung fehlen, so müßten natürlich sämtliche Pumpenteile für den Druck von 52 Atm. berechnet
werden.

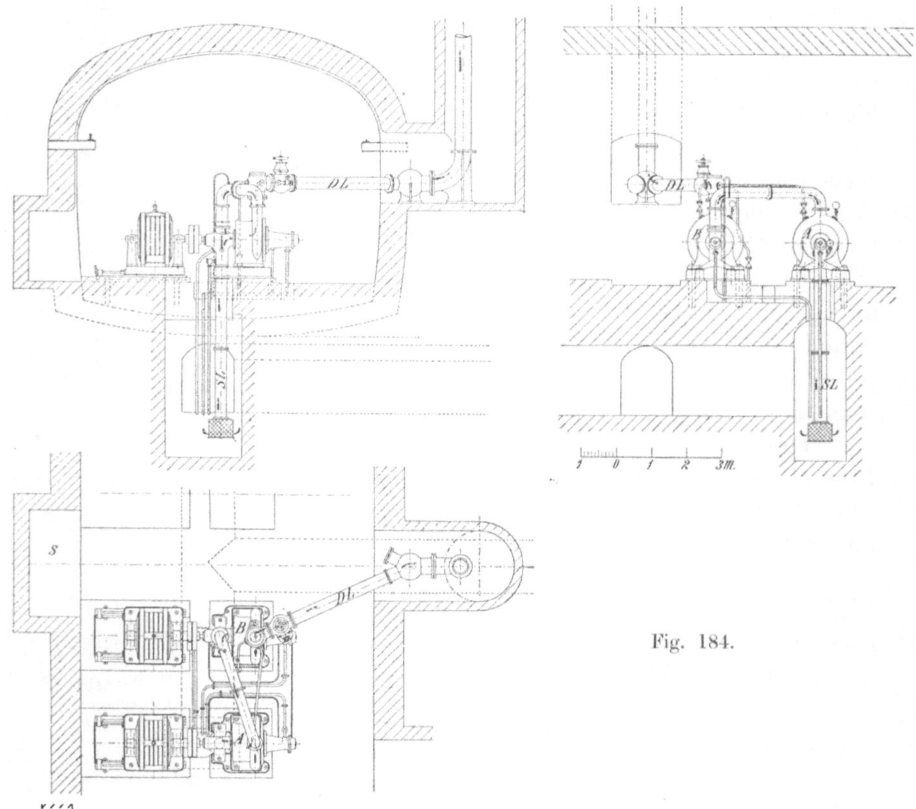

Fig. 184.

Die Pumpen sind mittels Lederbandkupplung direkt mit den
Motoren verbunden. Letztere sind in der Richtung der Achse ver-
schiebbar angeordnet, um die Pumpen auch von der Motorseite aus
leicht zugänglich zu machen.

Die In- und Außerbetriebsetzung der Pumpen erfolgt von der
Zentrale aus, so daß bei den Pumpen selbst nur ein Notausschalter
und zwei Amperemeter nötig sind. Die Inbetriebsetzung einer solchen
Wasserhaltung geht folgendermaßen vor sich:

Nachdem die Pumpen bei geschlossenem Hauptabsperrschieber
aus der Steigleitung durch eine Umführungsleitung gefüllt sind und

die in den Pumpenkörpern befindliche Luft abgelassen ist, wird der
Generator in Betrieb gesetzt, wobei man dessen Erregung allmählich
verstärkt. Sobald die Pumpen einen Druck erzeugen, der um ca. 2 Atm.
größer ist als die Wasserpressung in der Steigrohrleitung, wird der
Schieber allmählich geöffnet, und es setzt sich der Überdruck von
2 Atm., bei welchem die Förderung gleich Null war, in Mehrförderung
um, und die Druckleitung fängt an auszugießen. Beim Öffnen des
Schiebers steigt allmählich der Kraftbedarf des Generators, der beim
geschlossenen Schieber nur 0,3—0,35 der normalen Leistung betrug.
Der ganze Vorgang des Anlassens bis zum Ausgießen des Wassers
aus der Druckleitung darf nur einige Minuten in Anspruch nehmen.
Wartet man zu lange nach dem Anlassen der Pumpen mit dem Öffnen

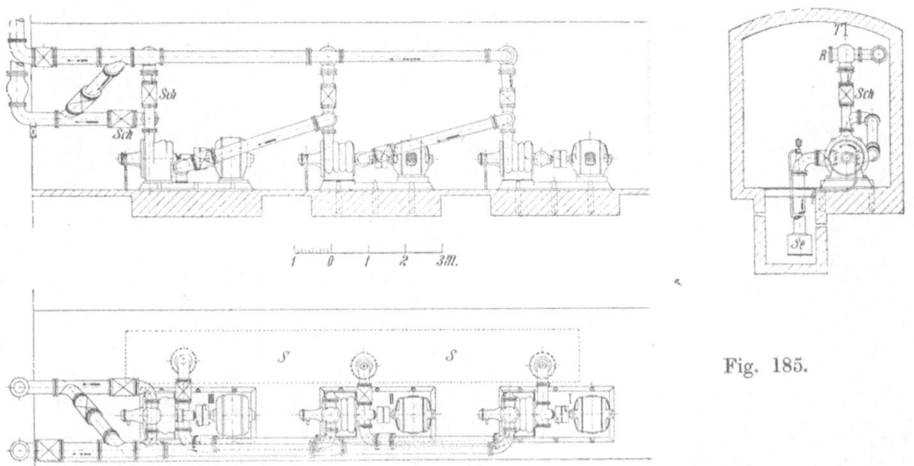

Fig. 185.

des Schiebers, so erhitzt sich das in der Pumpe befindliche Wasser
und man ist gezwungen, die Pumpe einige Minuten stillzusetzen und
dann neu anzufüllen. Die Außerbetriebsetzung der Pumpen geschieht
in umgekehrter Weise. Es wird also erst der Druckschieber geschlossen
und dann allmählich durch Ausschaltung der Erregung der Generator
entlastet. Durch ein Telephon verständigt sich das Personal über be-
sagte Vorgänge.

Eine sehr interessante Anlage ist das ebenfalls von Gebr. Sulzer-
Winterthur ausgeführte Pumpwerk für die Grube Kasimir der War-
schauer Gesellschaft für Kohlenbergbau und Hüttenbetrieb in Niemce[1]).
Fig. 185 zeigt diese Anlage. Es fanden hier drei Zentrifugalpumpen
Aufstellung. Jede Pumpe liefert bei 975 Umdrehungen 4,0 cbm pro
Minute auf 164 m Höhe. Die Anordnung dieser Pumpen ist so getroffen,
daß dieselben teils auf Druck, teils auf Menge arbeiten können.

---

[1]) Herzog, Elektr. Bahnen u. Betriebe, 1905.

Fig. 186.

Arbeiten die Pumpen auf Druck, so werden sie hintereinander geschaltet. Die erste Pumpe drückt der zweiten und diese der dritten das Wasser zu. Bei diesem Schema fördern dann die drei Pumpen 4 cbm pro Minute auf eine Höhe von $3 \times 164 = 492$ m direkt über Tag.

Arbeiten nach Umschaltung der Schieber die Pumpen auf Menge, so saugt jede Pumpe für sich aus dem Sumpf Wasser. Die drei Pumpen fördern sodann $3 \times 4 = 12$ cbm auf 164 m Höhe, wo sich die nächste

Fig. 187.

Sohle befindet. Zur Durchführung dieser beiden Betriebskombinationen sind zwei Steigleitungen vorgesehen.

Fig. 186 zeigt eine Pumpenkammer der Wasserhaltung auf der konsol. Cleophasgrube Zalenze. Die Anlage ist von Sulzer ausgeführt. — Bei einer Tourenzahl von 1480 pro Minute fördert die vordere Pumpe 7,0 cbm pro Minute auf 464 m, die hintere 10 cbm pro Minute auf gleiche Höhe. Letztere Pumpe ist mit einem 1500-PS-Motor gekuppelt.

Fig. 187 zeigt eine von Jaeger ausgeführte Wasserhaltung. Es sind hier zwei je 14stufige Pumpen aufgestellt.

Eine unterirdische Maschinenkammer für eine Wasserhaltung von zusammen 11 000 Minutenliter auf 95 m Förderhöhe zeigt Fig. 188. Bei dieser Anlage, ausgeführt von Maffei - Schwartzkopff - Berlin, sind drei Pumpen aufgestellt, welche zusammen bei paralleler Schaltung die angeführte Leistung haben.

Fig. 189 zeigt noch eine zwölfstufige Hochdruckpumpe der Amag. Hilpert - Nürnberg. Dieselbe hat eine Leistung von ca. 3,3 cbm pro Minute auf 520 m Förderhöhe bei einer Tourenzahl von 1480 und ist bei der Deutsch-Luxemburgischen Bergwerks- und Hütten-A.-G. Bochum, Zeche Dannenbaum, im Betrieb.

Große Verwendung findet auch die Zentrifugalpumpe im Bergbau als Senkpumpe und Streckenpumpe. Bezüglich Ausführung der Senkpumpe sei auf S. 205 u. flg. verwiesen.

Fig. 188.

In den engen Schachtquerschnitten ist hier der sehr geringe Raumbedarf und vor allen Dingen auch der elektrische Antrieb sehr von Vorteil.

Die erste größere Senkpumpe wurde von Sulzer für einen Schacht in Schlesien geliefert[1]). Diese Anlage ist um so interessanter, weil es hier überhaupt nicht möglich war, den ersoffenen Schacht mit Dampfpumpen auszupumpen. Die Förderverhältnisse der Pumpen waren kurz folgende:

In der Donnersmarkhütte sollte ein 400-m-Schacht abgeteuft werden. Schon in einer Tiefe von 100 m wurden so mächtige Quellen angeschlossen, daß der Schacht ersoff. Nach dem Steigen des Wassers

---

[1]) Herzog, Elektrische Bahnen u. Betriebe, 1905.

Fig. 189.

wurde ein minutlicher Zufluß von ca. 15 cbm pro Minute festgestellt. Die Versuche, den Schacht mit Dampfpumpen auszupumpen, mußten als erfolglos aufgegeben werden, weil, abgesehen von den vielen Reparaturen, die drei in den Schacht eingebauten Pumpen, welche zusammen 10 cbm pro Minute förderten, den Schachtquerschnitt so ausfüllten, daß kaum Raum für einen Förderkübel übrigblieb. Die Pumpen schafften das Wasser nicht und man mußte den Schacht wiederum

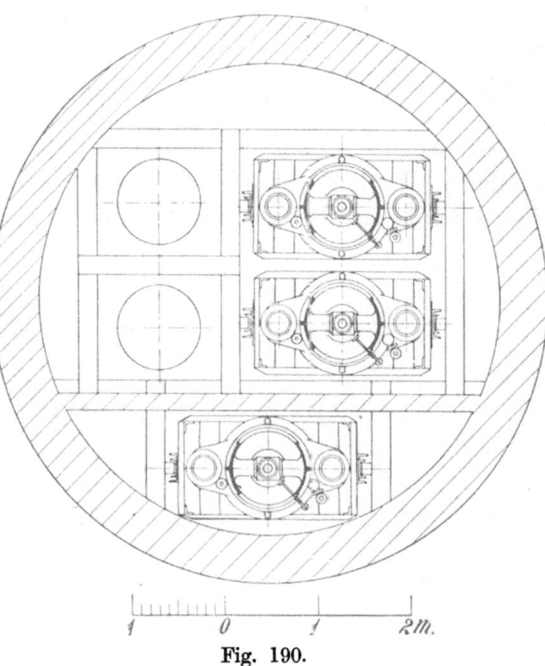

Fig. 190.

ersaufen lassen. Um den wertvollen Schacht nicht aufzugeben, entschloß man sich endlich, einen Versuch mit Sulzer-Senkpumpen zu machen.

Fig. 191.

Es wurden drei Senkpumpen in den Schacht eingebaut, von denen jede bei einer minutlichen Tourenzahl von 970 pro Minute 8 cbm auf 160 m Höhe förderte, mithin alle drei Pumpen zusammen 24 cbm pro Minute. Den Einbau dieser Pumpen mit dem Schachtquerschnitt zeigt Fig. 190. Während früher bei den Dampfpumpen mit einer Leistung von nur 10 cbm pro Minute kaum Platz für einen Förderkübel war, war jetzt bei den Zentrifugalpumpen mit einer Leistung von 24 cbm pro Minute reichlich Raum für zwei Förderkörbe vorhanden. Der geringe Raumbedarf der Senkpumpen machte hier eine Abhilfe möglich.

Fig. 192.

Die Stromversorgung für die vertikalen Drehstrommotoren erfolgte von einer 6 km weit entfernten Kraftzentrale, in der zwei mit Hochofengasen betriebene Gasmaschinen von zusammen 2000 PS aufgestellt waren.

Mit diesen Abteufpumpen war es möglich, in kurzer Zeit den ersoffenen Schacht auszupumpen, da bei der anfangs geringen Förderhöhe jede Pumpe 12—15 cbm pro Minute förderte. Nach erfolgtem Abteufen wurden die Pumpen fest in den Schacht gelagert und dann als ortsfeste Wasserhaltung benutzt. Ein Beweis dafür, daß man auch in jeder Weise mit dem Arbeiten der Pumpe zufrieden war.

Bei der Aufgabe, die hier die Zentrifugalpumpen zu erfüllen hatten, zeigte sich so recht ihre große Überlegenheit gegenüber der Kolbenpumpe bedingt durch den ungemein kleinen Raumbedarf.

Daß man auch Senkpumpen in schiefer Lage einbauen kann, zeigt Fig. 191. Drei derartige Pumpen für eine Leistung von je 3,1 cbm pro Minute auf 110 m Förderhöhe wurden von Sulzer für eine Wasserhaltungsanlage in Mexiko geliefert.

Fig. 192 zeigt noch eine fahrbare Streckenpumpe für eine Leistung von 3,4 cbm pro Minute auf 137 m Förderhöhe von derselben Firma. Pumpe und Motor ist hier auf einem schmiedeeisernen, fahrbaren Gestell mit entsprechendem Neigungswinkel montiert.

Oft kommt es vor, daß der Einfallwinkel wechselt, und führt

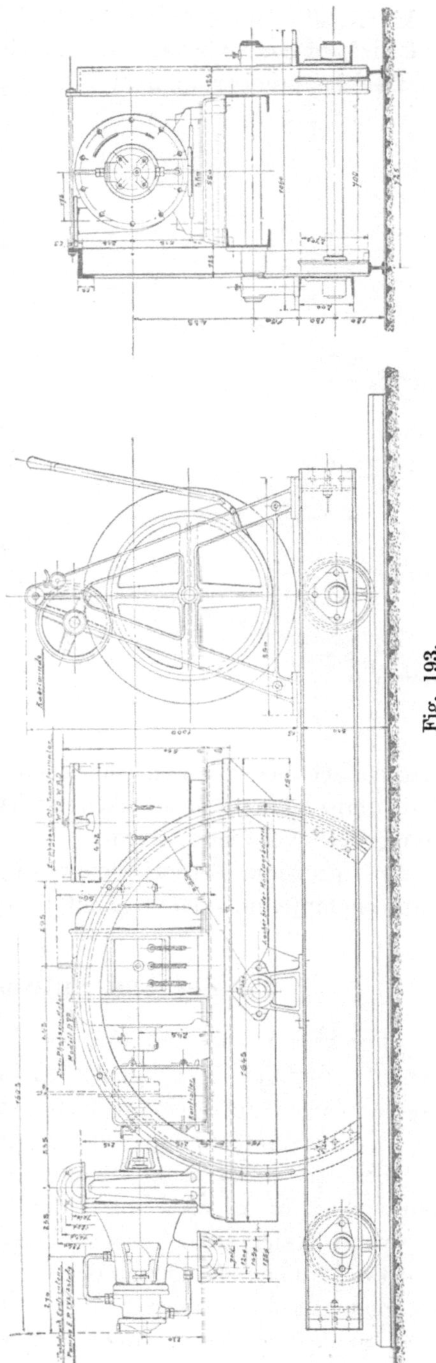

Fig. 193.

hierfür die Amag. Hilpert-Nürnberg die in Fig. 193 gekennzeichnete Streckenpumpe für verschiedene Einfallswinkel aus. Pumpe und Motor sind hier auf eine gußeiserne Grundplatte montiert. In der Schwerachse ist dieselbe drehbar in dem Fahrgestell gelagert. In einem runden,

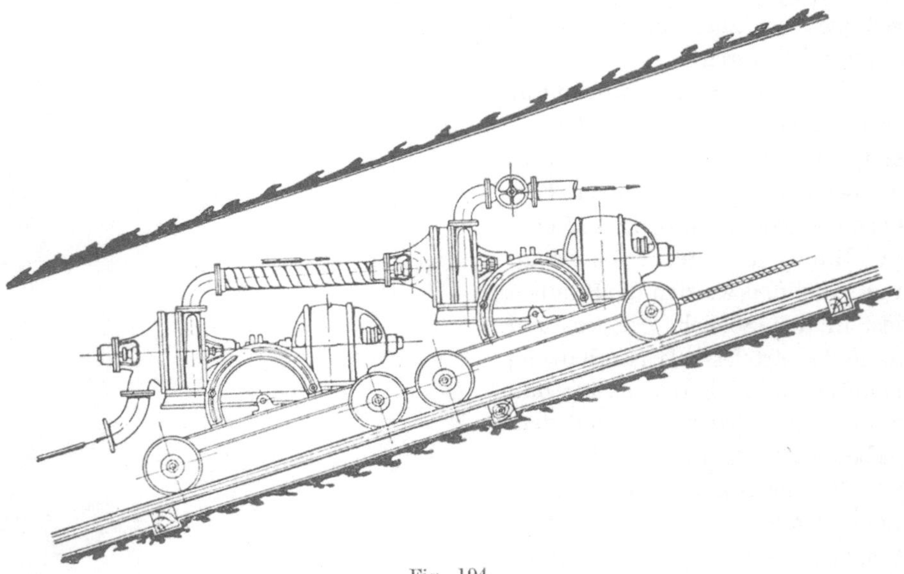

Fig. 194.

starken, schmiedeeisernen Bügel befindet sich die Feststellvorrichtung. Die Pumpe kann so für Strecken mit den verschiedensten Einfallswinkeln von 0—35° verwendet werden.

Bei größeren Förderhöhen werden auch, wie Fig. 194 zeigt, zwei Pumpen hintereinander geschaltet.

43. Be- und Entwässerungsanlagen.

Für größere Be- und Entwässerungsanlagen kommt wohl nur die Zentrifugalpumpe in Betracht. Es werden hier fast immer größere Wassermengen auf kleine Höhen gefördert, wofür die Anschaffungskosten einer Kolbenpumpe viel zu groß sind

Sehr große Entwässerungsanlagen wurden von der Firma Sulzer-Winterthur für Ägypten ausgeführt. Fig. 195 zeigt eine große Anlage „Usine de Kafer Amar", welche bereits im Jahre 1893 geliefert wurde.

Die Pumpen entnehmen das Wasser dem Nil, dessen Wasserspiegel bei Nieder- und Hochwasser um ca. 10 m schwankt. Es müssen aus diesem Grunde die Pumpen unter dem Hochwasserspiegel aufgestellt werden. In Fig. 195 ist die gesamte Disposition der Anlage zu ersehen.

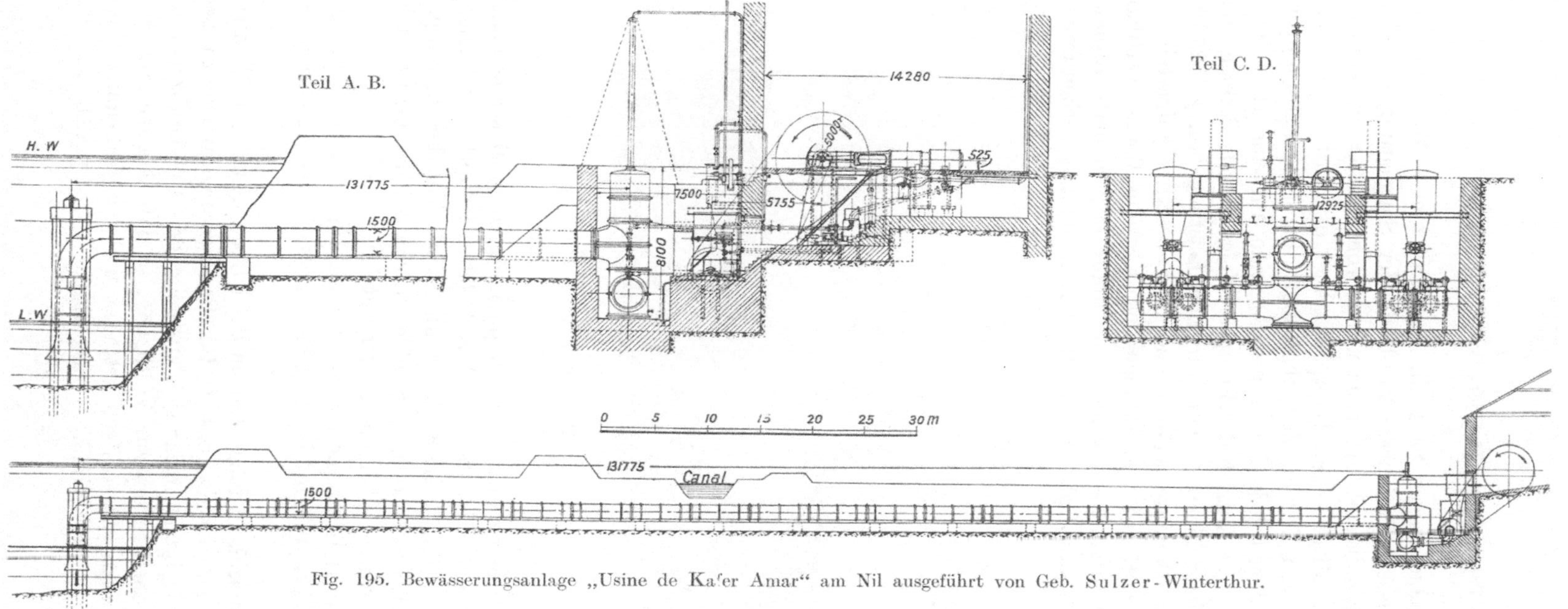

Fig. 195. Bewässerungsanlage „Usine de Ka'er Amar" am Nil ausgeführt von Geb. Sulzer-Winterthur.

In einem 132 m langen Saugrohr von 1500 mm l. W. wird den Pumpen das Wasser zugeführt. Am Ende der Saugleitung befindet sich ein großer Windkessel, in welchem sich vom Wasser mitgeführte Luft ausscheidet. Mittels eines Dampfstrahlejektors wird die sich ansammelnde Luft von Zeit zu Zeit abgesaugt. Es sind zwei Pumpen aufgestellt, von denen jede 3 cbm pro Sekunde auf eine Höhe von ca. 10 m fördert. Der Antrieb der Pumpen erfolgt mittels Riemen von liegenden Dampfmaschinen, welche für eine Leistung von je 525 PS gebaut sind. Die Dampfmaschinen sind hochwasserfrei aufgestellt.

Bei dem Austritt aus dem Spiralgehäuse wird das Wasser vertikal durch konisch erweiterte, schmiedeeiserne Rohre in gemauerte Kanäle geführt, die rechts und links neben dem Maschinenhaus vorbeiführen.

Fig. 196.

Diese beiden Kanäle vereinigen sich dann hinter dem Maschinenhaus zu einem Hauptkanal. Fig. 196 zeigt einen solchen Hauptbewässerungskanal, der 9 km weit durch die Felder geführt wird. Von diesem Hauptkanal zweigen sich wieder kleinere Kanäle ab, von welchen man mittels Stichkanäle das Wasser über die Felder leitet.

Bis zum Jahre 1907 wurden von Sulzer in Ägypten sieben derartige Bewässerungsanlagen, teils größer, teils kleiner als die eben beschriebene, aufgestellt.

Auch in Deutschland fängt man in der letzten Zeit an, die Zentrifugalpumpen in der Landwirtschaft für Bewässerungszwecke zu benutzen. Durch die immer mehr sich ausbreitenden Überlandzentralen hat man elektrischen Strom zur Verfügung, so daß sich dadurch der Antrieb der Pumpen sehr einfach gestaltet und die Bedienung einer solchen Anlage auf das Minimum beschränkt ist. Speziell bei der

Landwirtschaft muß man Rücksicht nehmen, daß die zu verwendenden Maschinen in der Ausführung und speziell in der Bedienung äußerst einfach sind, wofür gerade eine elektrisch angetriebene Zentrifugalpumpe in jeder Weise geeignet ist.

Eine der ersten größeren Bewässerungsanlagen in Bayern wurde von der Amag. Hilpert-Nürnberg im Auftrag des Königl. Kulturbauamtes Nürnberg für eine Genossenschaft in der Nähe Erlangens ausgeführt. Die Anlage ist insofern interessant, als durch Entfernung der alten, als Schöpfräder ausgebildeten Wasserräder eine bedeutende Wasserkraft gewonnen wurde, dann aber auch den Bauern, welche mit diesen alten Schöpfrädern ihre Wiesen bewässerten, durch die Anlage einer zentralen Pumpstation große Vorteile geboten wurden.

Speziell in Bayern findet man noch vielfach für Bewässerungszwecke die alten assyrischen Schöpfräder. Das Wasser wird ca. 0,3 m gestaut und die durch Stauung gewonnene Wasserkraft zum Antrieb eines Wasserrades benutzt. Am äußeren Umfang des Wasserrades befinden sich Schöpfgefäße. Bei Bewegen des Wasserrades tauchen die Schöpfgefäße in das Wasser ein und werden entsprechend dem Durchmesser des Rades gehoben, wobei sie dann das Wasser in ein Ablaufgerinne ausgießen. Es ist dies die primitivste Art der Wasserförderung, wie solche schon die alten Ägypter benutzten. Diese Wasserräder arbeiten natürlich mit einem ganz minimalen Nutzeffekt und nutzen die Wasserkraft nur verschwindend wenig aus. Bei der vorliegenden Bewässerungsanlage wurde nun durch Vermittlung des Königl. Kulturbauamtes Nürnberg eine Genossenschaft unter den interessierten Wiesenbesitzern gegründet und ca. 16 derartige Schöpfräder entfernt, wodurch der betreffende Wasserkraftbesitzer eine ganz bedeutende Kraft für seine Anlage gewann. Dieser Gewinn an Wasserkraft war so bedeutend, daß der Besitzer die neue Bewässerungsanlage mit den Verteilungskanälen unentgeltlich der Genossenschaft zur Verfügung stellte, ferner auch noch kostenlos den Strom zum Betrieb der Anlage abgab.

Die Pumpenanlage ist aus Fig. 197 zu ersehen. Es ist eine Pumpe mit 500 mm Rohranschlüssen aufgestellt, welche ca. 600 Sekundenliter fördert. Die Pumpe entnimmt das Wasser durch einen Kanal dem Flußbett und fördert es in einen Verteilungskanal. In Anbetracht des öfter auftretenden Hochwassers ist das aus Eisenbeton hergestellte Pumpenhaus hochwasserfrei aufgestellt, wodurch die Pumpe mit Kraftschluß arbeiten muß. Fig. 198 zeigt den Auslauf des Druckrohres in den Hauptverteilungskanal, dessen Sohle vollständig ausbetoniert ist.

Durch Modernisierung der Bewässerungsanlage ist im vorliegenden Fall beiden Teilen, sowohl der Genossenschaft als auch dem Wasserkraftbesitzern, geholfen. Letzterer gewinnt nicht unbedeutend an

SCHIEBER
ABFLUSS-GRABEN
FUSSVENTIL
HÖCHSTER-WASSERSTAND
EINLAUF-SEIHER
NORMAL-WASSERSTAND

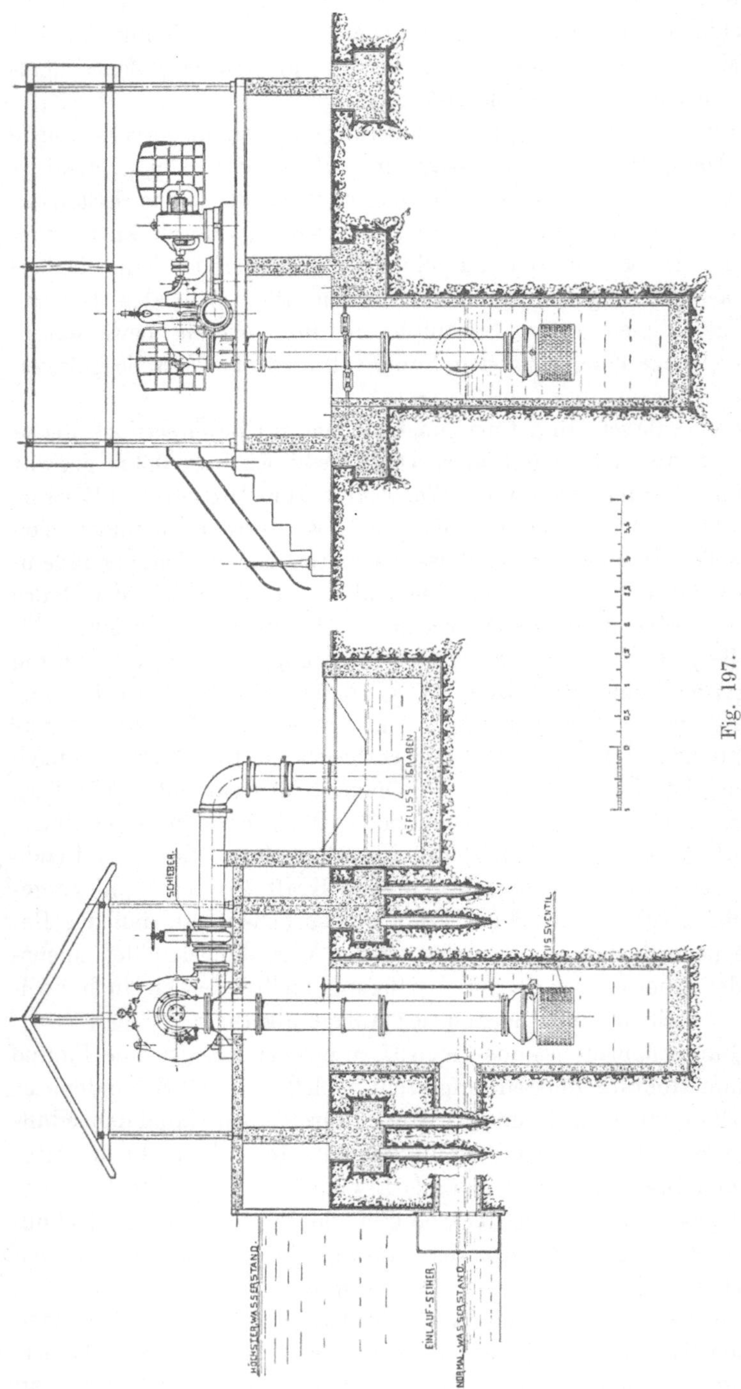

Fig. 197.

Wasserkraft, während die Genossenschaft reichlich Wasser für ihre Wiesen erhält und für die Unterhaltung der Anlage nicht zu sorgen hat.

Zwei weitere derartige Anlagen wurden, da man mit der ersten sehr gute Erfolge erzielt hatte, im gleichen Jahre ausgeführt.

Große Anwendung hat die Zentrifugalpumpe für Entwässerungszwecke bei tiefliegenden Geländen, wie z. B. in Holland die Polter, wo ja ganz bedeutende Anlagen mit Zentrifugalpumpen für Entwässerung vorhanden sind. Aber auch bei uns in Deutschland fängt man infolge der letzten großen Hochwasserkatastrophen am Rhein an, in

Fig. 198.

großem Stil Entwässerungsanlagen zu bauen, welche tieferliegende Gelände beim Hochwasser des Rheins vor Überschwemmung schützen sollen. Es dürfte hier eine von der Amag. Hilpert-Nürnberg für die Großherzogliche Kulturinspektion Darmstadt ausgeführte Anlage von Interesse sein, welche zur Entwässerung des Schwarzbachgebietes bei Bischofsheim a. Rh. dient.

Die Verhältnisse liegen hier so, daß bei eintretendem Hochwasser des Rheins mittels einer Schleuse das Wasser von den hinter liegenden Geländen ferngehalten wird. Durch diese Schleusen fließt sonst bei normalem Wasser des Rheins die Schwarzbach. Wenn das Hochwasser des Rheins mit einem Hochwasser der Schwarzbach nicht zusammen-

24000
4000
5525
7850
5525
4000
4000

C
A
Transformatorenraum
7000
Luftpumpe
5400
5805
5695
7100
2500
24000
5000
Luftleitung
2500
D
B

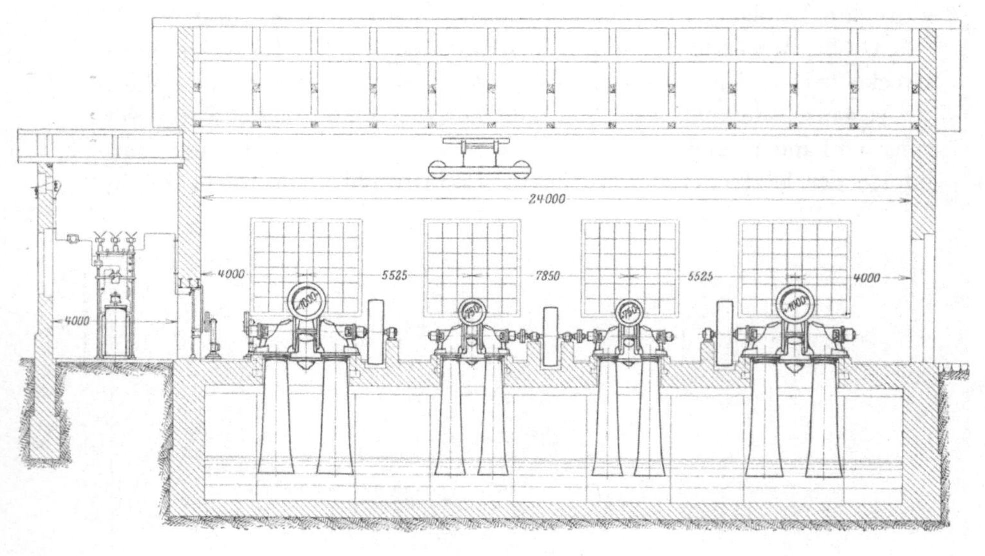

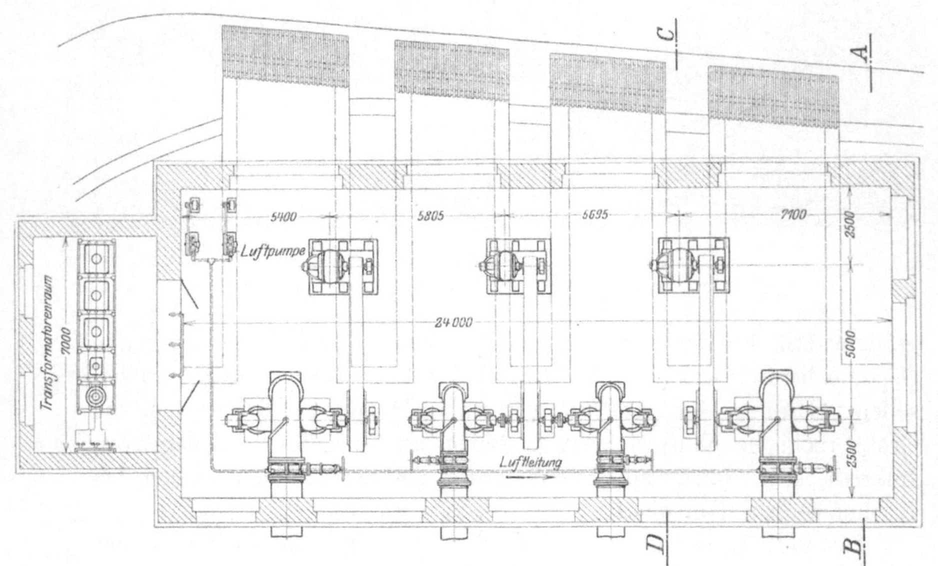

Fig. 199a.

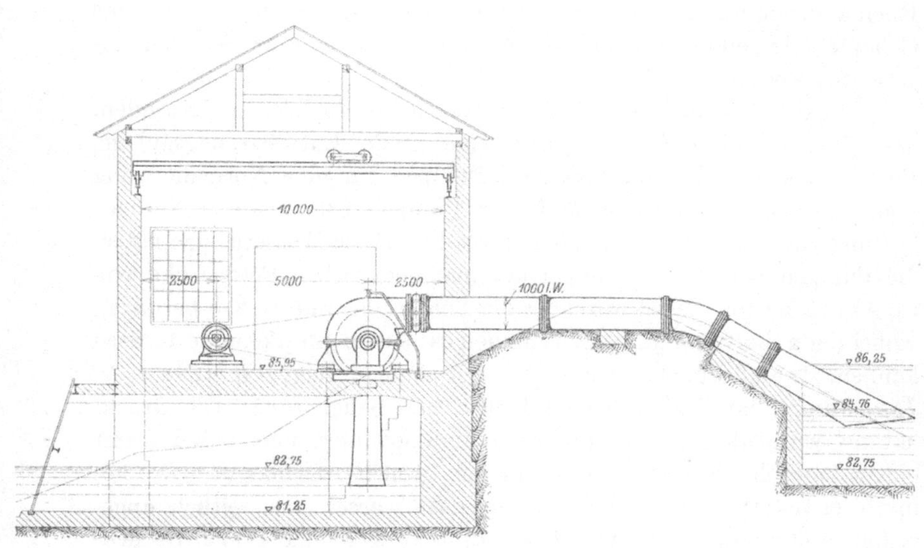

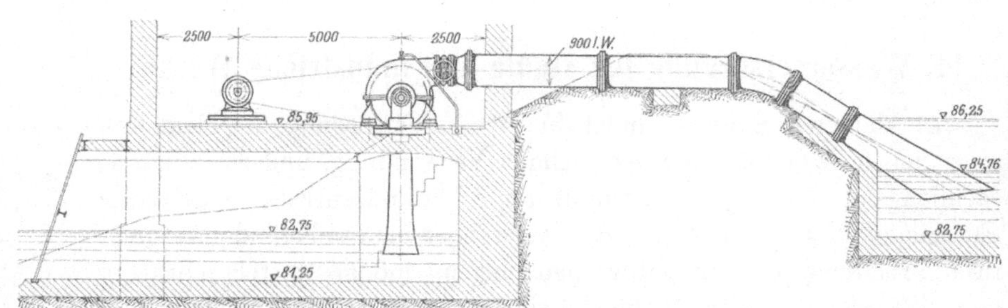

Fig. 199 b.

Fig. 199 a, b.
Entwässerungsanlage des Schwarzbach-Gebietes bei Bischofsheim a. Rh.
Normalleistung 6 cbm/sec, Maximalleistung 9 cbm/sec.
Ausgeführt von der Amaghilpert, Nürnberg.

fällt, so wird nach Schluß der Schleusen hinter denselben das Wasser der Schwarzbach in großen Weihern angestaut. Wenn nun aber, was häufig vorkam, Hochwasser der Schwarzbach mit dem Hochwasser des Rheins zusammenfällt und das Hochwasser länger anhält, so ist das Gelände kilometerweit überschwemmt, wodurch enorme Schäden angerichtet werden.

Um das Hochwasser der Schwarzbach bei zugleich eintretendem des Rheins fortzuschaffen, dient eine große Entwässerungsanlage, Fig. 199a u. b. Es sind dort zwei Pumpen für eine Normalleistung von ca. 2 cbm pro Sekunde und zwei Pumpen jede für eine Normalleistung von 1 cbm pro Sekunde aufgestellt. Diese Wassermenge haben die Pumpen bei Überwindung einer manometrischen Förderhöhe von ca. 4 m zu leisten. Meist wird aber die Förderhöhe nur ca. 2 m betragen, wobei dann die vier Pumpen zusammen ca. 9 cbm pro Sekunde fördern können. Die allgemeine Anordnung der Anlage zeigt Fig. 199a u. b. Jede Pumpe hat eine besondere Druck- und Saugleitung. Die Druckleitung wird über die Dammkrone hinweggeführt und mündet mit einem konisch erweiterten Rohr in den großen Abzugkanal. Die konisch erweiterten Saugrohre saugen das Wasser aus seitlich angeordneten Zulaufkanälen, vor deren Eintritt sich eine große Rechenanlage befindet, um die gröbsten Unreinigkeiten, die ja speziell Hochwasser mit sich führt, fernzuhalten.

Um den Kraftschluß herzustellen, werden die Pumpen durch zwei elektrisch angetriebene Luftpumpen vor dem Anlassen evakuiert.

Die Pumpen haben doppelseitigen Eintritt und werden mittels Riemen vom Elektromotor angetrieben. Der Strom wird von der Rheinischen Überlandzentrale entnommen. Im Maschinenhause befindet sich eine Umformerstation, der den mit 10 000 Volt ankommenden Strom auf 440 Volt transformiert.

44. Wasserversorgung für Städte und industrielle Werke.

In kleineren Städten findet für Wasserversorgung die elektrisch angetriebene Zentrifugalpumpe vielfach Verwendung, und zwar hauptsächlich da, wo durch Anschluß an Überlandzentralen elektrische Energie zur Verfügung steht. Hier verwendet man vollständig automatisch arbeitende Zentrifugalpumpenanlagen, indem mittels eines in dem Wasserturm oder Sammelbassin angeordneten Schwimmers ein An- und Abstellen der Pumpe automatisch besorgt wird. Statt der Hochreservoire verwendet man für kleinere Anlage in neuerer Zeit auch geschlossene mit Luft gefüllte Behälter. Es sind dies die sogenannten Hydrophor-Anlagen, die fast ausschließlich mit Zentrifugalpumpen gespeist werden. Solche kleine Wasserversorgungsanlagen arbeiten vollständig automatisch, und ist es nur nötig, von Zeit zu Zeit das in den Ölkammern befindliche Öl zu erneuern. Speziell findet man auch derartig vollständig automatisch arbeitende kleine Zentrifugalpumpenanlagen für Wasserversorgungen von Bahnhöfen, wo dieselben zur Beschaffung des Lokomotivspeisewassers benutzt werden.

Fig. 200 zeigt eine von den Maffei-Schwartzkopff-Werken ausgeführte Pumpenanlage des städtischen Wasserwerks Homberg am

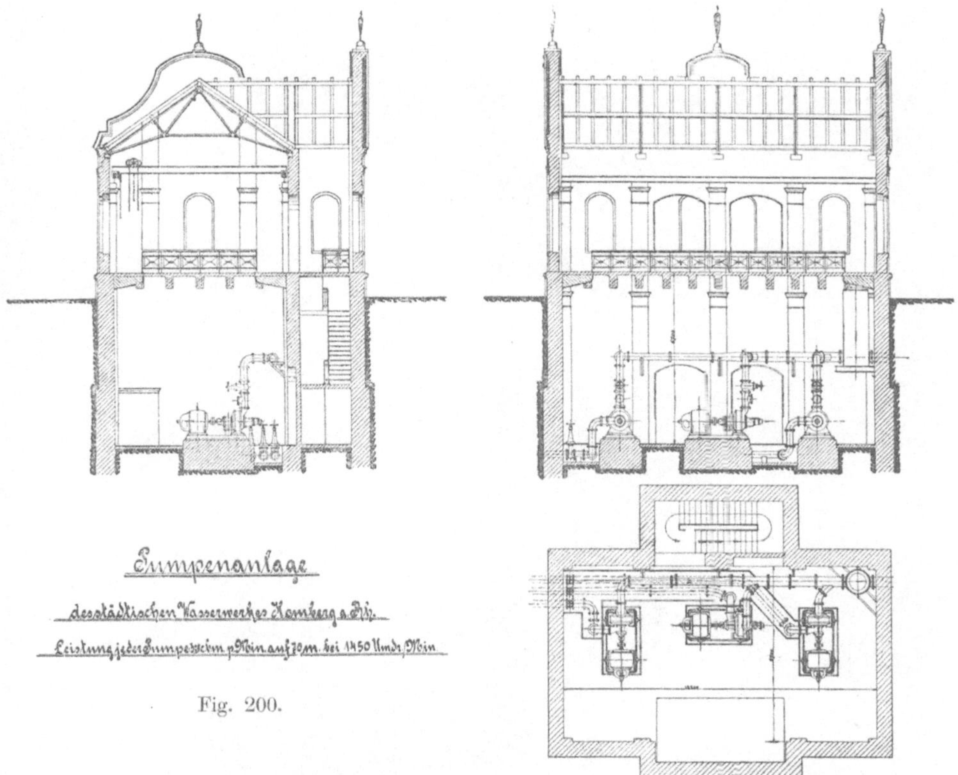

Fig. 200.

Rhein. Es sind dort drei Pumpen aufgestellt, welche 3,7 cbm pro Minute auf 70 m fördern. Die Pumpen entnehmen das Wasser dem Rhein, jedoch kann auch durch Zubringerpumpen bei sehr niedrigem Wasserstand des Rheins den Pumpen das Wasser zugeführt werden.

Eine Anlage von 4 Pumpen für eine Fördermenge von je 20 cbm/min auf 60 m und 4 Pumpen für eine Fördermenge von je 30 cbm/min auf 37 m mit Antrieb durch Drehstrommotoren, für das Emscher Wasserwerk der Gutehoffnungshütte in Oberhausen, ist in Fig. 201 dargestellt. Diese Anlage ist gleichfalls von den Maffei-Schwartzkopff-Werken geliefert.

In neuerer Zeit verwendet man nun zum Antrieb der Wasserwerkspumpen vielfach Dieselmotore und auch Dampfturbinen. Es

möge hier eine größere von der Firma Sulzer für das Wasserwerk der
Stadt St. Gallen gelieferte Anlage angeführt werden.

Fig. 201.

Im Wasserwerk St. Gallen [1]) waren seither drei Kolbenpumpen,
angetrieben von drei Sulzer-Ventildampfmaschinen, von je 220 PS
Leistung aufgestellt. Zur Erweiterung des Wasserwerkes sollte eine

[1]) Schweizer Bauzeitung, Band 55, 1 und 2.

dritte Maschine aufgestellt werden, die gerade so viel leistete als wie die drei angeführten Kolbenpumpen zusammen.

Die Gesamtdisposition der Anlage zeigt Fig. 202. Wegen des kleinen zur Verfügung stehenden Raumes wurde eine Hochdruckzentrifugalpumpe vorgesehen, welche mittels Riemen von einem Dieselmotor angetrieben wird. Die Pumpe leistet bei einer Tourenzahl von ca. 930 pro Minute 6 cbm auf eine manometrische Förderhöhe von ca. 350 m. Der Antrieb erfolgt von einem Dieselmotor, welcher bei einer Tourenzahl von ca. 150 eine Leistung von 6—700 PS hat. Zur Übertragung dient ein Riemen mit einer Breite von 1000 mm und einer

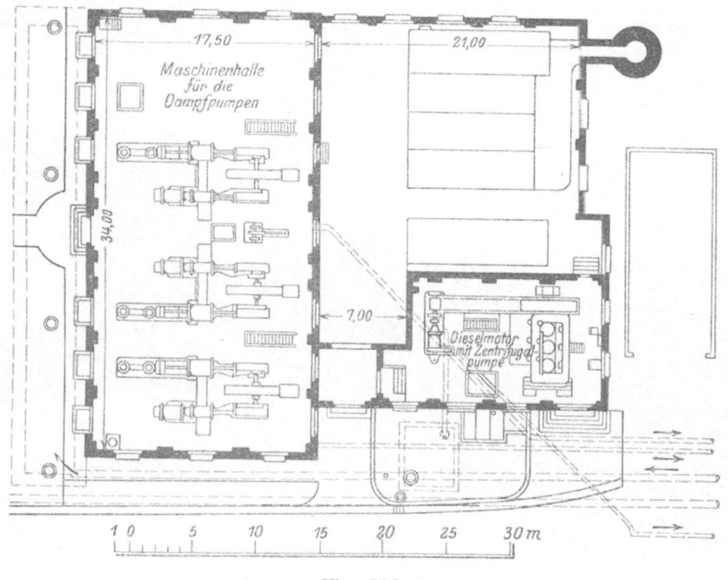

Fig. 202.

Stärke von 12 mm. Der Pumpe wird das Wasser in einer Leitung von 500 mm l. W. aus einem Sammelbassin zugeführt, in welches das Wasser mittels zwei Niederdruck-Zentrifugalpumpen gepumpt wird. In dem in Fig. 202 dargestellten Grundriß der Anlage ist so recht der kleine Raumbedarf des mit Dieselmotor angetriebenen Pumpenaggregates zu erkennen. Die Kolbenpumpenanlage benötigt inkl. Kesselanlage einen Raum von 1000 qm Grundfläche, während die zweite Anlage bei gleicher Leistungsfähigkeit nur 150 qm Grundfläche einnimmt. Durch den kleinen Raumbedarf ist im vorliegenden Fall eine Erweiterung des bestehenden Hochbaues vermieden worden. Die mit dem Pumpenaggregat gemachten Abnahmeversuchen ergaben bezüglich Brennstoffverbrauches ein sehr günstiges Resultat. In der Schweizer

Bauzeitung, Bd. 55, Heft 1 und 2, sind von Prof. Ostertag-Winter-
thur ausführlich die angestellten Versuchsresultate beschrieben. Fig. 203
zeigt noch einen Blick in das Maschinenhaus.

Für große Pumpenaggregate hat man in neuerer Zeit mit Erfolg
Antrieb der Zentrifugalpumpen mittels Dampfturbinen verwendet.
Die erste größere mit Dampfturbine angetriebene Zentrifugalpumpenanlage wurde von der A. E.-G. für die Pumpstation Reelitzhof des
Charlottenburger Wasserwerkes ausgeführt. Es ist hier die Zentrifugalpumpe direkt mit der Dampfturbine gekuppelt. Die Pumpe leistet
2400 cbm pro Stunde bei einer zwischen 74 und 104 m schwankenden

Fig. 203.

Förderhöhe. Die Anlage kam im Sommer 1909 in Betrieb und arbeitet
seither in jeder Weise zufriedenstellend. Für das genannte Wasserwerk
sind zwei weitere Zentrifugalpumpen, mit Dampfturbinen direkt gekuppelt, im Bau, jede für eine Höchstleistung von 3000 cbm pro Stunde
auf 105 m Förderhöhe. Fig. 204 gibt ein Bild dieser Anlage. Besonders
ist bei der Anlage noch die moderne Kondensationsanlage zu erwähnen,
indem die Kondensatpumpe und die Kühlwasserpumpe ebenfalls durch
eine Dampfturbine angetrieben werden.

Wie man auch vertikale Pumpen für städtische Wasserversorgungs-
zwecke verwenden kann, zeigt die in Fig. 205 dargestellte Anlage,
welche von der Amag. Hilpert-Nürnberg ausgeführt und in der

Nähe von Pola (Österreich) in Betrieb ist. Wie aus der Figur zu ersehen, sind bei dieser Anlage eine stationäre vertikale Pumpe und eine vertikale Abteufpumpe eingebaut. Der Unterwasserspiegel schwankt um ca. 20 m. Der unregelmäßige Pumpenschacht ist von Natur aus so geschaffen.

Fig. 204.

Es ist fast ausschließlich die vertikale stationäre Pumpe in Betrieb, und dient die Abteufpumpe nur zur Reserve, falls einmal die stationäre Pumpe aussetzt. Es wird dann die vertikale Pumpe in Betrieb genommen. Neben dem Einlaßgerüst der beweglichen Pumpe ist die Druckrohrleitung montiert, welche in Abständen von je 6 m Einlaufstutzen mit vorgeschaltetem Schieber erhält. Bei Absenken des Wasser-

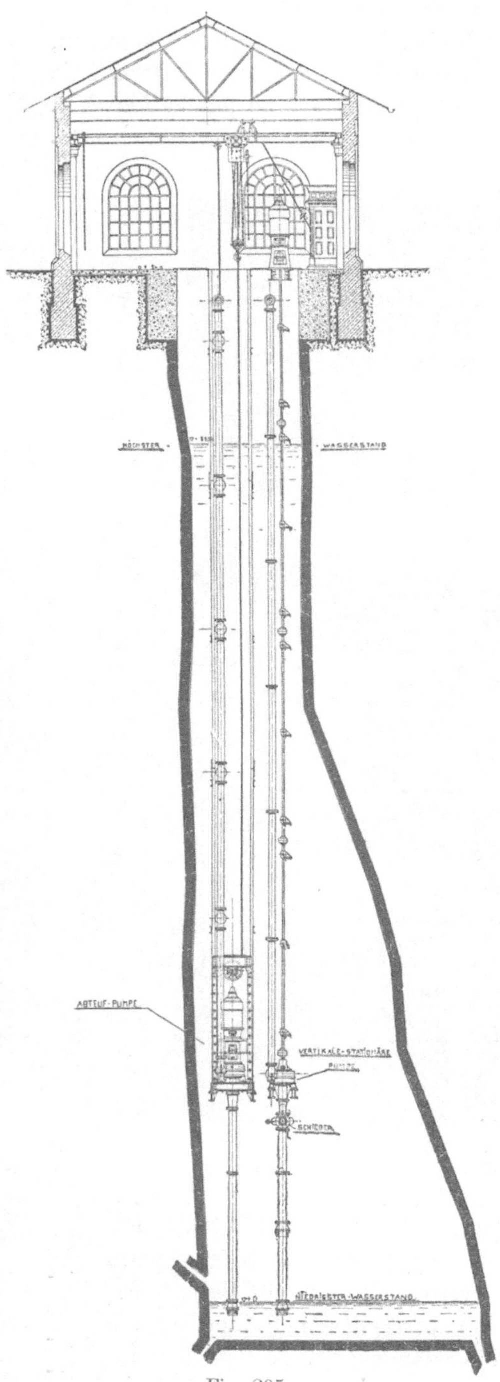

Fig. 205.

spiegels wird der Druckstutzen der Pumpe an die verschiedenen Zapfstellen der Druckleitung befestigt. Die Pumpen leisten jede ca. 100 cbm pro Stunde auf 100 m manometrische Förderhöhe und dienen zum Antrieb vertikaler Drehstrommotore mit einer Tourenzahl von 1450. Die Anlage ist seit mehreren Jahren im Betrieb und arbeitet zur vollsten Zufriedenheit.

45. Feuerlöschwesen.

Auch für das Feuerlöschwesen ist die Zentrifugalpumpe in neuerer Zeit vielfach verwendet worden, und zwar sowohl für stationäre, als auch für transportable Feuerlöschanlagen.

Eine größere stationäre Zentrifugalpumpenanlage für Feuerlöschzwecke wurde für eine Sprinkler-Anlage der Hafenanlagen der Stadt Bremen von der Amaghilpert-Nürnberg ausgeführt. Diese Feuerlöschanlage umfaßt zwei Zentralen, jede ausgerüstet mit einer zweistufigen Hochdruckzentrifugalpumpe von 250 mm Rohranschlüssen, welche bei einer Tourenzahl von 1450 pro Minute 6 cbm auf 10—12 Atm. fördert. Die

----

[1]) Lasche, Die Turbinenfabrikation der A. E.-G. Z. Ver. deutsch. Ing. 1911.

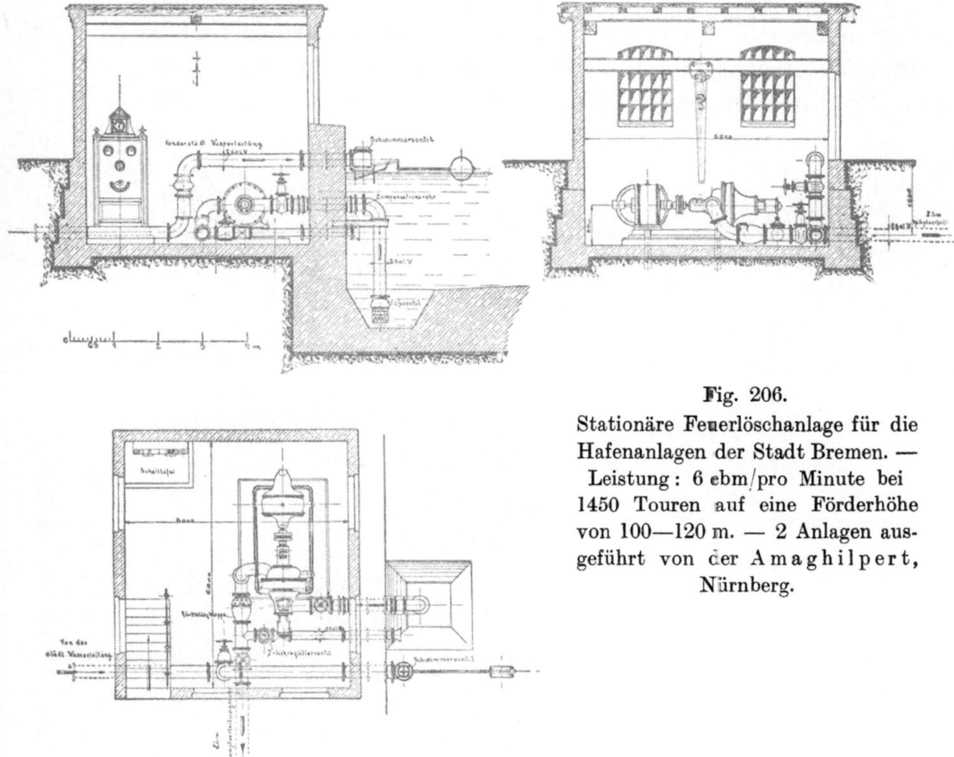

Fig. 206.
Stationäre Feuerlöschanlage für die
Hafenanlagen der Stadt Bremen. —
Leistung: 6 ebm/pro Minute bei
1450 Touren auf eine Förderhöhe
von 100—120 m. — 2 Anlagen aus-
geführt von der Amaghilpert,
Nürnberg.

Pumpen sind direkt gekuppelt mit 200-PS-Gleichstrommotoren. Die
allgemeine Anlage zeigt Fig. 206. Die Pumpe ist derartig tief aufgestellt, daß von einem neben der Pumpenkammer befindlichen großen
Sammelbassin derselben das Wasser zufließt, so daß die Pumpe zu
jeder Zeit betriebsbereit ist. Dem Sammelbassin fließt das Wasser
aus der städtischen Leitung mit einem 250-mm-Rohr l. W. zu, an dessen
Auslauf sich ein Schwimmerventil befindet, welches beim Sinken des
Wasserspiegels den Wasserzufluß automatisch regelt. Die Pumpen
fördern teils in die sonst für die Wasserleitung verwendete Rohrleitung, teils in extra für die Löschanlage gelegten Rohre.

Der Wasserleitungsdruck beträgt normal ca. 5 Atm. und wird
der Zulauf der Wasserleitung bei einem Steigen des Druckes in der
Leitung durch Rückschlagklappen geschlossen, so daß beim Arbeiten
der Pumpen die Leitung im Hafen nur von den Pumpen gespeist
wird.

Diese beiden Anlagen arbeiten vollständig automatisch. An verschiedenen Stellen sind sogenannte Sprinkler eingebaut. Es sind dies
Apparate mit starker Brause, die sich nach Durchschmelzen einer

Sicherung, bestehend aus einem leicht schmelzbaren Material, automatisch in Betrieb setzen. Der Schmelzpunkt der Sicherung liegt bei ca. 60—70°. Beim Durchschmelzen der Sicherung wird sogleich eine Alarmglocke auf der Feuerwache in Bewegung gesetzt und setzt dann

Fig. 207.

der wachehabende Feuerwehrmann durch einen Druck auf einen Kontaktknopf die beiden Pumpenanlagen in Betrieb, deren Motore mit Selbstanlasser ausgerüstet sind.

Fig. 207 zeigt eine photographische Aufnahme der einen Pump-

bei den fast wöchentlich stattfindenden Feueralarmproben noch nie
versagt, ein sehr gutes Zeugnis für die sehr große Betriebssicherheit
einer derartigen Pumpenanlage, speziell für Feuerlöschzwecke.

Fig. 208.

Fig. 209.

Fahrbar verwendet man die Zentrifugalpumpe als Automobil-
feuerspritzen, und zwar unterscheidet man hier zwei Arten. Bei der
ersten Art erfolgt der Antrieb der Pumpe direkt von dem sonst zum
Fahren benutzten Motor, während bei der zweiten Art der für die
Bewegung des Fahrzeuges bestimmte Motor nur für Fahrzwecke
dient und die als Tender an dieses Fahrzeug angehängte Feuerspritze

station. Die Anlage ist seit mehreren Jahren im Betrieb und hat
einen separaten Motor erhält. Letztere Kombination hat den Vorteil,
daß man bei unwegsamem Terrain die Feuerspritze leichter transpor-
tieren kann.

Fig. 210.

    Fig. 208 zeigt die allgemeine Anordnung der zum Einbau in das
Automobil von der Firma Sulzer - Winterthur verwendeten Hochdruck-Zentrifugalpumpe. In Fig. 209 ist ein Feuerlöschzug mit elektrisch
angetriebener Hocheffektzentrifugalpumpe, gleichfalls von der Firma
Sulzer ausgeführt, dargestellt.

Fig. 210 zeigt eine für die Stadt Riga von Sulzer gelieferte Automobilfeuerlöschspritze für eine Leistung von 1,8 cbm pro Minute gegen einen Druck von 6 Atm. im Betrieb.

Fig. 211 und 212 zeigen im Schnitt und Ansicht eine Automobilfeuerspritze von Jaeger-Leipzig dargestellt.

Die Leistung der dreistufigen Pumpe beträgt ca. 2,1 cbm pro Minute gegen einen Druck von 7,2 Atm. Der unter dem Führersitz angeordnete vierzylindrige Benzinmotor treibt eine innerhalb des Fahrzeugrahmens gelagerte Längswelle an. Von dieser kann durch Kupplungen entweder die Pumpe mit Pfeilrädergetriebe oder nach Ausrückung der Pumpenkupplung mittels Zahnrad und Kettenvorgelege die hintere Achse des Fahrzeuges angetrieben werden. Zum Anfüllen der Pumpe vor der Inbetriebsetzung ist über ihr ein Wasserbehälter mit Fülleitung vorgesehen. Fig. 212 zeigt noch das Fahrzeug in Ansicht mit abgenommener Verkleidung.

Fig. 213 und 214 zeigen eine Automobilfeuerspritze der Firma Horch & Co.-Zwickau, in welche eine dreistufige Hochdruck-Zentrifugalpumpe der Amag. Hilpert eingebaut ist.

Die eigentliche Feuerspritze ist als Tender ausgebildet. Motore zum Fahren und Betrieb der Pumpe sind getrennt angeordnet, so daß also diese Spritze zwei Benzinmotore hat.

Fig. 213 zeigt den gesamten, mit Mannschaft besetzten Feuer-

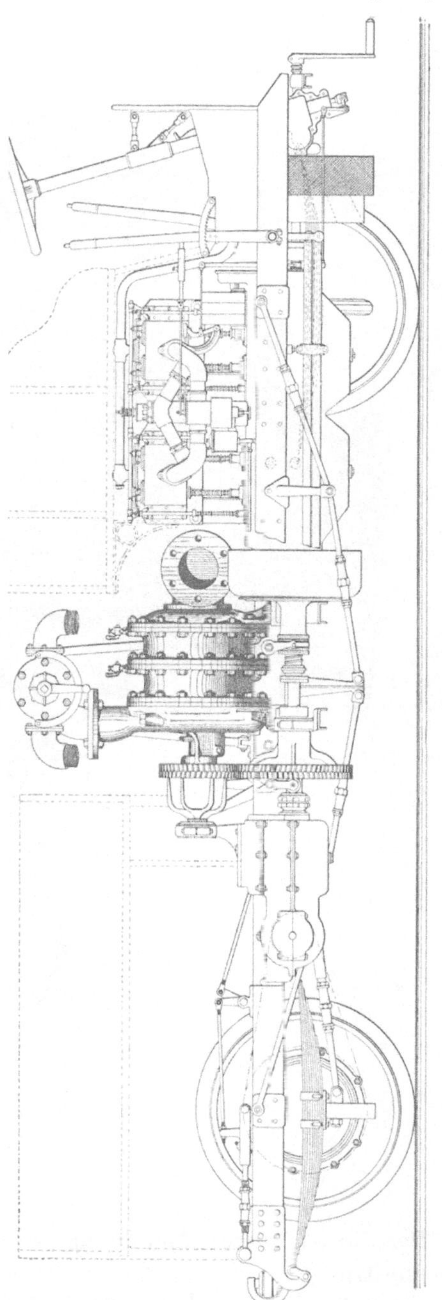

Fig. 211.

löschzug und Fig. 214 den abgehängten Tender, welcher die eigentliche Feuerspritze enthält.

Fig. 212.

Der Vorteil dieser Anordnung ist die leichte Beweglichkeit der Feuerspritze.

Fig. 215 zeigt im Schnitt die Zentrifugalpumpe in der Ausbildung als Feuerlöschpumpe der Amag. Hilpert-Nürnberg.

Fig. 213.

Fig. 214.

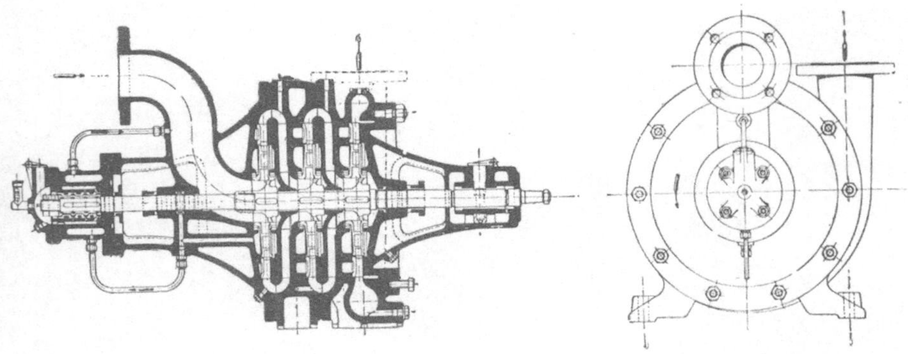

Fig. 215.

46. Akkumulierungsanlagen.

Die städtischen Elektrizitätswerke kranken bezüglich ihrer Rentabilität daran, daß sich die Hauptabnahme an Strom in bestimmten Zeiten abspielt. Die Belastungskurven städtischer Elektrizitätswerke zeigen große Schwankungen. Die Hauptstromabnahme wird abends beim Einschalten der zur Beleuchtung dienenden Lampen am stärksten sein, während des Nachts die Abnahme an Strom sehr gering ist und am Tag, falls nicht größere industrielle Werke angeschlossen sind, auch stark zurückgeht. Trotzdem müssen selbstverständlich die Elektrizitätswerke für den größten Stromverbrauch vorgesehen werden, wodurch dieselben unwirtschaftlich arbeiten und der von den Konsumenten bezahlte Strompreis sehr hoch wird. Sehr unangenehm macht sich natürlich auch die schwankende Stromabnahme bei den Elektrizitätswerken bemerkbar, welche mittels Wasserkraft betrieben werden. Werden die Wasserturbinen weniger belastet, so läuft das sonst zum Betrieb verwendete Wasser über das Wehr und gehen so nicht unbedeutende Kräfte verloren.

Um nun das speziell des Nachts über das Wehr laufende Wasser auszunützen, hat man sogenannte Akkumulierungsanlagen geschaffen. Mittels einer Zentrifugalpumpe wird des Nachts und an Sonntagen das Wasser auf hochliegende Sammelbassins gehoben und dann das oben angesammelte Wasser bei größerer Stromabnahme wieder verwendet, indem dasselbe wiederum zum Antrieb von Wasserkraftmaschinen dient. Es soll hier eine größere Anlage des Elektrizitätswerkes Schaffhausen angeführt werden.

Von der Leistung der beiden linksrheinischen Werke des Elektrizitätswerkes Schaffhausen von rund 3050 PS werden während der Nachtstunden und über Sonntag nur etwa 550 PS für Licht und Kraft gebraucht, so daß also in dieser Zeit 2500 PS an Wasserkraft bis dahin verloren gingen. Mit diesen 2500 PS wird nun die Akkumulierungsanlage betrieben. Ca. 158 m über dem Rhein ist auf einem Berg ein

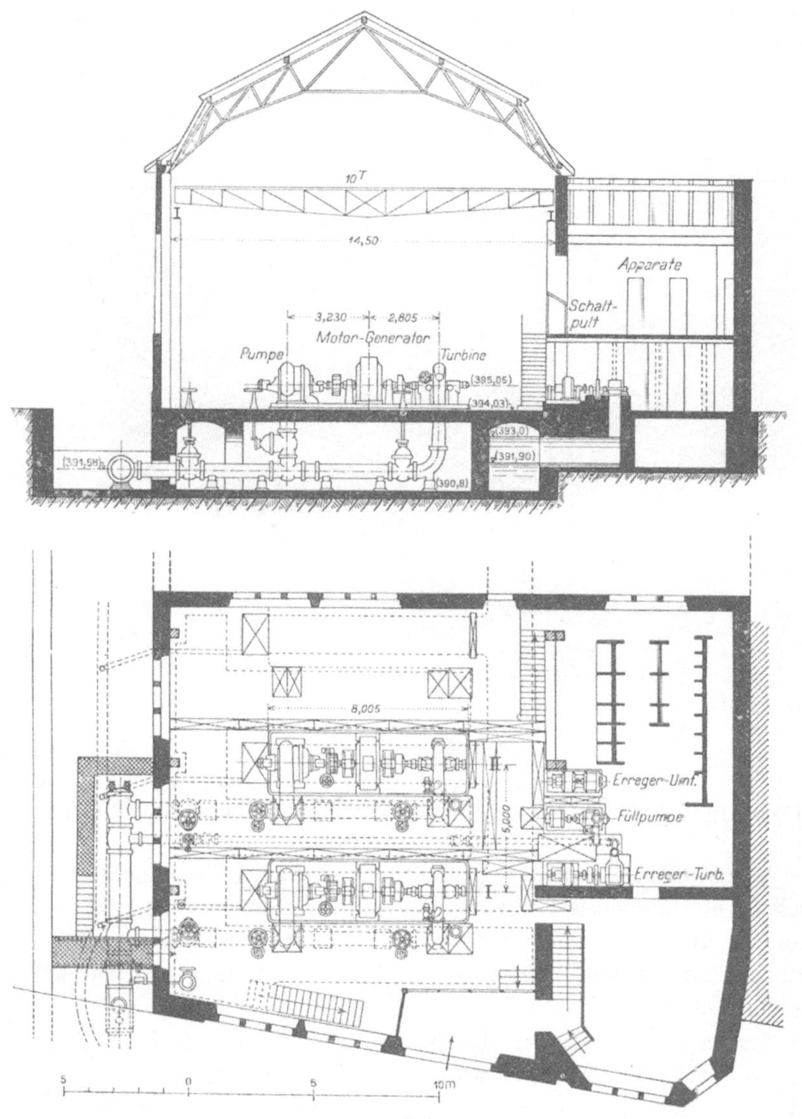

Fig. 216.

großes Sammelbassin mit einem Fassungsvermögen von 70—80 000 cbm angelegt. In dieses Hochbassin führt vom Maschinenhaus eine Druckleitung von 2165 m Länge.

Des Nachts und an Sonntagen wird durch eine elektrisch angetriebene Zentrifugalpumpe das Wasser auf das Sammelbassin geschafft. Am Tage oder abends bei größerer Kraftentnahme wird von dem angestauten Wasser eine Wasserturbine betrieben, die ihre Kraft an dieselbe elektrische Maschine abgibt, die vorher zum Betrieb der Zentrifugalpumpe verwendet wurde. Die elektrische Maschine arbeitet also bei direkter Kupplung mit der Zentrifugalpumpe als Motor, bei direkter Kupplung mit der Wasserturbine als Dynamo. Für den Betrieb

Fig. 217.

der Pumpe und der Turbine wird natürlich dieselbe Druckleitung benutzt.

Die Anlage ist in Fig. 216 dargestellt. Es sind zwei Maschinensätze aufgestellt. Die Pumpen leisten jede 350 Sekundenliter auf eine Förderhöhe von ca. 161 m bei einer Tourenzahl von 1000 pro Minute. Die Wasserturbine, die gleichfalls normal mit 1000 Umdrehungen arbeitet, gibt an den Generator 1000 PS ab.

Mit der an Sonntagen und des Nachts überschüssigen Kraft von 2500 PS werden rund 2000 PS an die Motorwelle abgegeben. Mit diesen können 2500 cbm pro Stunde auf das Hochreservoir gefördert werden, so daß die Füllung des Weihers in ca. 30 Stunden erfolgt, welche Zeit vom Sonnabend abend bis Montag morgen reichlich zur Verfügung steht.

Es ergibt sich aus dem Angeführten die folgende Wochenbilanz:

Aufspeicherung von Sonnabend abend bis Montag
früh . . . . 75 000 m³
Nachfüllen des Reservoirs in den 5 übrigen Nächten der Woche . . . . 150 000 m³

225 000 m³

Da hiervon für Verluste und Reserve 5000 m³
zurückzubehalten sind, steht für jeden der

6 Wochentage . . . . $\dfrac{220\,000}{6} = 36\,700$ m³
zur Verfügung

welche Wassermenge ausreicht für eine Leistung von 9800 PS/Std., für den Tag also 980 PS während 10 Stunden. Es werden also durch Anordnung der Akkumulierungsanlage 1000 PS zum Antrieb von 10 Stunden gewonnen, was natürlich einen ganz wesentlichen Vorteil für die Rentabilität des Elektrizitätswerkes bietet.

Fig. 217 gibt noch ein Bild von der Schaltbühne auf die Maschinengruppe. Links die Wasserturbine, rechts die Pumpe.

Es werden derartige Akkumulierungsanlagen hauptsächlich da verwendet, wo in der Nähe des betreffenden Werkes natürliche Erhebungen sind, auf welche die Reservoire angeordnet werden. Um die Wasseraufspeicherung nicht zu groß zu bekommen, sind Förderhöhen unter 100 m für solche Anlagen wohl kaum brauchbar.

47. Kanalisationsanlagen.

Es handelt sich hier meist um Bewältigung von größeren Wassermassen, die stark verunreinigt sind. Eine Kolbenpumpe kommt hier wohl überhaupt nicht in Frage, und verwendet man ausschließlich Zentrifugalpumpen. Die Ausführung einer solchen Schmutzwasserpumpe war schon in Fig. 109 S. 169 angeführt in der Konstruktion der Firma Borsig - Berlin. Speziell diese Firma hat verschiedene sehr große Kanalisationsanlagen ausgeführt.

Sehr oft werden für Kanalisationszwecke vertikale Pumpen verwendet, indem meistens die Kanalisationsröhren sehr tief liegen. Die Pumpen selbst dienen ja hauptsächlich nur dazu, um eine Druckhöhe zur Überwindung der Rohrreibungswiderstände in den sehr langen Kanalisationsleitungen zu erzeugen.

Eine ganz interessante vertikale Pumpenanlage zeigt Fig. 218 a u. b. Diese Anlage wurde für die Stadt Bremen von der Amag. Hilpert - Nürnberg geliefert. Es sind dort drei vertikale Pumpen, jede für eine Leistung von ca. 150 Sekundenliter, auf eine manometrische Förderhöhe von 11 m aufgestellt. Es befinden sich zwei getrennte Schächte, und zwar einmal der Pumpenschacht und der Sumpfschacht.

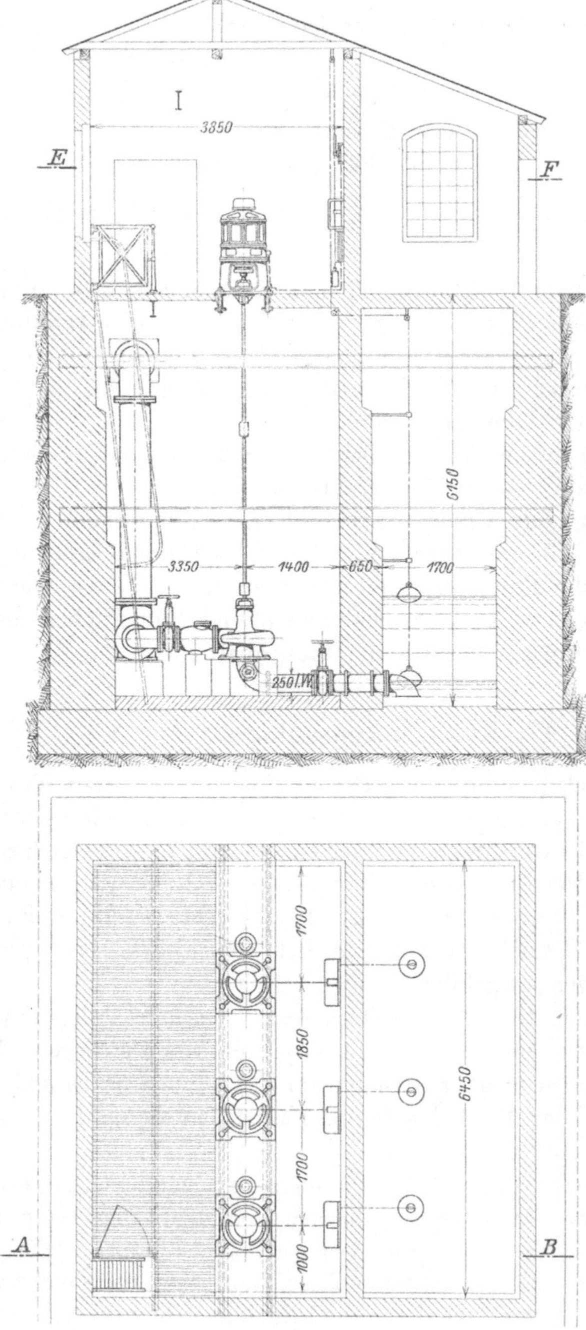

Fig. 218a.

Kanalpumpstation für die Tief-
bauinspektion der Stadt Bremen,
ausgeführt von der
Amag-hilpert, Nürnberg.
6450
450 I.W.
G
1700
1850
1700
1000
3650
H
1700
1150
3350

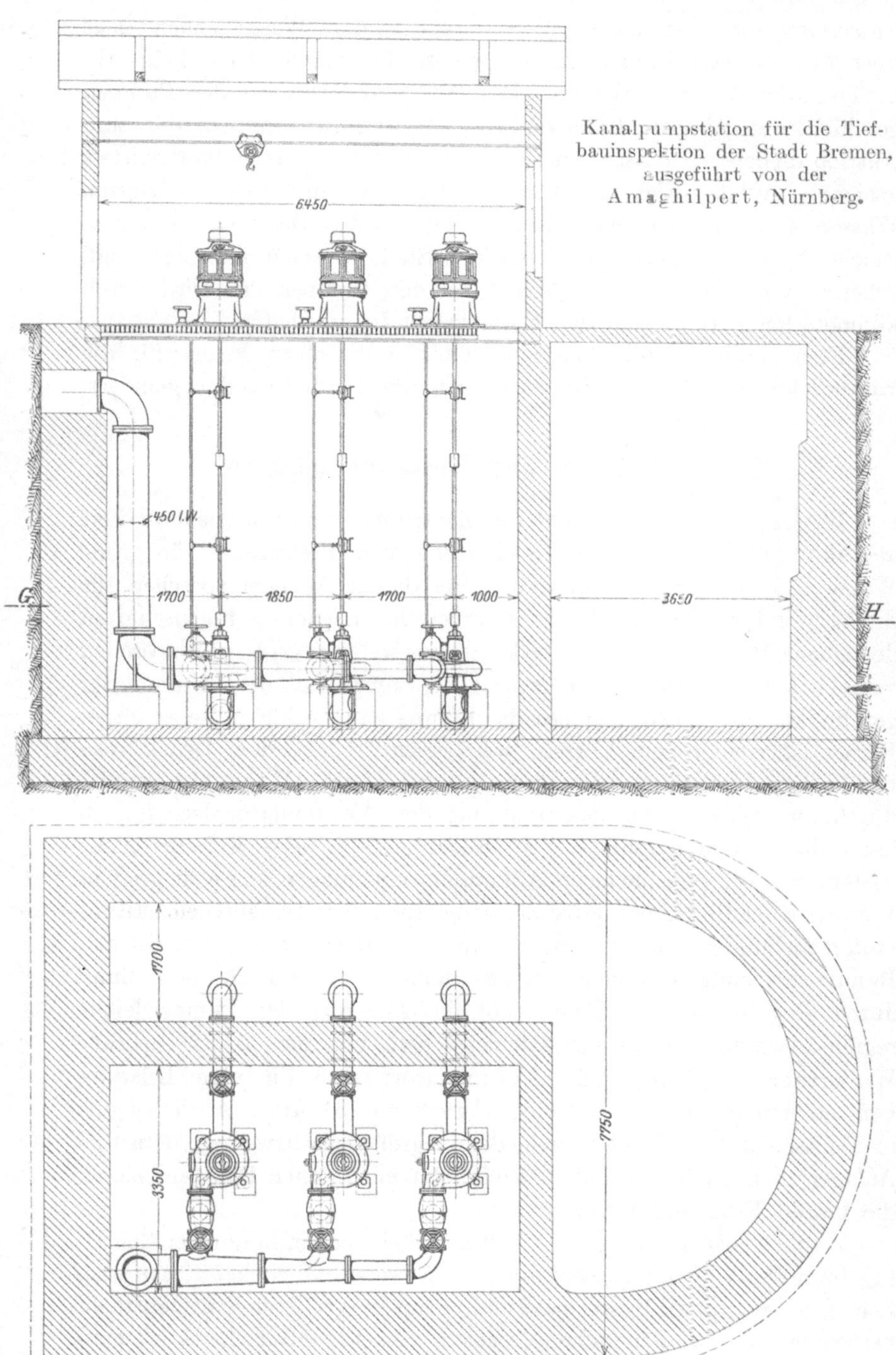

Fig. 218 b.

In den Sumpfschacht fließt von den Kanalisationsröhren das Schmutz-
wasser frei aus. Der höchste Wasserstand in dem Wasserschacht liegt
über dem höchsten Punkt der Pumpen, so daß also dieselben beim Ab-
laufen unter Wasser arbeiten. Das An- und Abstellen der Pumpen
geschieht automatisch durch Schwimmervorrichtung, indem der zum
Antrieb dienende Drehstrommotor beim höchsten Wasserstand mittels
geeigneter Anlaßvorrichtung automatisch eingeschaltet, beim niedrigsten
Wasserstand automatisch ausgeschaltet wird. Derartige Anlagen,
welche in verschiedenen Punkten der Stadt Bremen montiert sind,
arbeiten vollständig automatisch. Von den Pumpen aus wird durch
kilometerlange Leitungen das Kanalwasser fortgeschafft.

Eine ähnliche Pumpanlage wurde von derselben Firma für die
Kaiserliche Werft Wilhelmshaven und für die Stadt Spandau geliefert.

48. Preßwasser- und Kesselspeisepumpe.

Weiter Verwendung findet die Zentrifugalpumpe in neuerer Zeit
als Akkumulatorpumpe zur Beschaffung von Preßwasser für große
Walzwerke und sonstige Betriebe. Bei diesen Anlagen sprechen für
die Verwendung einer Zentrifugalpumpe sehr angenehme Eigenschaften
derselben. Die Zentrifugalpumpe kann ohne weiteres gegen geschlossenen
Schieber laufen. Es ist also nicht nötig, die Pumpe, falls der Akkumulator
gefüllt ist, abzustellen, sondern die Pumpe kann ruhig weiterarbeiten.
Ferner ist von großem Vorteil, daß bei zurückgehendem Druck, also
bei kleiner Förderhöhe, die Pumpe mehr leistet. Wenn also einmal
durch zu große Druckwasserabnahme der Akkumulator leer ist, so
kann die Zentrifugalpumpe bei Druckabnahme ohne weiteres mehr
leisten, was bei verschiedenen Akkumulatorenanlagen von sehr großem
Vorteil ist. Ist die Akkumulator-Zentrifugalpumpe mit einem Gleichstrommotor verbunden, so gestaltet sich auch die Regulierung einer solchen
Pumpe sehr einfach, indem vom Akkumulator aus je nach der Füllung
durch Regulierung der Tourenzahl die Leistung der Pumpe leicht
reguliert werden kann. Fig. 219 zeigt eine von der Firma Sulzer-
Winterthur gelieferte große Akkumulatorpumpe für eine Leistung
von 3,3 cbm pro Minute auf einen Druck von 31 Atm. Auch bei uns
in Deutschland sind bei verschiedenen großen Walzwerken derartige
Anlagen in Betrieb, und hat man bis jetzt mit solchen Pumpenanlagen
die besten Erfahrungen gemacht.

Ähnlich liegen auch die Verhältnisse bei Verwendung einer Zentrifugalpumpe als Kesselspeisepumpe. Selbstverständlich kann man eine
Zentrifugalpumpe als Kesselspeisepumpe nur bei größeren Kraftzentralen
verwenden, da bei den hohen Drücken von 12 und mehr Atm. man
nur Pumpen für eine Leistung von über 200 Minutenliter mit Vorteil

Fig. 219.

verwenden kann. Hier wird meistenteils die Pumpe mit einem schnell-
laufenden Drehstrommotor von 2800 Touren gekuppelt. Der Haupt-
vorteil einer solchen Pumpe ist der kleine Raumbedarf und die große

Fig. 220.

Betriebssicherheit gegenüber einer Kesselspeisepumpe. Durch die hohe Temperatur, welche Kolbenstangen bei Kesselspeisepumpen ausgesetzt sind, hat man hier einen ziemlich großen Verschleiß. Die Stopfbüchsen halten nicht dicht, und kann man die Beobachtung machen, daß speziell die Dampfspeisepumpen immer unsauber aussehen, was für eine moderne Anlage nicht mehr paßt. Die Zentrifugalpumpe in ihrer einfachen Aus-

Fig. 221.

führung erfordert wenig Bedienung. Die Pumpe kann leicht sauber gehalten werden und findet so meist auch in dem Maschinensaal Aufstellung. Fig. 220 zeigt eine Zentrifugalpumpenanlage als Kesselspeisepumpe von der Firma Sulzer - Winterthur, während in Fig. 221 eine kleine Kesselspeisepumpe direkt gekuppelt mit Gleichstrommotor von der Firma Borsig - Berlin dargestellt ist.

In neuerer Zeit verwendet man zum Antrieb der Kesselspeisepumpe bei Leistungen über 50 PS auch Dampfturbinen.

Additional information of this book

(Die Zentrifugalpumpen; 978-3-642-90200-0) is provided:

http://Extras.Springer.com